高等职业教育轨道交通控制类规划教材

U0229532

光 纤 通 信

主　编　孙　颖

副主编　李开丽　冀勇钢　李世鹏

主　审　朱凤文　赵　锐

西南交通大学出版社

·成　都·

图书在版编目（ＣＩＰ）数据

光纤通信 / 孙颖主编. —成都：西南交通大学出版社，2014.8（2017.1 重印）
高等职业教育轨道交通控制类规划教材
ISBN 978-7-5643-3325-6

Ⅰ. ①光… Ⅱ. ①孙… Ⅲ. ①光纤通信 – 高等职业教育 – 教材 Ⅳ. ①TN929.11

中国版本图书馆 CIP 数据核字（2014）第 196522 号

高等职业教育轨道交通控制类规划教材

光纤通信

主编 孙 颖

责 任 编 辑	李芳芳
特 邀 编 辑	田力智
封 面 设 计	原谋书装
	西南交通大学出版社
出 版 发 行	（四川省成都市二环路北一段 111 号 西南交通大学创新大厦 21 楼）
发 行 部 电 话	028-87600564　028-87600533
邮 政 编 码	610031
网　　　址	http://www.xnjdcbs.com
印　　　刷	四川煤田地质制图印刷厂
成 品 尺 寸	185 mm × 260 mm
印　　　张	16
字　　　数	398 千字
版　　　次	2014 年 8 月第 1 版
印　　　次	2017 年 1 月第 2 次
书　　　号	ISBN 978-7-5643-3325-6
定　　　价	35.00 元

前　言

光纤通信是轨道交通运输自动控制信息传输的主要手段。从为轨道交通自动控制系统服务的通信骨干网络到用户信息的接入网以及移动通信网络都，离不开光纤通信设备。学习光纤通信基础知识，了解光纤通信系统原理，掌握光纤通信设备的组成和维护方法，掌握光缆施工与维护方法，了解光纤通信的新技术，对于从事交通运输自动控制相关专业的技术人员、管理人员和高职学院的相关专业学生来说都非常重要。

近年来我国的信息化建设推动经济的发展成效显著。目前，信息消费产业已经成为国民经济新的增长点，国家已确定信息消费产业发展的方向。其中一个重要的方面是宽带基础设施的建设，加快宽带网络升级改造，大幅度提高网速和服务质量。光纤通信基础设施的工程和维护需要大量懂得光纤通信施工维护技术的技能型人才。

按照高职院校基于工作过程课程开发的教学改革要求，我们对本教材的内容和结构进行了合理的编排，便于开展"项目导向、任务驱动、理论实践一体化"的教学模式，突出培养学生的职业技能。本书将光传输设备维护和光缆线路维护与测试分别独立成章，与工作任务相结合。

本书内容如下：

第 1 章介绍光纤通信的基本知识。

第 2 章介绍光纤光缆的结构、传输特性和光缆施工。

第 3 章介绍光纤通信器件的结构和工作原理。

第 4 章介绍光端机的基本原理、备用系统和辅助系统；PDH 设备原理与应用；系统指标与测试。

第 5 章介绍 SDH 帧结构与复用结构；SDH 原理与设备；SDH 网络结构；SDH 网络管理等。

第 6 章介绍 DWDM 技术原理与应用；DWDM 的网络单元。

第 7 章介绍 SDH 传输设备组成与维护；SDH 网络管理系统。

第 8 章介绍光缆线路维护、测试；光缆线路接续；光缆线路成端等。

第 9 章介绍光纤通信新技术，包括光纤新技术；光波长锁定技术；偏振模色散补偿技术；OTN 技术的应用与发展趋势。

本教材由辽宁铁道职业技术学院的骨干教师和沈阳铁路局锦州电务段工程技术人员共同编写。由辽宁铁道职业技术学院孙颖任主编，辽宁铁道职业技术学院李开丽、冀勇钢、沈阳铁路局锦州电务段李世鹏任副主编。具体分工如下：第 1 章、第 2 章、第 3 章由李开丽编写；第 4 章、第 5 章、第 6 章、第 7 章，第 8 章第 4～7 节由孙颖编写；第 8 章第 1～3 节由李世鹏编写；第 9 章由冀勇钢编写。

本书由辽宁铁道职业技术学院朱风文副教授和锦州勘察设计院有限公司赵锐高级工程师审阅。他们对本书的编写提出了宝贵的意见和建议。在选题和编写过程中得到了沈阳铁路局锦州电务段、大连电务段、锦州铁道勘察设计院、辽宁铁道职业技术学院电信系及通信技术教研室教师的大力支持。在此表示衷心的感谢。

由于编写时间仓促，加之作者水平有限，书中有难免存在不妥之处，敬请读者批评指正。

编　者

2014 年 7 月

目　　录

第1章　光纤通信概述

1.1　光纤通信的发展

最早的光通信可以追溯到古代的烽火通信。早在 3000 多年前，我国周朝就有利用烽火台的火光传递信息的光通信。这是一种利用可见光进行的视觉通信。

1880 年贝尔发明了第一台光电话机，如图 1.1 所示。它使用弧光灯（或太阳光）作光源，光束通过透镜聚焦在话筒（送话器）的振动镜上。当人对着话筒讲话时，振动片随着话音振动，从而使得反射光的强弱随着话音的强弱作相应的变化，这就将话音信息载荷在光波上（即调制）。在接收端，装有一抛物面接收镜，它把从大气中传送来的载有话音信息的光波反射到硅光电池上，硅光电池将光能转换为电流（即解调）。把电流送到听筒（受话筒），就可以听到从发送端传来的声音，只是传输距离很短。

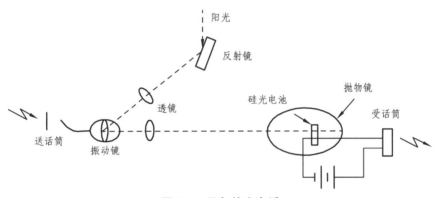

图 1.1　贝尔的光电话

1.1.1　光纤通信的发展

1880 年贝尔发明光电话一直到 1960 年以前，光通信的发展几乎停滞不前，主要原因有以下几个方面：

光源问题：采用日光等光源，由于它们为非相干光，方向性不好，不易调制与传输。传输媒介问题：以空气作传输媒介，损耗很大，无法实现远距离传输，而且通信也极不稳定可靠。光电检测器问题：硅光电池作为光电检测器，内部噪声很大，通信质量难以保证。

这些问题随着光纤的发展都得以解决。

1. 光源问题

1960 年，美国梅曼（Maiman）发明了红宝石激光器，它发出的是一种谱线很窄、方向性很好、频率和相位一致的相干光，易于调制和传输。它的发明解决了光源问题。但红宝石激光器发出的光束不易耦合进光纤中传输，耦合效率极低。

1962 年研制成功镓铝砷（GaAlAs）注入式半导体激光器，优点是发光波长为 850 nm，与光纤的低衰减窗口一致，易于耦合，体积小。缺点是无法在室温下工作，寿命短。

1970 年研制成功了镓铝砷（GaAlAs）双异质结注入式半导体激光器，它可以在室温下连续工作，且寿命长。同一时期又发明了发光二极管，彻底解决了光源问题。

2. 传输媒介问题

光传输媒介主要是采用光纤。据有文字记载的关于光波传播光的实验，可追溯到 19 世纪。

1870 年左右，欧洲人廷德尔通过实验证明，光线在自由流下的水流中走的是弯曲路径。

1910 年在进行了大量实验之后，人们对光纤传光作出了定量分析，但是由于光纤损耗太大，限制了其传输距离。

1966 年，英籍华人科学家高琨（Charles.K.Kao）博士发现了普通二氧化硅玻璃损耗大的原因是由于其中杂质所为，提纯后损耗可降低到 20 dB/km。

1970 年 8 月美国康宁玻璃公司（Corning Glass Co.）拉制成功第一根衰减为 20 dB/km 的石英玻璃光导纤维。

随后光纤损耗急剧下降，到 20 世纪 80 年代左右，光纤损耗已降低到 0.2 dB/km，光纤成为了理想的传输媒介。

3. 光电检测器问题

光电检测器件得到了迅速发展，相继研制成功：适用于短波长的硅光二极管（Si-PIN）和硅雪崩光电二极管（Si-APD），适用于长波长的 InGaAsP/InP、Ge 光电二极管（PIN）和雪崩光电二极管（APD）等。

1.1.2　光纤的发展

最早的光纤于 20 世纪 20 年代采用超纯石英玻璃管用气相沉积法高温拉制而成。优点是导光性能好；缺点是衰减太大，约 1 000 dB/km。

1966 年，英籍华人高琨提出解决玻璃纯度和成分就能获得光传输损耗极低的学说，并通过实验解决材料问题，取得举世公认的理论突破。1970 年 8 月，美国康宁玻璃公司的马勒博士领导的研究小组提出研制低损耗光纤的技术方案，并随即拉制成功第一根衰减为 20 dB/km 的石英玻璃光导纤维。1972 年，康宁玻璃公司把高纯石英芯多模光纤的损耗降低到 4 dB/km。1973 年，美国贝尔实验室把光纤的传输损耗降低到 2.5 dB/km。1974 年，该实验室利用改进的气相沉积法制出的多模光纤的损耗降低到 1.1 dB/km。1976 年，日本电报电话公司制造出 0.47 dB/km 的光纤。1977 年，日本电报电话公司拉制出 200 km，损耗为 0.32 dB/km 的光纤。1979 年，利用掺杂的石英系材料制造出长波长单模光纤，最低损耗可达 0.2 dB/km。进入 20 世纪 80 年代中期损耗变为 0.16 dB/km，进入实用阶段。

光纤的主要特性是损耗和色散。损耗用衰减系数表示，其单位为 dB/km。

光纤有 3 个低损耗窗口，波长为

$$\lambda_0 = 0.85\ \mu m \quad \text{短波长波段}$$

$$\lambda_0 = 1.31\ \mu m \quad \text{长波长波段}$$

$$\lambda_0 = 1.55\ \mu m \quad \text{长波长波段}$$

1.1.3　光纤通信经历的 4 个重要的历史阶段

1. 第一代光纤通信系统

1966—1976 年，为基础研究到商业应用的开发时期。实现了短波长低速率多模光纤通信，波长为 850 nm，速率为 34 Mbit/s 或 45 Mbit/s，每千米衰减为 1.5 dB，无中继通信距离仅为 10 千米左右。

2. 第二代光纤通信系统

1976—1986 年，以提高传输速率和增加传输距离为目标，采用 1 310 nm 和 1 550 nm 波长，单模光纤，速率为 140 ~ 565 Mbit/s，每千米衰减为 0.85 dB，无中继通信距离仅为 60 千米左右。

3. 第三代光纤通信系统

1986—1996 年，以超大容量超长距离为目标，采用 1 550 nm 的长波长（也称超长波长）激光器，单模光纤，每千米衰减为 0.4 dB，无中继通信距离可达 200 km，速率可达 2.5 ~ 10 Gbit/s。

4. 第四代光纤通信系统

光波分复用系统、超高速系统、全光通信系统等等。

1.1.4　我国光纤通信的发展

当 1970 年国外低损耗光纤取得突破性进展时，我国立即开始了光通信的研究工作。

20 世纪 70 年代末期，我国已能制造多模光纤（衰减为 4 dB/km，波长为 1 300 nm）和发光二极管以及激光器、雪崩光电二极管等。

20 世纪 80 年代末期研制出单模光纤。在开展研究的同时，大力建设光纤通信网，主要有跨省的国家一级长途干线、省内长途干线和本地通信网三种。

在"九五"期间，建设成了"八纵八横"的光缆干线。初步形成了以数字通信为主，多种手段并用，安全可靠，能提供多种业务的现代化数字通信网。

近年来，光纤通信在我国现代通信网中占有更重要的地位。光纤通信系统设备、光纤光缆和光通信器件都取得了长足的发展。我国的光通信系统设备不仅可以满足国内网建设的需要，而且已大量服务于国际通信网络。现在我国的光通信网络是一个覆盖全国的、比较完善的网状网。光纤通信技术在核心网络、城域网和宽带接入网中的应用广泛。

核心网络的通信制式从 1995 年以前以 PDH 为主发展到 SDH 技术，传输通道从单通道发展到多通道的 DWDM 及 OTN 技术。互联网的发展对传输速率提出了更高的要求。传输速率经历了从 34 Mbit/s、140 Mbit/s、565 Mbit/s 到 622 Mbit/s、2.5 Gbit/s、10 Gbit/s 和 40 Gbit/s。

采用密集波分复用技术进一步提高了系统的容量。例如 160×10 Gbit/s 即 1.6 Tbit/s 的 DWDM 系统和 80×40 Gbit/s 的 DWDM 系统。随着大容量高效直达路由需求的迫切增长，超长距离传输技术成为核心网发展的又一个方向。我国已掌握了 160×10 Gbit/s 系统无再生距离 3 040 km 的技术，按理论计算，可以实现 5 000 km 的无电中继传输。智能化一直是光网络的发展目标，ASON 在原有传送网络的传送平面和管理平面的基础上增加了控制平面。我国研制的基于 10 Gbit/s SDH 的 ASON 系统，在国内外的网络中都有应用，在性能上达到国际先进水平。在光纤光缆方面，我国可以大批量生产 G.655、G.656 光纤。实际应用的主要是 G.652 光纤和 G.655 光纤。

城域网的光纤通信技术在网络上以环网为主，辅以格形网络进一步提高效率和生存性。技术上向 MSTP 发展。我国的 MSTP 方面无论是标准的制定还是实际应用，都走在了国际前列。MSTP 依据应用方式不同有基于 SDH 的 MSTP；或是基于 CWDM 和 DWDM 的 MSTP。基于 DWDM 的 MSTP 很有发展前景，因为其在一根光纤上可以承载的业务要比 CWDM 大很多，与基于 OTN 的 ASON 衔接更为容易。

宽带接入网的必然趋势是光纤到户（FTTH）。我国已全面实施新建住宅建筑光纤到户。在 FTTH 应用中，主要采用 2 种技术，即点到点的 P2P 技术和点到多点的 xPON 技术。在光器件方面，我国光纤接入用的光器件研究、开发和生产起步较早，无论是 P2P 还是 xPON 用的器件都比较成熟，而且有大量出口。特别是用于 xPON 的单纤双向收发模块、单纤三端口收发模块等都具有较高的技术水平，适用于光接入网的光分路器、光连接器等都可以满足实际应用的需求。由于接入网的环境与核心网和城域网有很大区别，所以对接入网光纤有特殊的要求。国内有关制造商已经开发出适合于光接入网的各种光纤和光缆，例如微弯不敏感光纤、室内外光缆、各种室内布线光缆等。还有不少厂家在努力研究塑料光纤，衰减系数已经达到在 650 nm 窗口 0.2 dB/m 的水平。由于衰减较大，还不能在接入网中使用。目前光接入网中仍采用各种石英光纤。

1.1.5　光纤通信的发展趋势

光纤通信一直是推动整个通信网络发展的基本动力之一，是现代电信网络的基础。光纤通信技术发展所涉及的范围，无论从影响力度还是影响广度来说都已远远超越其本身，并对整个电信网和信息业产生深远的影响。它的演变和发展结果将在很大程度上决定电信网和信息业的未来大格局，也将对社会经济发展产生巨大影响。

1. 纳米技术与光纤通信

纳米是长度单位，为 10^{-9} m，纳米技术是研究结构尺寸在 $1 \sim 100$ nm 范围内材料的性质和应用。建立在微米/纳米技术基础上的微电子机械系统（MEMS）技术目前正在得到普遍重视。在无线终端领域，对微型化、高性能和低成本的追求使大家普遍期待能将各种功能单元集成在一个单一芯片上，即实现 SOC（System on a Chip），而通信工程中大量射频技术的采用使诸如谐振器，滤波器、耦合器等片外分离单元大量存在，MEMS 技术不仅可以克服这些障碍，而且表现出比传统的通信元件具有更优越的内在性能。德国科学家首次在纳米尺度上实现光能转换，这为设计微器件找到了一种潜在的能源，对实现光交换具有重要意义。

可调光学元件的一个主要技术趋势是应用 MEMS 技术。MEMS 技术可使开发就地配置的光器件成为可能，用于光网络的 MEMS 动态元件包括可调的激光器和滤波器、动态增益均衡器、可变光衰减器以及光交叉连接器等。此外，MEMS 技术已经在光交换应用中进入现场试验阶段，基于 MEMS 的光交换机已经能够传递实际的业务数据流，全光 MEMS 光交换机也正在步入商用阶段，继朗讯科技公司的"Lamda-Router"光 MEMS 交换机之后，美国 Calient Networks 公司的光交叉连接装置也采用了光 MEMS 交换机。

2. 光交换是实现高速全光网的关键

光交换是指光纤传送的光信号直接进行交换。长期以来，实现高速全光网一直受交换问题的困扰。因为传统的交换技术需要将数据转换成电信号才能进行交换，然后再转换成光信号进行传输，这些光电转换设备体积过于庞大，并且价格昂贵。而光交换完全克服了这些问题。因此，光交换技术必然是未来通信网交换技术的发展方向。

未来通信网络将是全光网络平台，网络的优化、路由、保护和自愈功能在未来光通信领域越来越重要。光交换技术能够保证网络的可靠性，并能提供灵活的信号路由平台，光交换技术还可以克服纯电子交换形成的容量瓶颈，省去光电转换的笨重庞大的设备，进而大大节省建网和网络升级的成本。若采用全光网技术，将使网络的运行费用节省 70%，设备费用节省 90%。所以说光交换技术代表着人们对光通信技术发展的一种希望。

3. 无源光网络（PON）技术

无源光网络是一种很有吸引力的纯介质网络，避免了外部设备的电磁干扰和雷电影响，减少了线路和外部设备的故障率，提高了系统可靠性，同时节省了维护成本，是电信维护部门长期以来期待的技术。无源光网络作为一种新兴的覆盖"最后一公里"的宽带接入光纤技术，其在光分支点不需要节点设备，只需安装一个简单的光分支器即可，因此具有节省光缆资源、带宽资源共享、节省机房投资、设备安全性高、建网速度快、综合建网成本低等优点。

PON 包括 APON、EPON 和 GPON 三种。ATM-PON（APON，即基于 ATM 的无源光网络），APON 在传输质量和维护成本上有很大优势，其发展目前已经比较成熟，国内的烽火通信、华为等厂商都有实用化的 APON 产品。

Ethernet-PON（EPON，基于以太网的无源光网络），EPON 是基于以太网的无源光网络，为了克服 APON 标准缺乏视频能力、带宽不够、过于复杂、造价过高等缺点，EPON 应运而生。EPON 的基本做法是在 G.983 的基础上，设法保留物理层 PON，而以以太网代替 ATM 作为二层协议，构成一个可以提供更大带宽、更低成本和更宽业务能力的新的结合体。

GPON（Gigabit PON），GPON 是一种按照消费者的需求而设计、运营商驱动的解决方案。具有高达 2.4 Gb/s 的速率，能以原格式传送多种业务，效率高达 90%以上，是目前世界上最为先进的 PON 系统，是解决"最后一公里"瓶颈的理想技术。

4. 光孤子通信系统

在常规的线性光纤通信系统中，光纤损耗和色散是限制其传输距离和容量的主要因素。由于光纤制作工艺的不断提高，光纤损耗已接近理论极限，因此光纤色散已成为实现超大容量、超长距离光纤通信的"瓶颈"，亟待解决。人们用了一百多年的时间来探讨，发现由光纤非线性效应所产生的光孤子可以抵消光纤色散的作用，利用光孤子进行通信，可以很好解决这个问题，从而形成了新一代光纤通信系统，也是 21 世纪最有发展前途的通信方式。人们设想在光纤中波形、幅度、速度不变的波就是光孤子波，利用光孤子传输信息的新一代光纤通信系统，真正做到全光通信，无需光、电转换，可在超长距离、超大容量传输中大显身手，是光通信技术上的一场革命。

目前已提出的光孤子通信实验系统的构成方式种类较多，但其基本部件却大体相同，孤子源并非严格意义上的孤子激光器，而只是一种类似孤子的超短光脉冲源，它产生满足基本光孤子能量、频谱等要求的超短脉冲。这种超短光脉冲，在光纤中传输时自动压缩、整形而形成光孤子。电信号脉冲源通过调制器将信号载于光孤子流上，承载的光孤子流经 EDFA 放大后进入光纤传输。沿途需增加若干个光放大器，以补偿光脉冲的能量损失。同时需平衡非线性效应与色散效应，最终保证脉冲的幅度与形状稳定不变。在接收端通过光孤子检测装置、判决器或解调器及其他辅助装置实现信号的还原。

1.2 光纤通信系统的组成及原理

光纤通信是指采用光导纤维（即光纤）作为传光媒介的通信方式。即在光通信中，传输媒介不是空气，而是光导纤维。

光纤通信系统一般由电端机（收发）、光发射机、光接收机、光中继器以及光缆等组成，如图 1.2、图 1.3 所示。

图 1.2 光纤通信系统的组成原理框图

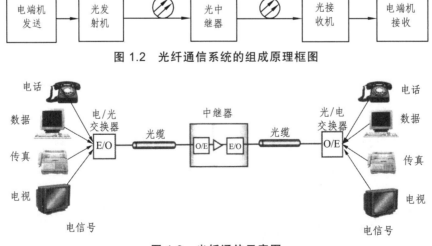

图 1.3 光纤通信示意图

1.2.1　发送电端机

发送电端机主要完成电信号的处理工作，如调制等，然后送往光发射机。电端机既可以送出模拟信号，也可以送出数字信号。输出模拟信号的电端机一般是载波机或电视发送设备，对应的光纤通信系统称为模拟光纤通信系统。输出数字信号的电端机主要有脉冲编码调制（PCM）设备，对应的光纤通信系统称为数字光纤通信系统。

1.2.2　光发射机

光发射机是将发送电端机送来的电信号转换为光信号，并送进光缆中进行传输。电光转换主要由光源器件来完成。目前光源器件包括半导体激光二极管和发光二极管。激光二极管发射激光，功率大，波谱窄，适用于大容量、远距离的光纤通信系统。发光二极管发射荧光，功率小，波谱宽，适用于小容量、短距离的光纤通信系统。

1.2.3　光　缆

光缆作为传输媒介，主要任务是传送光信号。光缆是由若干根光纤组成，依据使用的需要，光纤数目也不尽相同。通常，一根光纤传送一个方向的光信号，故双向通信需要两根光纤。但采用波分复用技术后，一根光纤便可实现双向传输。

1.2.4　光中继器

光中继器是将传输一段距离后的光信号进行放大，以实现远距离传输。目前，常用的中继方式是光/电/光再生方式，即首先通过光电转换将接收到的微弱光信号转换为电信号，然后对电信号进行放大处理，最后再经过电光转换器转换为光信号，耦合进光纤中继续传输。

1.2.5　光接收机

光接收机是将接收到的光信号还原为电信号，然后送到接收电端机。光电转换主要由光电检测器来完成。目前常用的有 PIN 光电二极管和雪崩光电二极管（APD）两种。后者在转换的同时，还可利用雪崩效应对光信号进行放大，有利于提高接收灵敏度。

1.2.6　接收电端机

接收电端机的作用同发送电端机的作用相反，如解调等。

1.3 光纤通信的特点

光纤通信之所以成为通信工具的王牌，是因为它具有以往的任何通信方式不可比拟的优越性。

1.3.1 频率高、频带宽

频带的宽窄代表传输容量的大小。载波频率越高，可以传输信号的频带宽度就越宽。光纤通信使用的频率极高，可见光的频率高达 THz，比甚高频频段（VHF）高出百万倍，比特高频频段（UHF）高出十万倍。

1.3.2 通信容量大

载波的频率越高，所能携带的信息量就越大。从理论上讲，一根头发丝粗细的光纤可以同时传输 100 亿话路，虽然目前并没有达到如此高的传输容量，但用一根光纤传输 50 万个话路的实验已经取得成功，比传统的同轴电缆、微波等要高出几十万倍以上，如果再加上波分复用技术把一根光纤当作几十根、几百根光纤，其通信容量之大就更加惊人了。

1.3.3 保密性能好

由于光纤的特殊结构，光波只能在光纤中传播，泄露极其微弱，很难窃听光纤中的传输信号，故其保密性能好；且可经过高温、低温和危险地段等。

1.3.4 损耗小、中继距离长

由于光纤的损耗比电缆等传输媒介的损耗小得多，故其中继距离特别长，一般为几百千米，甚至更长。

1.3.5 抗干扰能力强

由于光纤是绝缘体，不怕雷击和高压等电磁干扰。同时，光波的频率极高，而各种干扰频率一般较低，故其抗干扰能力极强。

1.3.6 成本低、寿命长

石英玻璃原料丰富，只用数克石英便可拉制出 1 km 的光纤，质量轻，使用寿命长，一般为 25 年以上。

光纤通信正向长距离、大容量、智能化的方向发展。

最基本的光纤通信系统一般由电端机（收发）、光发射机、光接收机、光中继器以及光缆等组成。电端机主要完成电信号的处理工作；光发射机是将发送电端机送来的电信号转换为光信号，并送进光缆中进行传输；光缆作为传输媒介，主要任务是传送光信号；光中继器是将传输一段距离后的光信号进行放大，以实现远距离传输；光接收机是将接收到的光信号还原为电信号，然后送到接收电端机。

光纤通信系统主要部件有光纤光缆、光源（LD 和 LED）、光电检测器（PIN 和 APD）、光放大器、光无源器件等。

复习思考题

1. 什么是光纤通信？
2. 光纤通信的 3 个传输窗口是什么？
3. 光纤通信系统由哪些部分组成？
4. 光纤通信有哪些特点？
5. 光纤通信向哪些方面发展？

第 2 章　光纤和光缆

　　在光纤通信系统中，光纤是光波的传输介质。光纤的材料、构造和传输特性对光纤通信系统的传输质量起着决定性的作用。

　　本章在介绍光纤光缆的结构和类型的基础上，分别用波动理论和射线光学理论对光纤中的模式和传光原理进行分析，并对光纤的衰减和色散等传输特性进行详细的介绍。

2.1　光纤的结构和类型

2.1.1　光纤的结构

　　光纤是光导纤维的简称，它是一根像头发那么粗细的透明玻璃丝，是一种新的导光材料。光纤的基本结构有以下几部分组成：折射率（n_1）较高的纤芯部分、折射率（n_2）较低的包层部分以及表面涂覆层，结构如图 2.1 所示。为保护光纤，在涂覆层外有二次涂覆层（又称塑料套管）。

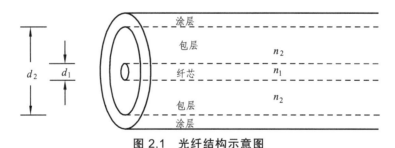

图 2.1　光纤结构示意图

1. 纤　芯

　　纤芯位于光纤的中心部位（直径 4～50 μm），其成分是高纯度二氧化硅。此外，还掺有极少量的掺杂剂（如二氧化锗 GeO_2，五氧化二磷 P_2O_5），其作用是适当提高纤芯对光的折射率（n_1），用于传输光信号。纤芯是光波的主要传输通道。

2. 包　层

　　包层位于纤芯的周围，其成分也是含有极少量掺杂剂的高纯度二氧化硅。而掺杂剂（如

三氧化二硼 B_2O_3）的作用则是适当降低包层对光的折射率（n_2），使之略低于纤芯的折射率，即 $n_1 > n_2$，这是光纤结构的关键，它使得光信号封闭在纤芯中传输。

3. 涂覆层

光纤的最外层为涂覆层，包括一次涂覆层、缓冲层和二次涂覆层。一次涂覆层一般使用丙烯酸酯、有机硅或硅橡胶材料；缓冲层一般为性能良好的填充油膏；二次涂覆层一般多用聚丙烯或尼龙等高聚物。涂覆的作用是保护光纤不受水汽侵蚀和机械擦伤，同时又增加了光纤的机械强度与可弯曲性，起着延长光纤寿命的作用。

纤芯的粗细、纤芯材料和包层材料的折射率，对光纤的特性起着决定性的影响。

由纤芯和包层组成的光纤称之为裸纤，它的强度、柔韧性较差，在裸纤从高温炉拉差后 2 s 内进行涂覆，经过涂覆后的光纤才能制成光缆，才能满足通信传输的要求。我们通常所说的光纤就是指这种经过涂覆后的光纤。

2.1.2 光纤的分类

光纤的种类很多，可以用不同的方法进行分类。

1. 按纤芯折射率分布分类

按照光纤纤芯的折射率分布来划分，光纤分为阶跃型光纤和渐变型光纤。

阶跃型光纤的纤芯折射率是均匀不变的为 n_1，包层折射率为 n_2，在纤和包层的界面上折射率发生突变，如图 2.2（a）所示，图中 a、b 分别为纤芯和包层的半径。因此，阶跃型光纤又形象地称为"突变型光纤"。

渐变型光纤的纤芯折射率在轴心处最大，而在光纤的横截面内沿半径方向折射率逐渐减小，到了纤芯和包层的界面降至包层的折射率 n_2，其折射率分布图如图 2.2（b）所示。渐变型光纤由于其制造上的特点，又称为"梯度型光纤"。

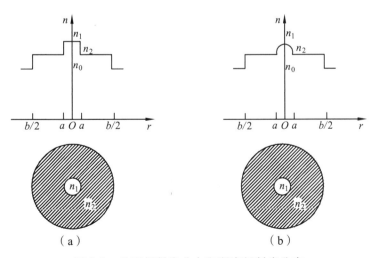

图 2.2 阶跃折射率分布和渐变折射率分布

2. 按传输模式数分

按照光纤中传输的模式数划分，光纤分为单模光纤和多模光纤。所谓模式，简单说就是电磁场在光纤中的分布方式，模式不同，其分布不同。

1）单模光纤

单模光纤是指只能传输基模，即只能传输一个最低模式的光纤，基模记为 *HE*11。比基模高的其他模式都被截止。不是以单一基模传输，而是以其他任意一个模式传输的光纤都不能称为单模光纤。光在单模光纤中的传播轨迹，简单地讲是以平行于光纤中心轴线的形式以直线方式传播，如图 2.3 所示。

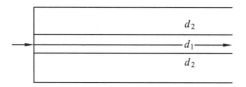

图 2.3　单模光纤光的传播轨迹

由于单模光纤是以基模作为单一模式传输，没有模间色散，只有模内色散，因此，其带宽比多模光纤高很多，是实现大容量、长距离的一种传输介质。

2）多模光纤

多模光纤是指可以传输多种模式的光纤，也就是光纤传输的是一个模群，光在阶跃折射率多模光纤中传播轨迹及光在渐变折射率多模光纤中传播轨迹如图 2.4（a）、（b）所示。

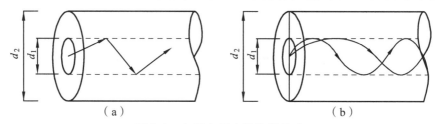

（a）　　　　　　　　　　　　（b）

图 2.4　多模光纤光的传播轨迹

不同的模群有不同的群速度，即光经过光纤的传输会产生色散。多模光纤的色散包括模间色散和模内色散。单模光纤只有模内色散，所以多模光纤的色散比单模光纤的色散大，传输距离较短。

2.2　光纤的导光原理

分析光波在光纤中传输可应用两种理论：波动理论和射线理论。

用波动理论分析光波在阶跃折射率光纤中传播的模式特性，分析的方法比较复杂。射线理论是一种近似的分析方法，但简单直观，对定性理解光的传播现象很有效，而且对光纤半径远大于光波长的多模光纤能提供很好的近似。

2.2.1　从射线理论分析光纤的导光原理

1. 射线方程

从射线方程导出的射线光学最重要的理论之一是斯涅尔（Snell）定律，它应用于恒定折射率 n_1 和 n_2 区域时可写成：

反射定律：$\varphi_入 = \varphi_反$

折射定律：$n_1 \sin \varphi_入 = n_2 \sin \varphi_折$

式中，n_1、n_2 为介质的折射率；$\varphi_入$、$\varphi_反$、$\varphi_折$ 分别为光线的入射角、反射角和折射角，如图 2.5 所示。

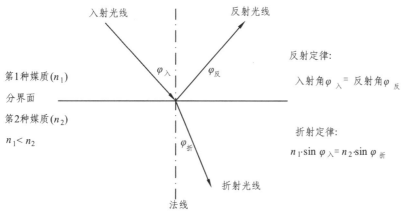

图 2.5　光射线的反射和折射

2. 光密介质和光疏介质

介质的折射率表示介质的传光能力。某一介质的折射率 n 等于光在真空中的传播速度 c 与在该介质中的传播速度 v 之比，即

$$n = \frac{c}{v}$$

由上式可知，折射率不同，光在介质中的传播速度也不同，折射率越大，光在该介质中的传播速度越小，相对来说，传光速度大的（折射率小）介质称为光疏介质；传光速度小的（折射率大）介质称为光密介质。

3. 光的全反射定律

当入射角度增大到某一角度时，折射角可以获得最大值 $90°$，此时可认为无折射光存在，所有的入射光都被反射，称为全反射现象；满足全反射现象的最小入射角度称为全反射的临界角 ϕ_C，如图 2.6 所示。根据折射定律，有

$$n_1 \sin \varphi_入 = n_2 \sin \varphi_折$$

$$\sin \varphi_C = \frac{n_2}{n_1} \sin 90° = \frac{n_2}{n_1}$$

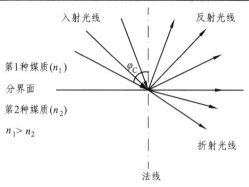

图 2.6 光的全反射

综上所述，产生全反射必须满足两个条件，即：

① 光纤从光密介质射向光疏介质；

② 入射角大于临界角 φ_C。

光从空气进入光纤后的射线传播，需要通过三种介质和两种界面进行。这三种介质是空气、纤芯和包层。空气的折射率为 n_0（$n_0 \approx 1$），纤芯的折射率为 n_1，包层的折射率为 n_2。空气和纤芯端面之间形成界面 1，纤芯和包层之间形成界面 2。在界面 1，其入射角记为 θ_0，折射角记为 θ。在界面 2，其入射角记为 φ_1，折射角记为 φ_2。

当 $\varphi_2 = 90°$，称为临界状态，此时的入射角 φ_1 记为 φ_C。

光在光纤中传播示意图如图 2.7 所示。

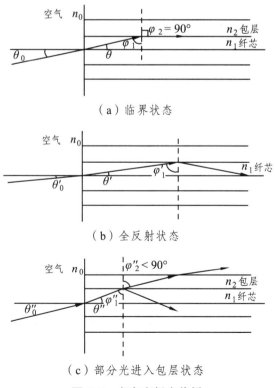

（a）临界状态

（b）全反射状态

（c）部分光进入包层状态

图 2.7 光在光纤中传播

1）临界状态时的光线传播情况

临界状态时的光线传播情况如图 2.7（a）所示。

根据折射定律有

$$n_0 \sin \theta_0 = n_1 \sin \theta = n_1 \sin(90° - \varphi_C) \quad (n_0 \approx 1)$$

$$\sin \theta_0 = \sqrt{n_1^2 - n_2^2}$$

2）在包层与纤芯界面上产生全反射的情况

当光纤在第 1 界面上入射角小于 θ_0，在第 2 界面上的入射角大于 φ_C 则出现图 2.7（b）所示的情况，光全部反射回纤芯中，根据反射定律，有

$$\sin \varphi_C = \frac{n_2}{n_1}$$

可见，φ_C 的大小由包层和纤芯材料的折射率之比来决定。

3）部分光进入包层的情况

当光纤在第 1 界面上入射角大于 θ_0，在第 2 界面上的入射角小于 φ_C，折射角小于 90°，则出现图 2.7（c）所示的情况，部分光线在纤芯中传送，部分光线折射入包层。

结论：因为纤芯折射率 n_1>包层折射率 n_2，利用纤芯与包层的折射率差，当在第 1 界面的入射角小于 θ_0 时，就会在纤芯与包层的界面发生全反射，光被封闭在纤芯中，以"之"字形曲线向前传播。在纤芯与包层界面满足全反射条件时，所对应的光线从空气进入纤芯的入射角 θ_0 称为接收角。

利用上述的射线分析方法，可以直观地对光纤的传光原理进行解释，但是必须要指出的是，射线分析方法虽然具有易于理解的优点，但其本质上是一种近似分析方法，只能定性地解释光纤的传光原理，并不能作为定量的分析依据。

4. 传导模和数值孔径

根据前面的分析，当纤芯与包层界面满足全反射条件时，光线只在纤芯内传输，这样形成的模称为传导模。当纤芯与包层界面不满足全反射条件时，部分光线在纤芯内传输，部分光折射入包层，这种从纤芯向外部辐射的模式，称为辐射模。

这种结论只是一种近似，当进一步研究光的波动性和光波的相位一致条件时，应加以修正，只有既满足全反射条件又满足相位一致条件的光线束才称之为传导模。

接收角最大值 θ_0 的正弦与 n_0 的乘积，称为光纤的数值孔径。

最大入射角为

$$\theta_0 = \arcsin \frac{\sqrt{n_1^2 - n_2^2}}{n_0} \approx \arcsin \sqrt{n_1^2 - n_2^2} \approx \arcsin n_1 \sqrt{2\Delta}$$

数值孔径为

$$NA = n_0 \sin \theta_0 = \sqrt{n_1^2 - n_2^2} \approx n_1 \sqrt{2\Delta}$$

即

$$NA = n_1 \sqrt{2\Delta}$$

$$\Delta = \frac{n_1 - n_2}{n_1}$$

式中，n_1，n_2 分别为光纤纤芯和包层的折射率，Δ 为相对折射率差。NA 表示光纤接收光能力的大小。相对折射率差（Δ）增大，数值孔径（NA）也大。对单模光纤，Δ 为 $0.1\% \sim 0.3\%$；对阶跃型光纤，Δ 为 $0.3\% \sim 3\%$。

2.2.2　从波动理论分析光纤中的问题

用波动理论求解光纤中的问题，可以得到严格的结果。光波是一种电磁波，光波在光纤中传播，实际上是电磁场在光纤中传播，光纤中电磁场的各种不同分布，称为模式。

1. 横电波、横磁波和混合波

电磁波的传播遵从麦克斯韦方程组，而在光纤中传播的电磁场，还必须满足光纤这一传输介质的边界条件。因此，要知道光纤中可能传播哪些模式，就必须求解满足光纤特定边界条件的麦克斯韦方程组，而光纤特定的边界条件是由光纤结构所决定的。麦克斯韦方程组的求解结果表明，光纤中可能存在的模式有横电波、横磁波和混合波。

1）横电波

如果纵轴方向只有磁场分量 H_z，没有电场分量（$E_z = 0$），而横截面上有电场分量（E_r，E_θ）的电磁波称为横电波，用 TE_{mn} 表示，下标 m 表示电场沿圆周方向的变化周数，n 表示电场沿径向方向的变化周数。如 TE_{01} 波表示电场沿 θ 方向没有变化（即 E_θ 是不随 θ 变化的常数），沿 r 方向变化一周（即 E_r 从最小至最大而又至最小）。

2）横磁波

如果纵轴方向只有电场分量 E_r，没有磁场分量（$H_z = 0$），而横截面上有磁场分量（H_r，H_θ），这种电磁波称为横磁波，用 TM_{mn} 表示，下标 m 表示磁场沿圆周方向的变化周数，n 表示磁场沿径向方向的变化周数。

3）混合波

如果纵横方向既有电场分量又有磁场分量（$E_z \neq 0$，$H_z \neq 0$），这种电磁波就是横电波与横磁波的混合，称为混合波。当纵轴方向磁场分量占优势，电场分量较弱时，混合波用 HE_{mn} 表示。反之，当纵轴方向电场分量占优势，磁场分量较弱时，混合波用 EH_{mn} 表示。

无论是 TE_{mn} 波、TM_{mn} 波还是 HE_{mn} 波、EH_{mn} 波，当 m、n 的组合不同时，所表示的模式也不同。如 TE_{01} 模与 TE_{21} 模就是两种不同的模式。

2. 光纤的归一化频率和传播常数

1）光纤的归一化频率 V

为了表征光纤中所能传输的模式数目的多少，引入光纤的一个特征参数，即光纤的归一化频率，其表示为

$$V = \frac{2\pi a}{\lambda}\sqrt{n_1^2 - n_2^2} = k_0 a n_1 \sqrt{2\Delta}$$

式中　*a*——纤芯半径；

　　　λ——光波的波长；

　　　Δ——光纤的相对折射率差；

　　　n_1、n_2——纤芯和包层的折射率；

　　　k_0——真空中的波数，且 $k_0 = 2\pi/\lambda$。

2）传播常数 *β*

传播常数 *β* 是描述光纤中各模式传输特性的一个参数，光纤中各模式的传输或截止都可由此参数来衡量。

光纤中的模式大致可分为传导模和辐射模两大类。传导模是封闭在光纤纤芯中传输的，其包层中的电磁场按指数衰减。光纤通信的信息就是靠传导模来传递的。传导模的传播常数是限制在 $k_0 n_1 \sim k_0 n_2$ 的，即 $k_0 n_1 < \beta < k_0 n_2$。

当 $\beta > k_0 n_2$ 时，包层中的电磁场不再衰减，而成为振荡函数，此时电磁场能量已不能很好地集中在光纤的纤芯之中，这时的模式称为辐射模。当光纤中出现了辐射模时，即认为传导模截止。

当 $\beta = k_0 n_2$ 时，传导模处于截止的临界状态，以此作为传导模截止的标志。

从几何光学的角度来看，传导模就是不断在纤芯和包层界面产生全反射并沿轴向传输的光纤，辐射模就是不满足全反射条件、在传播途中会射入包层或逸出纤外的光线，而传导模处于截止的临界状态时，光线在纤芯和包层的界面掠射。

3. 单模传输和多模传输

为了全面描述光纤中各种模式的传输特性，图 2.8 示出了光纤中不同模式的归一化传播常数 β/k_0 与归一化频率 *V* 的关系曲线。根据此图可以直观地得出以下几个方面的结论。

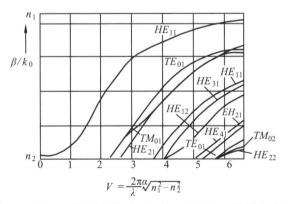

图 2.8　归一化传播常数 β/k_0 与归一化频率 *V* 的关系曲线

（1）传导模的归一化传播常数 β/k_0 位于 n_2 和 n_1 之间，即 $n_2 < \beta/k_0 < n_1$，当 $\beta/k_0 = n_2$，即 $\beta = k_0 n_2$ 时，传导模处于截止状态，当 $V \to \infty$，$\beta/k_0 \to n_1$ 时，传导模的能量完全集中在纤芯，包层中的电场磁为零，传导模处于远离截止状态。

（2）光纤中每种模式都有其截止频率 V_c，例如 HE_{11} 模的 $V_c = 0$，TE_{01}、TM_{01} 及 HE_{21} 模的 $V_c = 2.405 \cdots$ 都可以在图 2.8 中查到。

（3）HE_{11} 模的 $V_c = 0$，说明该模式在任何频率下都可以传输。因此，HE_{11} 模是光纤中的最低次模，其余模式均为高次模。HE_{11} 模又称为光纤的主模或基模。

如果适当设计光纤，使 $0 < V < 2.405$，即使 HE_{11} 模以外的高次模都截止，便可以实现单模传输。这种只有一种模式传输的光纤称为单模光纤。当 $V > 2.405$ 时，TE_{01} 等高次模开始传输，且随着 V 值的增加，光纤传输的模式数也越多，这种有多种模式传输的光纤称为多模光纤。

多模传输时，对于突变型光纤，光纤中传输的模式数 N_s 为

$$N_s = \frac{V^2}{2}$$

对于渐变型光纤，光纤的传输的模式数 N_G 为

$$N_G = \frac{V^2}{4}$$

4. 单模光纤的参数

单模光纤是在给定的工作波长上，只能传输一种模式的光纤，由于单模光纤在一些特性上优于多模光纤，因此目前被广泛采用。下面我们介绍单模光纤两个较为常用的参数，即截止波长和模场直径。

1）截止波长 λ_c

截止波长是单模光纤所特有的一个参数，通常用它可判断光纤是否可以单模传输。

如上所述，光纤的单模传输条件是归一化频率 V 满足

$$V < 2.405$$

这一条件是以第一高次模（TE_{01}、HE_{21}、TM_{01}）的归一化截止频率 $V_c = 2.405$ 给出的，根据归一化频率 V 的表示式如下

$$V = \frac{2\pi a}{\lambda} n_1 \sqrt{2\Delta}$$

可求出与 $V_c = 2.405$ 相对应的波长 λ_c，为

$$\lambda_c = \frac{2\pi a n_1 \sqrt{2\Delta}}{2.405}$$

式中 λ_c——单模光纤的截止波长。

单模传输时，光纤的工作波长应大于截止波长，这样才能在其他参数不变的条件下，保证归一化频率 V 小于归一化截止频率 V_c，即保证 $V < 2.405$。值得一提的是单模光纤的截止波长不是主模 HE_{11} 的截止波长，而是第一次高模（TE_{01}、HE_{21}、TM_{01}）的截止波长，HE_{11} 模是无截止波长的，它在任何波长下都可在光纤中传输。

2）模场直径 d

单模光纤的光场分布没有一个明确的边界，包层之外也有相当大的先场存在，所以不能像多模光纤那样用纤芯表示横截面上的传光范围，只能用模场直径来表示。模场直径是单模

光纤的重要参数之一，它是表征单模光纤基模场分布的一个量，表示了基模场能量的集中程度。单模光纤的弯曲损耗和连接损耗及色散等都与模场直径有着密切的关系。

到目前为止，模场直径还没有一种标准的定义。下面我们仅从物理概念上作一简单介绍。

对于突变型单模光纤，基模场在光纤横截面上近似为高斯分布，如图 2.9 所示，通常将光纤纤芯中基模场分布曲线最大值的 $1/e$ 处，对应的宽度定义为模场直径，用 d 表示。

模场直径是单模光纤产品出厂时必须给出的参数之一。CCITT 规定，单模光纤在 1.3 μm 处模场直径应在 9 ~ 10 μm 范围内，偏差不应超过标称值的 ± 10%。

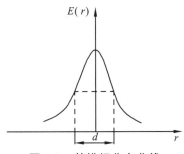

图 2.9　基模场分布曲线

2.3　光纤传输特性

光信号经过一定距离的光纤传输后要产生衰减和畸变，因而输出信号和输入信号不同，光脉冲信号不仅幅度要减小，而且波形要展宽。产生信号衰减和畸变的主要原因是光在光纤中传输时存在损耗和色散等性能劣化。损耗和色散是光纤的最主要的传输特性，它们限制了系统的传输距离和传输容量。本节要讨论光纤损耗和色散的机理和特性。

2.3.1　光纤的损耗

光纤的损耗将导致传输信号的衰减。在光纤通信系统中，当光纤的光功率和接收灵敏度给定时，光纤的损耗将是限制无中继传输距离的重要因素。

当工作波长为 λ 时，L 千米长光纤的衰减 $A(\lambda)$，及光纤每公里衰减 $\alpha(\lambda)$ 用下式表示：

$$\alpha(\lambda) = \frac{10}{L} \lg \frac{P_i}{P_o} \quad （dB/km）$$

$$A(\lambda) = 10 \lg \frac{P_i}{P_o} \quad （dB）$$

式中，P_i、P_o 分别为光纤的输入、输出的光功率，单位 W。L 为光纤长度，单位 km。$\alpha(\lambda)$ 称为损耗系数（衰减系数），单位 dB/km，衰减系数与波长的关系曲线称为衰减谱，如图 2.10 所示。

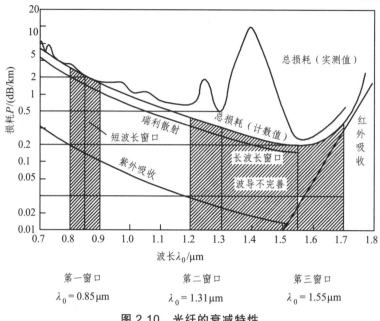

图 2.10　光纤的衰减特性

造成光纤中能量损失的原因是吸收损耗、散射损耗和辐射损耗。吸收损耗与光纤材料有关；散射损耗与光纤材料及光纤中的结构缺陷有关；辐射损耗则是由光纤几何形状的微观和宏观扰动引起的。

1. 光纤的吸收损耗

本征吸收是由材料中的固有吸收引起的。材料中存在着紫外光区域光谱的吸收和红外光区域光谱的吸收。吸收损耗与光波长有关。紫外吸收带是由于原子跃迁引起的。红外吸收是由分子振动引起的。

SiO_2 的光纤材料中含有一定的掺杂剂（如锗 Ge、硼 B、磷 P 等）和跃迁金属杂质（如铁 Fe、铜 Cu、铬 Cr 等）。这些成分的存在把紫外吸收尾部转移到更长的波长上去。所含的杂质离子，在相应的波长段内有强烈的吸收。杂质含量越多，损耗越严重。除了跃迁金属杂质吸收外，氢氧根离子（OH^-）的存在也产生了大的吸收。

2. 光纤的散射损耗

散射损耗是指在光纤中传输的一部分光由于散射而改变了传输方向，从而使一部分光不能传输到终端所产生的损耗。散射损耗主要是瑞利散射损耗、波导散射损耗和非线性散射损耗。

1）瑞利散射损耗

瑞利散射损耗是光纤材料的本征损耗。它是由材料折射率分布小尺度的随机不均匀性所引起的。在光纤制造过程中，SiO_2 材料处于高温熔融状态，分子进行无规则的热运动。在冷却时，运动逐渐停息。当凝成固体时，这种随机的分子位置就在材料中"冻结"下来，形成物质密度的不均匀，从而引起折射率分布不均匀。这些不均匀，像在均匀材料中加了许多小颗粒，其尺度很小，远小于波长。当光波通过时，有些光就要受到它的散射，从而造成了瑞利散射损耗。瑞利散射损耗和波长的四次方成反比，即波长越短，损耗越大，因此，对短波长窗口的影响较大。

2）波导散射损耗

波导散射损耗是由于光纤波导结构缺陷引起的损耗，这种损耗与波长无关。光纤波导结构缺陷有纤芯和包层界面不平整、纤芯内的气泡、气痕等，如果光纤中存在诸如此类缺陷，就会产生模变换，即把传导模变成辐射模，从而使光纤的损耗增加。光纤波导结构缺陷主要由熔炼工艺不完善和拉丝工艺不适当引起的。

3）非线性散射损耗

瑞利散射和波导散射都属于线性散射，对于线性散射来说，光的波长在散射过程中不变。当光纤中传输的光强大到一定程度时，就会产生非线性拉曼散射，使输入光能部分转移到新的频率分量上。因此，在非线性散射中是伴随着光波频率变化的。在常规的光纤通信系统中，半导体激光器发射的光功率较小，因此非线性散射可忽略，但在波分复用系统中，由于总的光功率很大，就构成了非线性散射损耗。

3. 光纤的辐射损耗

光纤受到某种外力作用时，会产生一定曲率半径的弯曲。弯曲后的光纤可以传光，但会使光的传播途径改变。一些传输模变为辐射模，引起能量的泄漏，这种由能量泄漏导致的损耗称为辐射损耗。

2.3.2　光纤的色散

光纤的色散是由于光纤中所传输的光信号的不同频率成分和不同模式成分的群速不同而引起的传输信号的畸变的一种物理现象。它将传输脉冲展宽，产生码间干扰，增加误码率。传输距离越长，脉冲展宽越严重，所以色散限制了光纤的通信容量，也限制了无中继传输距离。

1. 色散分类

光纤中的色散可分为材料色散、模式间色散、波导色散和偏振模色散等。

材料色散：由于材料本身折射率随频率而变，于是信号各频率的群速度不同，引起色散。

模式间色散：在多模传输下，光纤中各模式在同一光源频率下传输系数不同，因而群速度不同而引起色散。

波导色散：它是模式本身的色散。对于光纤中某一模式本身，在不同频率下，传输系数不同，群速不同，引起色散。

偏振模色散：输入光脉冲激励的两个正交的偏振模式之间的群速度不同而引起的色散。

单模光纤和多模光纤中色散构成不同。材料色散和波导色散是发生在同一模式内，所以称之为模内色散；而模式间色散和偏振模色散，可称之为模间色散。对于多模传输，模间色散占主导，材料色散相对较小，波导色散一般可以忽略。对于单模传输，材料色散占主导，波导色散较小。由于光源不是单色的，总有一定的谱宽，这就增加了材料色散和波导色散的严重性。

2. 色散系数

定义色散系数为

$$D = \frac{\Delta\tau}{L\Delta\lambda} \ (\text{ps/nm} \cdot \text{km})$$

式中 $\Delta\lambda$ 为光波长间隔（以波长 λ_0 为中心），$\Delta\tau$ 为光波长间隔对应的群时延差。

色散系数的物理含义是指经单位长度光纤传输后，单位光波长间隔对应的群时延差。

2.4 光纤的测量

2.4.1 光纤衰减系数的测试

1. 定 义

光纤的衰减系数定义为光纤的输入光功率（P_{in}）与光纤的输出光功率（P_{out}）之比取以十为底的对数，然后再除以光纤长度 L。即用下式表示

$$\alpha = \frac{10}{L}\lg\left(\frac{P_{in}}{P_{out}}\right)$$

式中 P_{in}——光纤的输入光功率，mW 或 μW；

P_{out}——光纤的输出光功率，mW 或 μW；

L——光纤的长度，km；

α——衰减系数，dB/km。

衰减系数是光纤的基本参数，是限制光纤中继距离的主要因素之一。

2. 测试内容

① 单波长的损耗。

② 损耗——波长特性。

③ 接头损耗。

3. 测试方法

衰减（损耗）系数的测试方法有多种，有剪断法、插入法和背向散射法等。ITU-T 建议以剪断法为基本方法，插入法和背向散射法为第二代和第三代用法。

1）剪断法测试光纤衰减系数

（1）测试框图。

用剪断法测试光纤衰减系数的框图如图 2.11 所示。

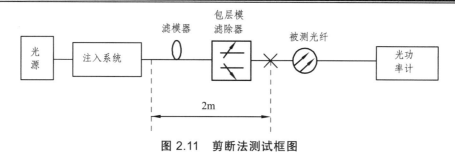

图 2.11 剪断法测试框图

（2）测试原理。

用剪断法测试衰减系数是基于对衰减系数的定义而进行的。对光源要进行调制，光源输出要稳定。对注入系统的要求是基本上能激起 LP_{01} 和 LP_{11} 模，要加滤模器和包层模滤除器，以确保输入被测系统的是单模。对光功率计要求其线性要好。

（3）测试步骤。

① 制备好光纤端面。

② 将光源的输出耦合至测试系统，测出长光纤在远端输出的光功率 P_{out}。

③ 在离注入端约 2 m 处把光纤剪断，制备好光纤端面后，将光功率计接于剪断处，测出近端输出光功率 P_{in}。

④ 按下式计算衰减系数：

$$\alpha = \frac{10}{L} \lg \left(\frac{P_{in}}{P_{out}} \right)$$

各量的意义及单位同前。

2）插入损耗法测光纤衰减系数

（1）测试框图。

用插入损耗法测光纤衰减系数的框图如图 2.12 所示，包括发送单元、接收单元、被测光纤、自环线。

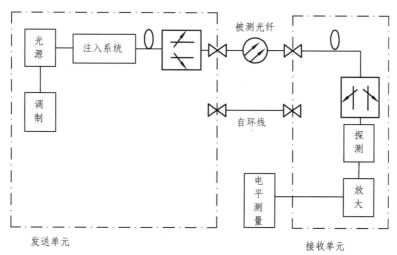

图 2.12 插入损耗法测试框图

（2）测试方法。

将被测光纤插在发送设备与接收设备之间进行测试。

（3）测试步骤。

① 先进行仪表校对，即用自环线将发送设备与接收设备连接起来，测得功率电平 P_{in}。

② 撤去自环线，将被测光纤插在发送设备与接收设备之间，测得功率电平 P_{out}。

③ 按下式计算衰减系数：

$$\alpha = \frac{1}{L}(P_{in} - P_{out})$$

式中 α——单位长度的衰减系数，dB/km；

  P_{in}——测得的光纤输入功率电平，dBm；

  P_{out}——测得的光纤输出功率电平，dBm。

3）接头损耗测试

接头损耗测试有多种方法，可在熔接机上监控和测试；可用 OTDR（光时域反射仪）测试；也可用 4P 法测试。

（1）用 OTDR 法测接头损耗。

① 测试框图即用 OTDR 法测接头损耗的方框图，如图 2.13 所示。

② 测试原理如图 2.13 所示。被接续光纤的一端连接至时域反射仪，则在 OTDR 屏上可观察到该被接续光纤的背向散射曲线，在曲线中间的台阶处即为光纤的接头处。

③ 测试步骤如图 2.13 所示。在 a、b 端各测一次，取两方向的算术平均值作为接头损耗。这是因为光纤 A 和光纤 B 的散射系数不同，必须两方向各测一次，取两方向的算术平均值作为接头损耗，这样就能考虑到两方向的散射系数不同所造成的影响。

（2）用四 P 法测试接头损耗。

用四 P 法测试接头损耗的测试框图如图 2.14 所示。

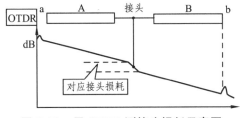

图 2.13 用 OTDR 测接头损耗示意图

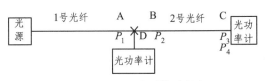

图 2.14 四 P 法测接头损耗

步骤如下：

① 先在第一接头点 D 处作临时性连接。

② 在 2 号光纤接头点 C 处测出光功率 P_3。

③ 在 D 后的 B 点（距临时接头约 50 cm）剪断光纤，测出光功率 P_2。

④ 在 D 前的 A 剪断光纤，测出光功率 P_1。

⑤ 做永久性接头 D，并在 C 处测出光功率 P_4。

则永久性接头的损耗为

$$\alpha = P_1 + P_3 - P_2 - P_4$$

式中，P_1、P_2、P_3、P_4 的单位为 dB。

2.4.2　单模光纤色散特性的测试

单模光纤色散系数很小，如 2 ~ 4 ps/(nm·km)，这样小的系数，用一般方法很难测试，现在已有多种行之有效的测试方法，如相移法、干涉法和脉冲延时法。ITU-T 推荐相移法，下面只讲相移法。

1. 测试框图

用相移法测试色散原理如图 2.15 所示。由振荡器、LED、波长选择器、滤模器和包层模滤除器、被测光纤、探测器、放大器、滤波器、相位计和计算机组成。

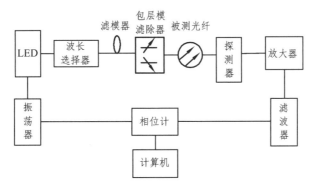

图 2.15　相移法测试色散原理图

2. 测试原理

利用高稳定度的正弦波去调制光波，这些不同波长的光波通过被测光纤后，由于延时的不同，产生不同的相位位移。测试的任务就是测出不同波长的光波通过光纤后产生的不同相位移动。

一个 50 MHz 的振荡器，其周期为 20 ns，即

$$T = \frac{1}{f} = \frac{1}{50 \times 10^6 \text{ Hz}} = 20 \text{ ns } (1 \text{ ns} = 10^{-9} \text{ s})$$

当光波相位变化 0.1°时，相应于时间变化：

$$0.1 \times \frac{20 \text{ ns}}{360} = 5.6 \text{ ps } (1 \text{ ps} = 10^{-12} \text{ s})$$

用一台分辨率为 0.1°的高频相位移就可检测出几个皮秒的时间变化量。

3. 测试步骤

① 设光波 λ_1 经过被测光纤、检测、放大和滤波后进入相位检测器，与同一振荡源发出

的振荡信号加于相位计，进行相位比较，λ_1 的相位移为

$$\varphi_1 = N \times 360° + \alpha_1$$

② 设光波 λ_2 经过被测光纤、检测、放大和滤波后进入相位检测器，与同一振荡源发出的振荡信号加于相位计，进行相位比较，λ_2 的相位移为

$$\varphi_2 = N \times 360° + \alpha_2$$

③ 选择频率，使光波 λ_1 和光波 λ_2 的最大差距小于 1 圈，即选择

$$T \gg \Delta\tau$$

④ 已知 φ_1 和 φ_2 以及振荡器的周期 T，求出光波 λ_1 和光波 λ_2 的延时差：

$$\Delta\tau = \frac{\varphi_2 - \varphi_1}{360°} \times T = \frac{\alpha_2 - \alpha_1}{360°} \times T$$

⑤ 求色散系数 D：

$$D \approx \frac{\Delta\tau}{\Delta\lambda \cdot L} = \frac{\alpha_2 - \alpha_1}{360°} \times \frac{T}{\Delta\lambda \cdot L}$$

例：已知 $\alpha_2 - \alpha_1 = 1°$，$T = 20$ ns，$\Delta\lambda = 10$ nm，$L = 2$ km，代入值，可得

$$D = \frac{1°}{360°} \times \frac{20 \text{ ns}}{10 \text{ ns} \cdot 2 \text{ km}} = 2.78 \text{ [ps/(nm} \cdot \text{km)]}$$

2.4.3 多模光纤衰减系数的测试

多模光纤衰减系数的测试方法，根据 G.651 文件的规定，基准方法是剪断法，这与前面讲过的单模光纤衰减系数的测试一致。多模光纤衰减系数的测试方法的替换法有两种，一种是插入损耗法，另一种是背向散射法。

2.4.4 多模光纤带宽的测试

多模光纤带宽的测试有两种方法：频域法（扫频法）和时域法。

1. 用扫频法测多模光纤的带宽

用扫频法测多模光纤带宽框图如图 2.16 所示。由扫频仪、光源、抗模器、被测光纤、光电检测器、频谱分析仪、数据处理、X-Y 记录仪等组成。由扫频仪输出各种不同频率的正弦信号，LD 光源对此信号进行调制，输出光信号，光信号经过扰模器、被测光纤和光电检测器，由光电检测器将光信号变为电信号，用频谱分析仪进行分析。幅度函数 $P_2(f)$ 被送到寄存器中；之后再距注入点 2 m 处剪断光纤，保持注入条件不变，按上面的方法，测出幅度函数 $P_1(f)$，并送到寄存器中。寄存器输出 $P_2(f)$ 与 $P_1(f)$ 之差，由 X-Y 记录仪给出基带频响曲线。曲线上 -6 dB 处所对应的频率就是被测光纤的带宽。

2. 用时域法测多模光纤的带宽

用时域法测多模光纤的带宽,是利用光纤的模间和模内延时差,使输出光脉冲产生变形、展宽。测量原理图如图 2.17 所示。

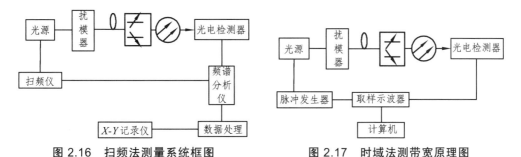

图 2.16　扫频法测量系统框图　　　　图 2.17　时域法测带宽原理图

测试方法如下:

① 测出长光纤的输出脉冲 $p_2(t)$。

② 保持光源的注入系统不变,在离注入端 2 m 处剪断光纤,测出输入脉冲 $p_1(t)$。

③ 当 $p_1(t)$ 和 $p_2(t)$ 近似高斯分布时,分别测出半幅值宽度 τ_1 和 τ_2。

④ 按下式计算带宽。

$$B = \frac{444}{\sqrt{\tau_2^2 - \tau_1^2}} \quad (\text{MHz})$$

2.5　光纤的型号

目前 ITU-T 规定的光纤代号有 G.651 光纤(多模光纤)、G.652 光纤(常规单模光纤)、G.653 光纤(色散位移光纤)、G.654 光纤(低损耗光纤)、G.655 光纤(非零色散位移光纤)。

根据我国国家标准规定,光纤类别的代号应如下规定:

光纤类别应采用光纤产品的分类代号表示,即用大写 A 表示多模光纤,大写 B 表示单模光纤,再以数字和小写字母表示不同种类光纤,见表 2.1 及表 2.2。

表 2.1　多模光纤类型

类型	折射率分布	纤芯直径/μm	包层直径/μm	材　料
A1a	渐变折射率	50	125	二氧化硅
A1b	渐变折射率	65.2	125	二氧化硅
A1c	渐变折射率	85	125	二氧化硅
A1d	渐变折射率	100	140	二氧化硅
A2a	阶跃折射率	100	140	二氧化硅
A2b	阶跃折射率	200	240	二氧化硅

续表 2.1

类型	折射率分布	纤芯直径/μm	包层直径/μm	材 料
A2c	阶跃折射率	200	280	二氧化硅
A3a	阶跃折射率	200	300	二氧化硅芯塑料包层
A3b	阶跃折射率	200	380	二氧化硅芯塑料包层
A3c	阶跃折射率	200	430	二氧化硅芯塑料包层
A4a	阶跃折射率	980～990	1 000	塑 料
A4b	阶跃折射率	730～740	750	塑 料
A4c	阶跃折射率	480～490	500	塑 料

表 2.2 单模光纤类型

类型	名 称	材 料	标称工作波长/nm
B1.1	非色散位移	二氧化硅	1 310、1 550
B1.2	截止波长位移	二氧化硅	1 550
B2	色散位移	二氧化硅	1 550
B3	色散平坦	二氧化硅	1 310、1 550
B4	非零色散位移	二氧化硅	1 540～1 565

G.652 光纤是通信网中应用最广泛的一种单模光纤，又称为常规单模光纤或标准单模光纤（STD SMF），被广泛应用于数据通信和图像传输。它在 1 310 nm 窗口处有零色散，在 1 550 nm 窗口处有较大的色散。

G.653 光纤又称为色散位移光纤（DSF），指色散零点在 1 550 nm 附近的光纤，它相对于标准单模光纤（G.652），色散零点发生了移动，所以叫色散位移光纤。其在 $\lambda = 1 550$ nm 波长处的衰减系数和色散系数均很小，主要用于单信道长距离海底或陆地通信干线，其缺点是不适合波分复用系统。

G.654 光纤又称为 1 550 nm 损耗最小光纤，它在 $\lambda = 1 550$ nm 处衰减系数很小（$\alpha = 0.2$ dB/km），光纤的弯曲性能好。主要用于无需插入有源器件的长距离无再生海底光缆系统。其缺点是制造困难，价格贵。

G.655 光纤称为非零色散位移光纤（NZ DSF）。G.655 光纤在 1 550 nm 波长处有一低的色散（但不是最小），能有效抑制"四波混频"等非线性现象。适用于速率高于 10 Gb/s 的使用光纤放大器的波分复用系统。

G.656 色散平坦光纤：为充分开发和利用光纤的有效带宽，需要光纤在整个光纤通信的波长段（1 310～1 550 nm）能有一个较低的色散，G.656 色散平坦光纤就是能在 1 310～1 550 nm 波长范围内呈现低的色散（$\leqslant 1$ ps/nm·km）的一种光纤。

DCF（色散补偿光纤）是一种具有很大负色散系数的光纤，用来补偿常规光纤工作于 1 310 nm 或 1 550 nm 处所产生的较大的正色散。

各种光纤的色散特性如图 2.18 所示。

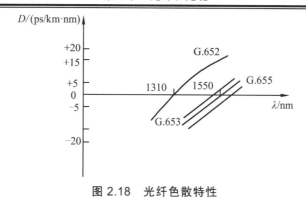

图 2.18　光纤色散特性

2.6　光缆的结构与类型

通信光缆是将一根或多根光纤束制作成符合光学、机械和环境特性结构的线缆。光缆的结构直接影响系统的传输质量，而且与施工有较大的关系。设计、施工人员必须了解光缆的结构和性能。针对不同的结构、不同性能的光缆，工程施工中要采取不同的操作方法，以保证光缆的正确使用寿命。

2.6.1　光缆的结构

光缆是以一根或多根光纤或光纤束制成符合化学、机械和环境特性的结构。不论何种结构形式的光缆，基本上都是由缆芯、加强元件和护层三部分组成。

1. 缆　芯

缆芯结构应满足以下基本要求：

① 使光纤在缆内处于最佳位置和状态，保证光纤传输性能稳定。在光缆受到一定打拉、侧压等外力时，光纤不应承受外力影响。

② 缆芯中的加强元件应能经受允许拉力。

③ 缆芯截面应尽可能小，以降低成本。

缆芯内有光纤、套管或骨架和加强元件，在缆芯内还需填充油膏，具有可靠的防潮性能，防止潮气在缆芯中扩散。

2. 护　层

光缆的护层主要是对已成缆的光纤纤芯起保护作用，避免受外界机械力和环境损坏，使光纤能适应于各种敷设场合，因此要求护层具有耐压力、防潮、温度特性好、重量轻、耐化学侵蚀和阻燃等特点。

光缆的护层可分为内护层和外护层。内护层一般采用聚乙烯或聚氯乙烯等，外护层可根据敷设条件而定，采用铝带和聚乙烯组成的 LAP 外护套加钢丝铠装等。

3. 加强元件

加强元件主要是承受敷设安装时所加的外力。

光缆加强元件的配置方式一般分为"中心加强元件"方式和"外周加强元件"方式。一般层绞式和骨架式光缆的加强元件均处于缆芯中央，属于"中心加强元件"（加强芯）；中心管式光缆的加强元件从缆芯移到护层，属于"外周加强元件"。

加强元件一般有金属钢线和非金属玻璃纤维增强塑料（FRP）。使用非金属加强元件的非金属光缆能有效地防止雷击。

2.6.2　典型结构的光缆

常用的光缆结构有层绞式、骨架式、中心束管式和带状四种。

1. 层绞式光缆

层绞式光缆是经过套塑的光纤在加强芯周围绞合而成的一种结构。层绞式结构光缆，收容光纤数有限。随着光纤数的增多，出现单元式绞合：一个松套管就是一个单元，其内可有多根光纤。生产时先绞合成单元，再挤制松套管，然后再绞合成缆。层绞式光缆结构如图 2.19 所示。

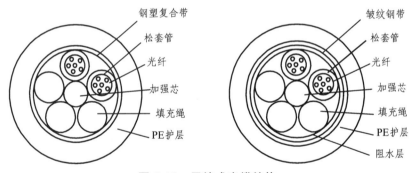

图 2.19　层绞式光缆结构

2. 骨架式光缆

骨架式光缆是将紧套光纤或一次涂覆光纤放入螺旋形塑料骨架凹槽内而构成，骨架的中心是加强元件。在骨架式光缆的一个凹槽内，可放置一根或几根涂覆光纤，也可放置光纤带，从而构成大容量的光缆。骨架式光缆对光纤保护较好，耐压、抗弯性能较好，但制造工艺复杂。骨架式光缆结构如图 2.20 所示。

3. 中心束管式光缆

中心束管式光缆是将数根一次涂覆光纤或光纤束放入一个大塑料套管中，加强元件配置在塑料套管周围而构成。中心束管式光缆结构如图 2.21 所示。

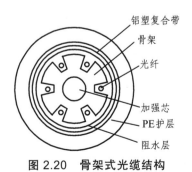

图 2.20　骨架式光缆结构

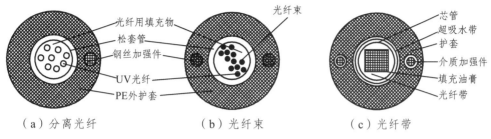

图 2.21　中心束管式光缆结构

4. 带状式光缆

带状式光缆结构是将多根一次涂覆光纤排列成行，制成带状光纤单元，然后再把带状光纤单元放入塑料套管中，形成中心束管式结构；也可以把带状光纤单元放入凹槽内或松套管内，形成骨架式或层绞式结构。带状结构光缆的优点是可容纳大量的光纤（一般在 100 芯以上），满足作为用户光缆的需要；同时每个带状光缆单元的接续可以一次完成，以适应大量光纤接续、安装的需要。带状式光缆结构如图 2.22 所示。

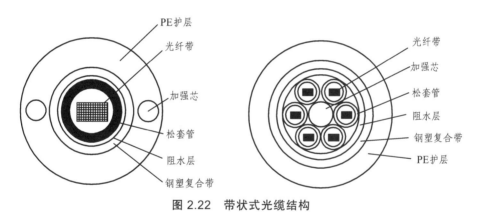

图 2.22　带状式光缆结构

2.6.3　光缆的种类

光缆的种类较多，分类方法就更多，下面介绍一些常用的分类方法。

（1）按传输性能、距离和用途分类，分为：市话光缆、长途光缆、海底光缆和用户光缆。

（2）按光纤的种类分类，可分为多模光缆、单模光缆。

（3）按使用环境和场合分类，可分为：室外光缆、室内光缆和特种光缆。

（4）按光纤芯数多少分类，可分为：单芯光缆和多芯光缆。

（5）按缆芯结构分类，可分为：层绞式光缆、骨架式光缆、中心束管式光缆和带状式光缆。

（6）按敷设方式分类，可分为：管道光缆、直埋光缆、架空光缆、水底光缆。

2.6.4 光缆的型号

根据 ITU-T 的有关建议，目前光缆的型号是由光缆的型式代号和光纤的规格代号两部分构成，中间用一短横线分开。

1. 光缆的型式代号

光缆的型式代号由分类、加强构件、派生特征、护套和外护层 5 个部分组成，如图 2.23 所示。

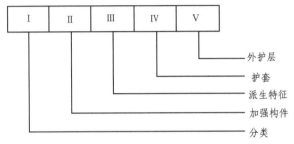

图 2.23 光缆型式代号的构成

（1）光缆分类的代号及其意义。

GY：通信用室（野）外光缆；

GM：通信用移动式光缆；

GJ：通信用室（局）内光缆；

GS：通信用设备内光缆；

GH：通信用海底光缆；

GT：通信用特殊光缆。

（2）加强构件的代号及其意义。

无符号：金属加强构件；

F：非金属加强构件。

（3）派生特征的代号及其意义。

光缆结构特征应能表示出缆芯的主要类型和光缆的派生结构。当光缆型式有几个结构特征需要注明时，可用组合代号表示，其组合代号按下列相应的各代号自上而下顺序排列。

D：光纤带结构；

无符号：光纤松套被覆结构；

J：光纤紧套被覆结构；

无符号：层绞结构；

G：骨架槽结构；

X：中心束管结构；

T：油膏填充式结构；

Z：自承式结构；

B：扁平形状；

Z：阻燃。

（4）护套的代号及其意义。

Y：聚乙烯护套；

V：聚氯乙烯护套；

U：聚氨酯护套；

A：铝-聚乙烯黏结护套（A 护套）；

S：钢-聚乙烯黏结护套（S 护套）；

W：夹带平行钢丝的钢-聚乙烯黏结护套（W 护套）；

L：铝护套；

G：钢护套；

Q：铅护套。

（5）外护层代号及其意义。

外护层是指铠装层及铠装层外边的外被层。其代号及意义如表 2.3 所示。

表 2.3 外护层代号及意义

代 号	铠装层（方式）	代 号	外被层
0	无	0	无
1	—	1	纤维层
2	双钢带	2	聚氯乙烯套
3	细圆钢丝	3	聚乙烯套
4	粗圆钢丝	—	
5	单钢带皱纹纵包	—	

2. 光纤的规格代号

光纤的规格代号由光缆中光纤的数目和光纤类别组成。如果同一根光缆中含有两种或两种以上规格（光纤数和类别）的光纤时，中间应用"＋"号连接。光缆规格代号的构成如图 2.24 所示。

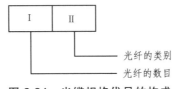

图 2.24 光缆规格代号的构成

1）光纤数目

光纤数目用光缆中同类别光纤的实际有效数目的数字表示。

2）光纤类别

光纤类别应采用光纤产品的分类代号表示，按 IEC60793-2（2001）的标准规定，用大写字母 A 表示多模光纤，大写字母 B 表示单模光纤，再以数字和小写字母表示不同的种类、类型的光纤，如表 2.1、2.2 所示。

2.7 光缆线路施工

2.7.1 光缆线路施工概述

1. 光缆线路施工的特点

1）光缆的制造长度较长

一般光缆的标准制造长度为 2 km（有时也可根据用户要求来确定），70 km 以上的超长中继段的埋式光缆为 2 km。

2）光缆的抗张能力较小

光缆所需的抗张强度，主要由加强构件来承担。一般光缆的抗张力为 100～300 kg，而直埋光缆为 600～800 kg，特殊光缆（如水底光缆）由光缆制造设计部门提出抗拉强度值。

3）光缆直径较小，重量较轻

例如单模 10 芯以下的光缆，其直径在 11 mm 以内，单位长度的重量在 90 kg/km 以下。

4）光纤的连接技术要求较高，接续较复杂

光纤的接续需要在高温下，将光纤断面熔融，然后靠石英玻璃的黏度而黏合在一起。因而，在连接时需用的机具就较为复杂，而且技术要求也比电缆高。

2. 光缆线路施工的范围

光缆线路工程是光缆通信工程的一个重要组成部分。它与传输设备安装工程的划分，是以光纤配线架（ODF）或光纤分配盘（ODP）为分界线，其外侧为光缆线路部分，即由本局光纤配线架或光纤分配盘连接器（或中继器上连接器）至对方局光纤配线架或光纤分配盘（或中继器上连接器）之间，如图 2.25 所示。

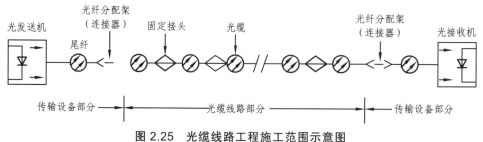

图 2.25 光缆线路工程施工范围示意图

光缆线路施工又分为以下几种情况：

（1）外线部分。

光缆线路外线部分的施工内容主要包括光缆的敷设、光缆敷设后各种保护措施的实施以及光缆的接续。

（2）无人站部分。

无人站部分的施工内容主要包括无人中继器机箱的安装和光缆的引入、光缆成端、光缆内全部光纤与中继器上连接器尾纤的接续以及铜导线和加强芯的连接。

（3）局内部分。

① 局内光缆的布放。

② 光缆全部光纤与终端机房、有人中继站机房内光纤分配架或光纤分配盘或中继器上连接器尾纤的接续、铜导线、加强芯、保护地等终端连接。

③ 中继段光电指标的竣工测试。

3. 光缆线路施工的程序

一般光缆线路的施工程序如图 2.26 所示，主要划分为准备、敷设、接续、测试和竣工验收五个阶段。

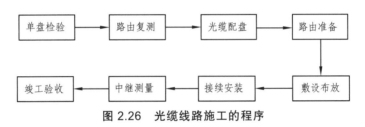

图 2.26　光缆线路施工的程序

① 光缆的单盘检验：检查光缆的外观、光纤的有关特性及信号线等。

② 路由复测：按施工设计图，复核路由的具体走向、敷设条件、环境条件以及接头的具体位置，地面距离、配盘、分屯等。

③ 光缆配盘：是根据复测路由计算敷设总长度和合理地选配光缆盘长。

④ 路由准备：管道光缆敷设前管道清理、预放铁丝或预放塑料导管，架空敷设前预放钢丝绳、挂钩，直埋敷设前光缆沟的开挖、接头坑的设置等。它将为工程的顺利进行和光缆的安全敷设提供便利条件。

⑤ 光缆敷设：根据敷设方式，将单盘光缆架挂到电杆上或拉放到管道内或放入光缆沟中。

⑥ 光缆接续安装：包括光纤接续、铜导线、铝护层、加强芯的连接、接头损耗的测量。接头套管的封装以及接头保护的支架等。

⑦ 中继测量：包括光纤特性（如光纤的总衰减等）测试和铜线电性能的测试等。

⑧ 光缆竣工验收：提供施工图、修改路由图及测量数据等技术资料，并做好随工检验和竣工验收工作，以提供合格的光纤线路，确保系统的调测。

2.7.2　光缆单盘检验

1. 光缆单盘检验的概念及目的

光缆在敷设之前，必须进行单盘检验。检验工作：对运到现场的光缆及连接器材的规格、程式、数量进行核对、清点、外观检查和光电主要特性的测量。确认光缆、器材的数量、质量是否达到设计文件或合同规定的有关要求。光缆的单盘检验，对确保工程的工期、施工质量，对保证今后的通信质量、工程经济效益、维护使用及线路寿命，都有不可低估的影响。即使工期十分紧张，也不能草率进行，而必须以科学的态度、高度的责任心和正确的检验方法，执行有关的技术规定。

2. 光缆单盘检验的内容及方法

（1）单盘数据的收集（盘面数据记入工程竣工资料）。

（2）光缆长度的复测（注意纤长与缆长的区别）。

（3）光缆单盘损耗测量（三种方法的取定）。

（4）光缆护层的绝缘检查。

（5）其他器材的检查。

单盘检验适合在现场进行，检验后不宜长运输。检验后的光缆、器材应作记录，并在缆盘上标明盘号、外端端别、长度、程式（指埋式、管道、架空、水下等）以及使用段落（配盘后补上）。

3. 光缆单盘检验的内容及方法

1）光缆单盘损耗测量

光纤的光损耗，是指光信号沿光纤波导传输过程中光功率的衰减。不同波长的衰减是不同的。单位长度上的损耗量称损耗常数，单位为 dB/km。单盘检验，主要是测量出其损耗常数。

2）损耗的现场测量方法及选择

① 切断测量法：是以 N 次测量为基础的带破坏性的方法。单盘光缆切断测量示意图如图 2.27 所示。

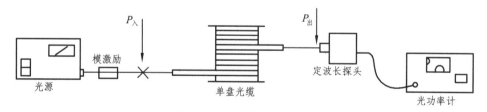

图 2.27 切断测量示意图

② 后向测量法：是一种非破坏性且具有单端（单方向）测量特点的方法。单盘光缆后向测量法示意图如图 2.28 所示。

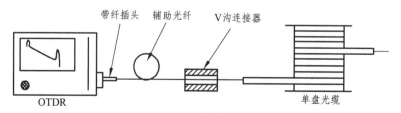

图 2.28 后向测量法示意图

③ 插入测量法：又称介入损耗法，这也是一种非破坏性的测量方法。单盘光缆插入测量法示意图如图 2.29 所示。

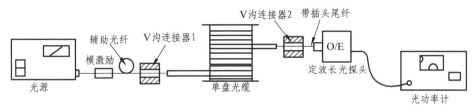

图 2.29 插入测量法示意图

现场测量方法的比较和选择如表 2.4 所示。

表 2.4 三种现场测量方法比较表

方 法	优 点	缺 点
切断法	1. ITU-T 推荐为基准测量法测量原理符合损耗定义，测量精度高； 2. 对仪表本身要求不苛刻，测量精度受仪表影响较小	1. 破坏性，切断光缆； 2. 对光注入条件，环境以及测量人员操作技能要求较高； 3. 测试较复杂，费时、工效低
后向法	1. 非破坏性； 2. 具有单端测量优点； 3. 可与长度复测、后向信号曲线观察同时进行，具有速度快、工效高等特点； 4. 测量方便易于操作	1. 对仪表性能、精度要求高； 2. 测量精度受仪表本身影响较大
插入法	1. 非破坏性； 2. 对仪表本身要求不苛刻	1. 对 V 沟连接器要求较高； 2. 用于单盘测量还不成熟，限于一般性测量

4. 其他器材的检查

其他器材的检查包括光缆连接器材、光纤连接器（带尾纤）、管道用塑料套管、光缆保护材料和无人中继箱及其附件的数量清点、质量检查。

2.7.3 光缆的路由复测

光缆线路的路由复测，是光缆线路工程正式开工后的首要任务。复测是以施工图设计为依据，对沿线路由进行必不可少的测量、复核，以确定光缆敷设的具体路由位置、丈量地面的正确距离，为光缆配盘、敷设和保护地段等提供必要的数据。对优质、按期完成工程的施工任务起到保证作用。

1. 复测的主要任务

（1）按设计要求核定光缆路由走向、敷设方式、环境条件以及中继站站址。
（2）丈量、核定中继段间的地面距离；管道路由并测出各人孔间距离。

（3）核定穿越铁道、公路、河流、水渠以及其他障碍物的技术措施及地段，并核定设计中各具体措施实施的可能性。核定"三防"（防机械损伤、防雷、防白蚁）地段的长度、措施及实施可能性。

（4）核定、修改施工图设计。

（5）核定关于青苗、园林等赔补地段、范围以及对困难地段"绕行"的可能性。

（6）注意观察地形地貌，初步确定接头位置的环境条件。

（7）为光缆配盘、光缆分屯及敷设提供必要的数据资料。

2. 路由复测的方法

1）路由复测小组的组成

路由复测小组由施工单位组织，通常，小组成员由施工、维护、建设和设计单位的人员组成。复测工作应在配盘前进行。

2）路由复测的一般方法

定线：根据工程施工图设计，在起始点、三角定标桩或拐角桩位置插大标旗，大标旗间隔为 1 ~ 2 km。

测距：测距有两种方法：一种是标杆和激光测距仪配合直接测距，目前大多采用此法；另一种是地链法，即采用经过皮尺校验的 100 m 地链。山区用 50 m，测量地面实际距离。

打标桩：每 100 m 打一个计数桩，每 1 km 打一个重点桩；穿越障碍物，拐角点打标记桩。对于改变光缆敷设方式，光缆程式的起讫点等重要标桩应进行三角定标。

画线：用白灰粉或石灰顺地链在前后桩间拉紧画成直线。

绘图：核定复测的路由、中继站位置或施工图设计有无变动；对于变动不大的可直接在施工图上作修改。市区用 1∶500 或 1∶1 000，郊外用 1∶2 000 的比例绘制。

登记：主要包括沿路由统计各测定点累计长度、无人站位置、沿线土质、河流、渠塘、公路、铁路、树林、经济作物，通信设施、沟坎加固等范围、长度和累计数量。

2.7.4　光 缆 的 配 盘

1. 光缆配盘

光缆配备是为了合理使用光缆，减少光缆接头和降低接头损耗，达到节省光缆和提高光缆通信工程质量的目的。

2. 光缆配盘的要求

对施工来说，配盘工作非常重要，负责配盘的工程技术人员，在单盘检验后即开始配盘，在分屯、布放过程中，还应不断检查检验配盘是否合理，必要时可作小范围调整。因此，配盘工作待光缆全部敷设完毕才算完成。

光缆配盘的基本要求如下：

（1）光缆配盘时，应尽量做到整盘配置，以减少接头数。一般接头总数不应超出设计规定的数量。

（2）按路由条件选配满足设计规定的不同程式、规格的光缆，配盘总长度、总损耗及总带宽（色散）等传输指标，应能满足设计要求。

（3）一般工程是在路由复测、单盘检验之后，分屯、敷设之前进行，大型工程可按设计进行初预配，到分屯点后，进行检验和中继段进行配盘。

（4）为了降低连接损耗，一个中继段内，应配置同一厂家的光缆，并尽量按出厂序号的顺序进行配置。

（5）为了提高耦合效率，利于测量，靠近局（站）侧的单盘长度一般不少于 1 km，并应选择光纤参数接近标准值和一致性好的光缆。

（6）配盘后光缆接头点应满足下列要求：

①　直埋光缆接头，应尽量安排在地势平坦、稳固和无水地带，避开水塘、河流和道路等障碍点；

②　管道接头应避开交通道口；

③　埋式与管道交界处的接头，应安排在人孔内，由于条件限制，一定要安排在埋式处时，对非铠装管道光缆伸出管道部位，应作保护措施；

④　架空光缆接头，一般应安排在杆旁 2 m 以内或杆上。

（7）以一个中继段为配置单位（元）。

（8）长途线路工程、大中城市的局间中继、专用网工程的光缆配盘，光纤应对应相接，不作配纤考虑。对于短距离市话中继、局部网等要求不太高的线路，可选用光纤参数较差一些的光缆，但配置后的传输指标应达到设计规定。

3. 光缆配盘的方法

1）配盘的基本流程

（1）列出光缆路由长度总表。

根据路由复测资料，列出各中继段内各种不同施工形式的地面长度。内容包括埋式、管道、架空、水底或丘陵山区爬坡等布放的总长度，以及局（站）内的长度（局前人孔至机房光纤分配架（盘）的地面长度）。

（2）列出光缆总表。

将单盘检验合格的不同光缆列成总表，内容包括盘号、规格、型号及盘长等。

（3）初配（列出光缆分配表）。

①　根据不同敷设方式路由的地面长度，加余量（10%）算出各个中继段的光缆总用量。

②　根据算出的各中继段光缆用量，选择不同规格、型号的光缆，使光缆累计长度满足中继段总长度的要求。

③　列出初配结果，即中继段光缆分配表。

④　对于先分屯后单盘检验工程的初配，考虑到有的大型工程上得快，必须先分屯后检验。对这类工程，应根据设计长度，按上述同样方法进行初配，然后分屯，待检验、路由复测后进行中继段正式配盘。但按设计长度初配时应留有一部分机动盘作为正式配盘时调整选用，机动盘一般先放到中心分屯点。

（4）正式配盘。

根据初配结果，按配盘一般规定正式配置，包括接头点位置的初步确定。具体配盘方法步骤见后述内容。

配盘完毕后，应对照实物清点光缆、核对长度、端别分配段落并在缆盘标明清楚，最后填好配盘图表交施工队或作业组实施布放。

2）中继段光缆配盘的方法与步骤

（1）配置方向。

一般工程均由 A 端局（站）向 B 端局（站）方向配置。

（2）进局光缆的要求。

局内光缆按设计要求确定，目前有两种方式：

① 局内采用具有阻燃性的光缆，即由进线室（多数为地下）开始至机房端机。这种方式要增加一个光缆接头或分支接头，在计算总损耗时应考虑进去。

② 进局采用普通光缆，一般是靠局（站）用埋式缆、管道缆或架空缆等直接进局。

（3）计算光缆的布放长度。

根据下列公式计算出光缆的布放长度：

$$L = L_埋 + L_管 + L_架 + L_水 + L_坡$$

式中，L 为中继段光缆敷设总长度。每一种施工形式的长度均应包括丈量长度和预留长度两部分。

（4）编制中继段光缆配盘图。

按上述方法、步骤计算配置结束后，按图 2.30 所示格式及要求，编制每一个中继段光缆配盘图。

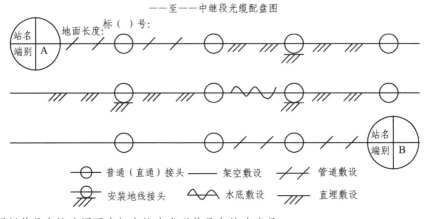

注：1. 按图例符号在接头圆圈内标上接头类型符号和接头序号
　　2. 按图例符号在横线上标上光缆类别（敷设方法）
　　3. 在上图横线上标明地面长度；并标明标桩或标石号；① 配盘时为标桩号；② 竣工资料为标（石）号
　　4. 在上图横线下标明长度：① 配盘时为配盘长度；② 竣工时为最终实际敷设的光缆长度

　　　　　　　　　编制人_____ 审核_____ 日期_____

图 2.30　中继段光缆配盘图

2.7.5　光缆的敷设

为了保证光缆敷设的安全和成功，光缆敷设时，应遵守下列规定：

（1）光缆的弯曲半径应不小于光缆外径的 15 倍，施工过程中应不小于 20 倍。

（2）布放光缆的牵引力不应超过光缆最大允许张力的 80%，瞬间最大牵引力不得超过光缆的最大允许张力，而且主要牵引力应作用在光缆的加强芯上。

（3）有 A，B 端要求的光缆要按设计要求的方向布放。

（4）为了防止在牵引过程中扭转损伤光缆，光缆牵引端头与牵引索之间应加入转环。光缆的牵引端头可以预制，也可以现场制作。

（5）布放光缆时，光缆必须由缆盘上方放出并保持松弛的弧形。光缆布放过程中应无扭转，严禁打背扣、浪涌等现象发生。

（6）机械牵引敷设时，牵引机速度调节范围应为 0～20 m/min，且为无级调速，牵引张力也可以调节，且当牵引力超过规定值时，应能自动告警并停止牵引。

（7）人工牵引敷设时，速度要均匀，一般控制在 10 m/min 左右为宜，且牵引长度不宜过长，可以分几次牵引。

（8）为了确保光缆敷设质量和安全，施工过程中必须严密组织并有专人指挥。备有良好联络手段。严禁未经训练的人员上岗和无联络工具的情况下作业。

1. 架空光缆敷设

架空杆路具有投资省、施工周期短的优点。因此，长途省内干线较多的采用架空敷设方式，利用已有的长途省内杆路或部分农、市话杆路附挂光缆。国家省际干线及市话中继线路一般不采用架空方式，但在地形复杂地段存在难以穿越的障碍或者由于市区城市规划未定型等情况下，省际干线也可采用局部或临时过渡性质的架空敷设方式。但在超重负荷区，气温低于 –30 ℃ 地区，大跨度数量多的地区，以及沙暴严重或经常遭受台风袭击的地区长途干线光缆不宜采用架空敷设。

架空光缆主要有钢绞线支承式和自承式两种，我国优先采用钢绞线支承式。钢绞线支承式光缆的架设又分为吊挂式和缠绕式两种方式，缠绕式具有施工效率高、抗风压能力强和便于维护的优点，但由于其施工条件限制较多，一般不推荐采用。

1）杆路与吊线

架空光缆线路施工分新建光缆线路与利用原有杆路整治后架设两种情况。新建线路依据架设光缆的种类、环境条件以及其他安全因素等进行设计。目前，我国按照风力、冰凌、温度三要素划分为四种负荷区。光缆线路跨越小河或其他障碍时，可采取长杆挡设计。一般在轻负荷区，杆距超过 70 m；中负荷区杆距超过 65 m；重负荷区杆距超过 50 m 均属长杆挡。除有吊挂光缆的正吊线外，还需加设副吊线，一般副吊线采用 7/3.0 钢绞线。

长杆挡架空光缆敷设，要求吊挂光缆后长杆挡内的光缆垂度与整个线路基本一致，如图 2.31 所示。

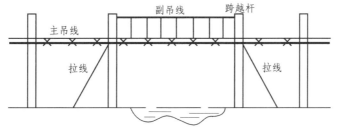

图 2.31　长杆挡架空光缆敷设

架空光缆在每根杆处均应作伸缩弯，以防止光缆热胀冷缩引起光纤应力。架空光缆每隔一定距离在电杆上盘留预留缆，以备光缆修理时使用。如图2.32所示。

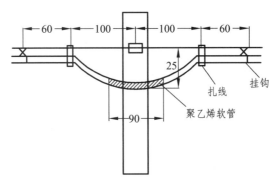

图2.32 架空光缆在每根杆处均应作伸缩弯（单位：cm）

架空光缆引上安装方式及要求。杆下用钢管保护，以防止人为损伤，上吊部位应留有伸缩弯，以防气候变化的影响，如图2.33所示。

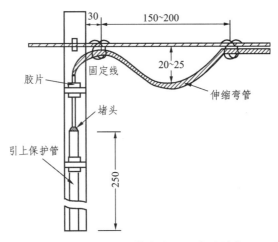

图2.33 架空光缆引上安装方式及要求（单位：cm）

2）吊挂式光缆的架设

为了不损伤光缆的护层，光缆架设一般采取滑轮牵引方式：

在光缆盘一侧（始端）和牵引侧（终端）各安装导向索和两个导线滑轮，并在电杆的合适位置安装一个大号滑轮（或者紧线滑轮）。再在吊线上每隔20～30 m安装一个导引滑轮（安装人员坐滑车操作较好），每安装一个滑轮将牵引绳顺势穿入滑轮，采取人工或者牵引机在端头处牵引（注意张力控制）。光缆牵引完毕，再由一端开始用光缆挂钩将光缆吊挂在吊线上，取下导引滑轮。挂钩间距为（50±3）cm，电杆两侧的第一个挂钩距吊线在杆上的固定点约为25 cm，要求挂钩程式一致，搭扣方向一致。光缆滑轮牵引架设方法如图2.34所示。

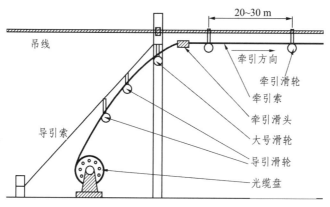

图 2.34　光缆滑轮牵引架设

3）缠绕式架设

新式的小型自动缠绕机的开发成功使得缠绕法架设既质量好又省力省时，成为一种较为理想的架设方式，卡车后部用液压千斤支架架起光缆盘，卡车缓慢向前行驶，光缆通过输送软管和导引器送出，同时固定在导引器上的牵引线拉动缠绕机随车移动。

缠绕机分为转动和不可转动两部分。不可转动部分由牵引线带动沿光缆移动，通过一个摩擦滚轮带动扎线匣绕吊线和光缆转动，实现光缆布放、绕、扎一次自动完成。

光缆布放到电杆处时，运用卡车的升降座位将操作人员送上去，完成杆上的伸缩弯、固定扎线及将光缆缠绕机移过杆上安装好。这种施工方式省工、省时、省力，架设效率很高，但只限于可以行驶卡车的线路路面。卡车架设缠绕光缆方式如图 2.35 所示。

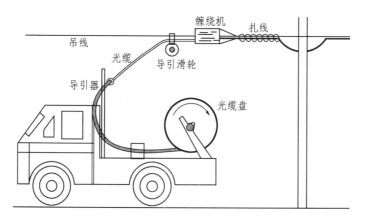

图 2.35　缠绕敷设光缆

4）人工牵引缠绕布放

人工牵引缠绕布放如图 2.36 所示。

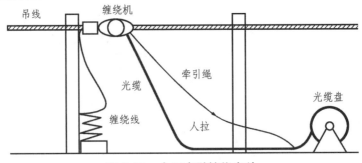

图 2.36　人工牵引缠绕布放

2. 管道光缆的敷设

1）清洗管道

（1）管孔摸底：

① 按设计规定的管道路由的占用管孔，检验是否空闲以及进、出口的状态。

② 按光缆配盘图核对接头位置所处地貌和接头安装位置，并观察（检查）是否合理和可能。

（2）管孔试通方法：制作穿管孔用竹片，一般竹片数量为连接后的总长度不少于 200 m。目前多数用低压聚乙烯塑料穿管（孔）器代替竹片。

（3）制作管孔清洗工具：对于新管路以及淤泥较多的陈旧管道，采用传统的管孔清洗工具比较有效。管孔也可用直径合适的圆木试通，由于目前管孔内绝大多数用塑料子管布放光缆，因此，圆木的直径按布放的塑料子管直径考虑。

注意在工具制作时，各相关物件应牢固以避免中途脱落或折断给洗管工作带来麻烦。管孔清洗工具示意图如图 2.37 所示。

图 2.37　管孔清洗工具示意图

（4）清洗步骤：

① 打开人孔铁盖后，应等待一段时间或用排气扇排出有毒气体，若人孔内有积水时应用抽水机排除。

② 用穿管器或竹片慢慢穿至下一人孔后，始端与清洗刷等连好，注意清洗工具末端接好牵引铁线。然后由第一人孔抽出穿管器或竹片。用同样方法继续洗通其他管道。

③ 淤泥太多时，可用水灌入管孔内进行冲刷使管孔畅通。对于陈旧管道，道路两旁树根长入管孔缝造成故障时，可用汽车帮助拉拖，对于管道接口错位无法通过时应算准具体位置由建设单位组织修复或更换其他管孔。

（5）机器洗管法：对于塑料管道，采用自动减压式洗管技术。由于塑料管道密封性较高，利用气洗方式洗管比较先进。对于水泥管道，由于密封性差和摩擦力大不宜采用气压洗管方式。

2）预放塑料子管

随着通信的大力发展，城市电信管道日趋紧张，根据光缆直径小的优点，为充分发挥管道的作用，提高经济、社会效益，人们广泛采用对管孔分割使用的方法，即在一个管孔内采用不同的分隔形式可布放 3～4 根光缆。使用较多的是在一个 $\phi90$ 的管孔中预布放 3 根塑料子管的分隔方法，如图 2.38 所示。

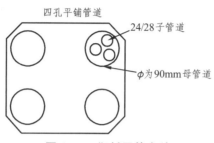

图 2.38　塑料子管布放

3）光缆牵引端头的制作方法

光缆牵引端头的制作方法一般有：简易式、夹具式牵引头、预制型牵引端头、网套式牵引端头。牵引端头的种类和制作方法如图 2.39 所示。

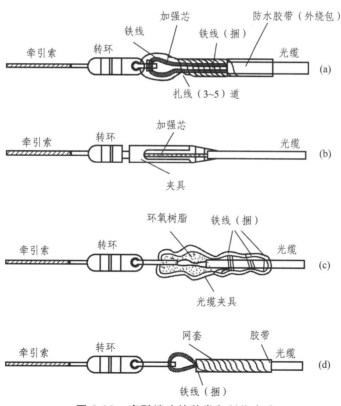

图 2.39　牵引端头的种类和制作方法

4）管道光缆的敷设方法

（1）机械牵引法：集中牵引法、分散牵引法、中间辅助牵引法，光缆敷设机械方法示意图如图 2.40、2.41 所示。

（2）人工牵引法：每个人孔中有 1 ~ 2 人帮助拉；一般一个人在手拉拽时的牵引力为 30 kg。常用的办法是采用"蛙跳"式敷设法，即摆成"∞"形。

（3）机械与人工相结合的敷设方法：

机械与人工相结合的敷设方法基本上与图 2.41（c）相似。中间人工辅助牵引方式，加快了敷设速度，又充分利用了现场人力，提高了劳动效率；终端人工辅助牵引方式，延长了一次牵引的长度，减少人工牵引方法时的"蛙跳"次数，提高了敷设速度。

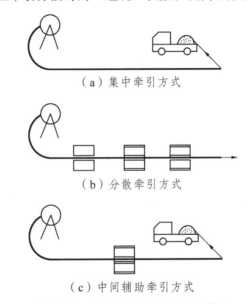

（a）集中牵引方式

（b）分散牵引方式

（c）中间辅助牵引方式

图 2.40 光缆敷设机械方法示意图

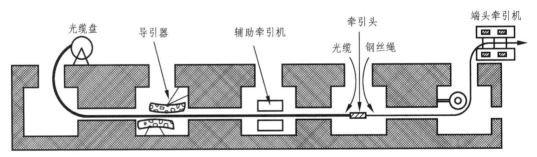

图 2.41 管道光缆机械牵引示意图

5）管道光缆的敷设步骤

（1）估算牵引张力，制订敷设计划：① 路由摸底调查；② 制订光缆敷设计划。

（2）拉入钢丝绳：一般用铁线或尼龙绳。

（3）光缆及牵引设备的安装：① 光缆盘放置及引入口安装；② 光缆引出口处的安装；③ 拐弯处减力装置的安装；④ 管孔高差导引器的安装；⑤ 中间牵引时的准备工作。

（4）光缆牵引：① 光缆端头制作并接至钢丝绳；② 按牵引张力、速度要求开启终端牵引机；③ 光缆引至辅助牵引机位置后，将光缆安装好，辅助机以终端牵引机同样的速度运转；④ 留足接续及测试用的长度；若需将更多的光缆引出人孔，必须注意引出人孔处内导轮及人孔口壁摩擦点的侧压力，要避免光缆受压变形。

光缆入孔处的安装如图 2.42（a）、（b）所示。

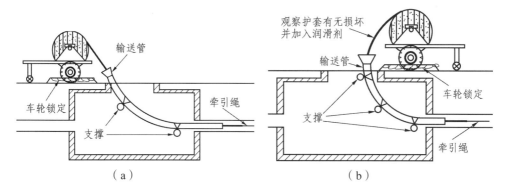

图 2.42　光缆入孔处的安装

光缆引出口处的安装如图 2.43（a）、（b）、（c）所示。

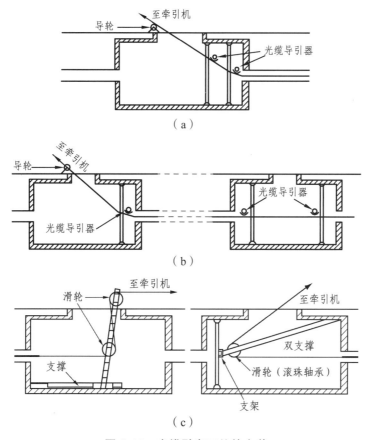

图 2.43　光缆引出口处的安装

3. 直埋光缆的敷设

一般直埋光缆线路的施工程序为：挖沟、沟底处理、光缆布放、回填、特殊路段的保护、光缆路由标石的设置。

1）挖　沟

挖沟深度如表 2.5 所示。

表 2.5　直埋光缆埋深表

敷设地段及土质	埋深/m	备　注
普通土（硬土）	≥1.2	
半石质（沙砾土、风化石）	≥1.0	
全石质	≥0.8	从加垫 10 cm 细土或砂土上面算起
流　沙	≥0.8	
市郊、村镇地段	≥1.2	
市区人行道	≥1.0	
穿越铁路、公路	≥1.2	从道石底或路面算起
沟、渠、水塘	≥1.2	
农田排水沟（沟宽 1 m 以内）	≥0.8	

同沟敷设的光缆不得交叉、重叠。沟坎处光缆沟深要符合要求。两直线段上光缆沟要求越直越好，直线遇有障碍物时可以绕开，但绕开障碍物后应回到原来的直线上，转弯段的弯曲半径应不小 20 m。当光缆沟遇到现有地下建筑物，必须小心挖掘，进行保护。

2）沟底处理

一般地段的沟底填细土或沙石，夯实后其厚度约 10 cm。风化石和碎石地段应先铺约 5 cm 厚的砂浆 1∶4 的水泥和沙的混合物；然后再填细石或沙石，以确保光缆不被碎石的尖刃顶伤。若光缆的外护层为钢丝铠装时，可以免铺砂浆。在土质松软易于崩塌的地段，可用木桩和木块作临时护墙保护。

3）光缆布放

直埋敷设沿公路时，采用机械布放。条件允许，可直接放入沟中地滑轮上，不得由机动车将光缆抛出，约每放出 20 m 后，再由人工放入沟中。

人工布放有两种方式：一种是直线肩扛方式（注意无论什么方式布放，都不准将光缆在地面拖拽），人员隔距小，由指挥人员统一行动；另一种是人工抬放方式，先将光缆盘成"∞"字形，每 2 km 光缆堆成 8~10 个"∞"，每组用皮线捆 5~6 处（先放的一组不捆），每组由 4 人抬缆，组间各配一人协调，第一组前边由 2~3 人导引（拉），前后指挥联络 3~5 人，合计 60~65 人。布放时在统一指挥下各组抬起，沿沟向前移动，逐个解开"∞"字布放。这种方式的特点是安全、省人、省时，缺点是不能穿越障碍物。光缆布放后，应指定专人从末端朝前将光缆进行整理，防止光缆在沟中拱起和腾宁，排除塌方，确保光缆平放在沟底。

4）回　填

回填之前必须对布放的光缆进行检查、测量。外观检查光缆外护套是否有损伤，如有损伤应进行修复。对有金属护套的光缆作对地绝缘电阻测试，一般用兆欧表。光纤作通光测试或 OTDR 后向散射测试。

确认光缆无损伤后方可填土，先回填 15 cm 厚的细土或沙石，严禁将石块、砖头、冻土推入沟内；回填时应派人卜沟踩缆，防止回填土将光缆拱起；沟内有积水时，为防止光缆呈漂浮状态，可用木叉将光缆压入沟底填土。第一层细土填完后，应人工踏平后再填，每填 30 cm 踏平一次，回填土应高出地面 10 cm。

如果光缆的接头暂不接，则必须用混凝土板、砖等保护缆端的交叠部分，并标出醒目的标记，直至实际连接后拆除。

5）特殊路段的保护

穿越铁道或不能开挖的公路时，应采取顶管方式。顶管在敷缆前要临时堵塞，敷缆后再用油麻封堵，保护钢管应长出路沟 0.5 ~ 1 m，在允许破土的位置采取直埋方式，并加直埋保护。

线路穿过机耕路、农村大道以及市区或易动土地段时，采取铺硬塑、红砖、水泥盖板等保护措施。

光缆穿越需疏浚的沟渠和要挖泥取肥、植藕湖塘地段时，除保证埋深要求外，应在光缆上方覆盖水泥板或水泥沙袋保护。

光缆穿过汛期山洪冲刷严重的沙河时，应采取人工加铠装或砌漫水坡等保护措施。

光缆穿越落差为 1 m 以上的沟坎、梯田时采用石砌护坡，并用水泥砂浆勾缝。落差在 0.8 ~ 1 m 时，可用三七土护坡。落差小于 0.8 m，可以不做护坡，但需多层夯实。

光缆敷设在易受洪水冲刷的山坡时，缆沟两头应做石砌堵塞。

光缆经过白蚁地区，应选用外护层为尼龙材料的防蚁光缆，并作毒土处理。

6）光缆路由标石的设置

光缆路由标石的作用，是标定光缆线路的走向、线路设施的具体位置，以供维护部门的日常维护和故障查修等。

必须设置标石的部位：① 光缆接头；② 光缆拐弯点；③ 同沟敷设光缆的起止点；④ 敷设防雷排流线的起止点；⑤ 按规划预留光缆的地点；⑥ 与其他重要管线的交越点；⑦ 穿越障碍物寻找光缆有困难的地点；⑧ 直线路由段越过 200 m，郊区及野外超过 250 m 寻找光缆困难的地点。

若有可以利用的标志时，可用固定标志代替标石。对于需要监测光缆金属内护层对地绝缘的接头点，应设置监测标石，其余均为普通标石。

标石的理设要求：

（1）标石应埋设在光缆的正上方。

① 直线路由的标石，埋设在光缆的正上方。

② 接头点的标石，埋设在光缆线路路由上，标石有字的面应对准光缆接头。

③ 转弯处的标石应埋设在路由转弯的交点上，标石有字的面朝向光缆转弯角较小的方向。

④ 当光缆沿公路敷设间距不大于 100 m 时，标石可朝向公路。

（2）监测标石上方有金属可卸端帽，内装有引接监测线、地线的接线板。

（3）标石编号采用白底红（黑）色油漆正楷字，字体要端正，表面整洁清晰。编号以一个中继段为独立编制单位，由 A→B 方向编排。

（4）各种标石的编写规格，见图 2.44。

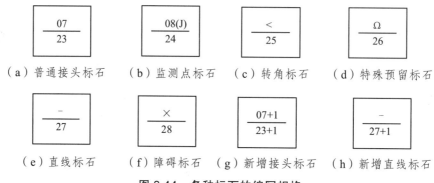

（a）普通接头标石　　（b）监测点标石　　（c）转角标石　　（d）特殊预留标石

（e）直线标石　　（f）障碍标石　　（g）新增接头标石　　（h）新增直线标石

图 2.44　各种标石的编写规格

　　光纤是光导纤维的简称，是一种新的导光材料。光纤的基本结构有以下几部分组成：折射率较高的纤芯部分、折射率较低的包层部分以及表面涂覆层，为保护光纤，在涂覆层外有二次涂覆层。

　　光纤的种类很多，可以用不同的方法进行分类。按纤芯折射率分布分为阶跃型光纤和渐变型光纤；按光纤中传输的模式数划分，光纤分为单模光纤和多模光纤。

　　目前 ITU-T 规定的光纤代号有 G.651 光纤（多模光纤）、G.652 光纤（常规单模光纤）、G.653 光纤（色散位移光纤）、G.654 光纤（低损耗光纤）、G.655 光纤（非零色散位移光纤）。光纤类别采用光纤产品的分类代号表示，大写 A 表示多模光纤，大写 B 表示单模光纤，再以数字和小写字母表示不同种类光纤。

　　全反射是光信号在光纤中传播的必要条件。

　　损耗和色散是光纤的最主要的传输特性，它们限制了系统的传输距离和传输容量。造成光纤中能量损失的原因是吸收损耗、散射损耗和辐射损耗。光纤的色散是由于光纤中所传输的光信号的不同频率成分和不同模式成分的群速不同而引起的传输信号的畸变的一种物理现象。光纤中的色散可分为材料色散、模式间色散、波导色散和偏振模色散等。

　　衰减（损耗）系数的测试方法有多种，有剪断法、插入法和背向散射法等。ITU-T 建议以剪断法为基本方法，插入法和背向散射法为第二代和第三代用法。

　　单模光纤色散系数很小，用一般方法很难测试，现在已有多种行之有效的测试方法，如相移法、干涉法和脉冲延时法，ITU-T 推荐相移法。

　　多模光纤衰减系数的测试，基准方法是剪断法，测试方法的替换法有两种，一种是插入损耗法，一种是背向散射法。

复习思考题

1. 简述光纤结构。
2. 光纤分类方式有哪些？
3. 单模光纤有哪几种类型，各有何特点？
4. 光纤的特性参数有哪些？
5. 光信号传播过程中，光纤的色散对其有何影响？
6. 简述光纤的导光原理。
7. 已知阶跃折射率光纤中 $n_1 = 1.52$，$n_2 = 1.49$，则
   （1）光纤浸没在水中（$n_0 = 1.33$），求光从水中入射到光纤输入端面的光纤最大接收角；
   （2）光纤放置在空气中，求数值孔径。
8. 试述对单模光纤衰减特性的测试原理和测试方法。
9. 试述对单模光纤色散特性的测试原理和测试方法。
10. 试述对多模光纤衰减特性和带宽特性的测试原理和测试方法。
11. 解释电缆型号 GYTA53-48B1 的意义。
12. 光缆有哪些分类方式？

第3章　通信用光器件

光纤通信系统中所用的光器件，是指半导体光源、半导体光电检测器、光放大器以及光无源器件。它们的性能决定着光纤通信系统的质量。本章将对这些器件的基本原理与基本特征进行系统的介绍。

3.1　光　源

光源器件是光发射机的核心器件，它的作用是把电信号转换为光信号送入光纤。目前光纤通信广泛使用的光源主要有半导体激光器或称激光器（LD）和半导体发光二极管或称发光管（LED），有些场合也使用固体激光器，例如掺钕钇铝石榴石（Nd：YAG）激光器。

半导体激光器（LD）主要适用于长距离大容量的光纤通信系统。尤其是单纵模半导体激光器，在高速率、大容量的数字光纤通信系统中得到广泛应用。近年来逐渐成熟的波长可调谐激光器是 WDM 光纤通信系统的关键器件，越来越受到人们的关注。

发光二极管（LED）虽然没有半导体激光器那样优越，但其制造工艺简单、成本低、可靠性好，适用于短距离、低码速的数字光纤通信系统，或者是模拟光纤通信系统。

光纤通信对光源的基本要求有以下几个方面：

（1）光源发射的峰值波长，应在光纤的低损耗窗口之内，即与石英光纤三个低损耗窗口相适应。

（2）有足够高的稳定的输出光功率，以满足系统的光中继段距离的要求（入纤功率必须有数十微瓦至数毫瓦）。

（3）有高的电光转换效率，低功率驱动，长寿命，高可靠性。

（4）单色性和方向性好，以减少光纤的材料色散，提高光缆和光纤的耦合效率。

（5）易于调制，响应速度快，以利于高速率大容量的数字信号的传输，温度特性好。

（6）体积小，重量轻，便于安装和使用，也利于光源和光纤的耦合。

3.1.1　激光的工作原理

半导体激光器是向半导体 PN 结注入电流，实现粒子数反转分布，产生受激辐射，再利用谐振腔的正反馈，实现光放大而产生激光振荡输出激光。那么如何实现粒子数反转分布及如何构成具有正反馈的谐振腔，就是下面要讨论的问题。

1. 几个基本概念

1）光　子

1905 年爱因斯坦提出光量子学说。他认为，光是以光速运动的粒子流，这些粒子称为光子。光子具有一定的频率和能量，频率为 ν 的光子具有的能量为

$$E = h\nu$$

式中，$h = 6.626 \times 10^{-34}$ J·s，是比例常数，称为普朗克常数。不同频率的光子具有不同的能量，光波所具有的能量是光子能量的总和。光波中的光子数目越多，光的强度就越强。当光子与物质相互作用时，光子能量作为一个整体被吸收或发射。

光子概念的提出，使人们对光有了进一步的认识：光不仅具有波动性，而且还有粒子性，而波动性和粒子性是不可分割的统一体，因此说光具有波动、粒子两重性。

2）原子能级

物质是由原子组成，而原子是由原子核和核外电子构成。当物质中原子的内部能量变化时，可能产生光波。因此，要研究激光的产生过程，就必须对物质的原子能级分布有一定的了解。

电子在原子核外以确定的轨道绕核旋转，电子离核越远，其能量就越大，这样就使原子形成不同稳定状态的能级。能级是不连续的。能量最低的原子能级 E_1 称为基态能级，其他能量较高的原子能级 E_i（$i = 2$，3，4，…）称为激发态能级。当电子从较高能级 E_2 跃迁至较低能级 E_1 时，其能级间的能量差为 $\Delta E = E_2 - E_1$，并以光子的形式释放出来，这个能量差与辐射光的频率 ν 之间有以下关系式

$$\Delta E = E_2 - E_1 = h\nu$$

其中，E_2 和 E_1 分别为跃迁前、后的原子能级能量，$h = 6.626\,1 \times 10^{-34}$ J·s，称为为普朗克常数，ν 为电磁辐射的频率。

若原子从 E_2 跃迁至 E_1，$\Delta E = E_2 - E_1$，这个差 ΔE 将以一个量子的能量形式释放，一个量子的能量被称为光子（photon）。原子从高能级跃迁至低能级，对应于光子的辐射；原子从低能级跃迁至高能级，对应于光子的吸收。

3）光与物质的三种相互作用

原子可以通过与外界交换能量的方法改变电子占据轨道的运动状态。例如，处于较低能级上的电子，在受到外界的激发（光的照射、电子或原子的撞击等）而获得能量时，可以跳到高能级，外层电子跳到能量较高的轨道时原子处于激发态。相反地，处于较高能级上的电子可以释放能量跳到低能级。爱因斯坦指出光与物质相互作用时，将发生自发辐射、受激辐射和受激吸收三种物理过程，如图 3.1 所示。

（1）自发辐射（spontaneous radiation）。

处于高能级的原子自发的辐射一个频率为 ν、能量为 E 的光子，跃迁到低能级，这一过程称为自发辐射，如图 3.1（a）所示。自发辐射光是由大量不同激发态的电子自发跃迁时产生的，其频率和方向分布在一定范围内，相位和偏振方向是杂乱无章的，这种光被称为非相干光。

（2）受激辐射（stimulated radiation）。

在能量为 E 的入射光子的激励下，原子从高能级向低能级跃迁，同时发射一个与入射光子频率、相位、偏振方向和传播方向都相同的另一个光子，这一过程称为受激辐射，如图 3.1（b）所示。受激辐射产生的光子与入射光具有完全相同的特征，即它们的频率、相位、偏振方向和传播方向均相同，称为全同光子，在受激辐射过程中，通过一个光子的作用就可以得到两个全同光子。如果这两个全同光子再引起其他原子产生受激辐射，从而产生大量的全同光子，这种现象称为光放大。可见，在受激辐射过程中，各个原子发出的光是互相有联系的，是相干光；受激辐射可以产生光放大。

（3）受激吸收（stimulated absorption）。

电子通常处于低能级 E_1，在入射光作用下，电子吸收光子的能量后跃迁到高能级 E_2，产生光电流，这种跃迁称为受激吸收，如图 3.1（c）所示。

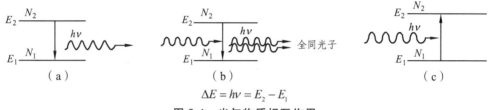

$$\Delta E = h\nu = E_2 - E_1$$

图 3.1 光与物质相互作用

4）粒子数的反转分布

物理学研究表明，在热平衡状态下的物质中，低能级上的电子多，高能级上的电子少。那么在单位体积、单位时间内，从低能级受激跃迁到高能级的电子数多于从高能级受激跃迁到低能级的电子数。也就是说，在没有外界激励的常温下，物质的受激吸收总是强于受激辐射。因此，热平衡条件下的物质不可能出现大量的全同光子，不可能对光进行放大。要使物质能对光进行光放大，必须使物质中的受激辐射强于受激吸收，即高能级上的粒子数多于低能级上的粒子数。物质的这种一反常态的粒子数分布，称为粒子数的反转分布。能够形成这种状态的物质称为工作物质。给热平衡状态下的工作物质施加能量，可以把低能级上的粒子激发到高能级上去，形成粒子数反转分布。此时的工作物质称为"激活物质"。外加的能量来源称为泵浦源。

2. 激光器的工作原理

所谓激光器就是激光自激振荡器。要构成一个电的振荡器，必须包括放大部分、振荡回路与反馈系统。而激光振荡器也必须具备完成以上功能的部件，因此，它必须包括以下三个部分：

① 能够产生激光的工作物质（激活物质）；

② 能够使工作物质处于粒子数反转分布状态的激励源（泵浦源）；

③ 能够完成频率选择及反馈作用的光学谐振腔。

1）能够产生激光的工作物质

能够产生激光的工作物质也就是可以处于粒子数反转分布状态的工作物质，是产生激光的前提。这种工作物质必须有确定能级的原子系统，也就是可以在所需要的光波范围内辐射光子。在三能级以上系统中，可以得到粒子数反转分布。

2）泵浦源

使工作物质产生粒子数反转分布的外界激励源称为泵浦源。物质在泵浦源的作用下，使粒子从低能级跃迁到较高能级，在这种情况下，受激辐射大于受激吸收，从而有光放大作用。这时的工作物质已被激活，成为激活物质或称增益物质。

3）光学谐振腔

增益物质只能使光放大，要形成激光振荡还需要有光学谐振腔，以提供必要的反馈以及进行频率选择。

（1）光学谐振腔的结构。

在增益物质两端，适当的位置，放置两个反射镜 M_1 和 M_2 互相平行，就构成了最简单的光学谐振腔。如果反射镜是平面镜，则称为平面腔；如果反射镜是球面镜，则称为球面腔，如图 3.2 所示。对于两个反射镜，要求其中一个能全反射，如 M_1 的反射系数 $r=1$；另一个为部分反射，如 M_2 的反射系数 $r<1$，产生的激光由此射出。

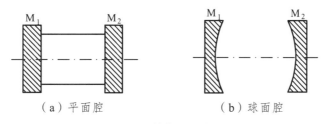

（a）平面腔　　　　　　（b）球面腔

图 3.2　光学谐振腔的结构

（2）谐振腔如何产生激光振荡。

当工作物质在泵浦源的作用下变为激活物质以后，即有了放大作用。如果被放大的光有一部分能够反馈回来再参加激励，这就相当于电路中用正反馈实现振荡，这时被激励的光就产生振荡，满足一定条件后，即可发出激光，如图 3.3 所示。

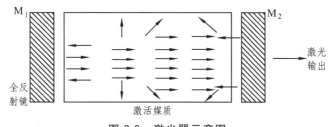

图 3.3　激光器示意图

综合上述分析可知，要构成一个激光器，必须具备以下三个组成部分：工作物质、泵浦源和光学谐振腔。工作物质在泵浦源的作用下发生粒子数反转分布，成为激活物质，从而有光的放大作用。激活物质和光学谐振腔是产生激光振荡的必要条件。

3. 激光器的参量

1）平均衰减系数 α

在光学谐振腔内产生振荡的先决条件是放大的光能要足以抵消腔内的损耗。谐振腔内损耗的大小用平均衰减系数 α 表示为

$$\alpha = \alpha_i + \alpha_r = \alpha_i + \frac{1}{2l}\ln\frac{1}{r_1 r_2}$$

式中，α_i 是除反射镜透射损耗以外的其他所有损耗所引起的衰减系数；α_r 是谐振腔反射镜的透射损耗引起的衰减系数；l 是谐振腔两个反射镜之间的距离；r_1 和 r_2 是腔的两个反射镜的功率反射系数。

2）增益系数

激活物质的放大作用用增益系数 G 来表示，如图 3.4 所示。

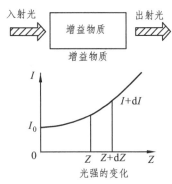

$$dI = GIdZ$$

$$G = \frac{dI/dZ}{I}$$

式中，G 为增益系数，它表示光通过单位长度的激活物质之后，光强增长的百分比。I 为光电流，光电流的强度跟入射光强度成正比。

图 3.4 激活物质的放大作用

3）阈值条件

一个激光器并不是在任何情况下都可以发出激光的，它需要满足一定的条件。由前面衰减系数的概念可以看出，要使激光器产生自激振荡，最低限度应要求激光器的增益刚好能抵消它的衰减。将激光器能产生激光振荡的最低限度称为激光器的阈值条件。

从上面分析可知，阈值条件为

$$G_t = \alpha = \alpha_i + \frac{1}{2l}\ln\frac{1}{r_1 r_2}$$

其中，G_t 称为阈值增益系数。从上式可以看出，激光器的阈值条件只决定于光学谐振腔的固有损耗。损耗越小，阈值条件越低，激光器就越容易起振。

4）谐振频率

对于平行平面腔而言，由于腔的尺寸远大于工作波长，因此腔内的电磁波可认为是均匀平面波，而且在腔内往返运动时，是垂直于反射镜而投射的。如图 3.5 所示，从 A 点出发的平面波垂直投射到反射镜 M_2，由 M_2 反射后又垂直投射到 M_1，再回到 A 点时，波得到加强。如果光波能量之间的相位差正好是 2π 的整数倍时，显然就达到了谐振。

图 3.5 光学谐振腔中平面波的反射

如果设 L 为谐振腔的长度，λ_g 为谐振腔中介质中光波的波长，则按照上述相位差满足 2π 整数倍的关系，应有

$$L = \frac{\lambda_g}{2} \cdot q$$

式中，$q = 1$，2，$3\cdots$。上式表明，光波在谐振腔中往返一次，光的距离（$2L$）恰好为 λ_g 的整数倍，即相位差是 2π 的整数倍。可得出光波长的表示式为

$$\lambda_g = \frac{2L}{q}$$

当光学谐振腔内，工作物质的折射指数为 n 时，则由上式可以得出，折算到真空的光学谐振腔的谐振波长 λ_{0g} 与谐振频率 f_{0g} 为

$$\lambda_{0g} = n\lambda_g = \frac{2nL}{q}$$

$$f_{0g} = \frac{c}{\lambda_{0g}} = \frac{cq}{2nL}$$

由上面两式可以看出：
① λ_{0g} 与光学谐振腔内材料的折射率 n 有关；
② 当 q 不同时，可有不同的 f_{0g} 值，即有无穷多个谐振频率。

3.1.2　半导体激光器（LD）

半导体激光器是通过受激辐射产生光的器件。它具有输出功率大、调制频带宽、光谱宽度窄、高偏振等优点。

1. 半导体激光器原理

半导体激光器是用半导体材料作为工作物质的一类激光器。常用材料有砷化镓（GaAs）、硫化镉（CdS）、磷化铟（InP）、硫化锌（ZnS）等。激励方式有电注入、电子束激励和光泵浦三种形式。半导体激光器件可分为同质结、单异质结、双异质结等几种。

PN 结半导体激光器是用 PN 结作激活区，用半导体天然晶面（通常称为解里面）作为反射镜组成光子谐振腔，外加正向偏压作为泵浦源。外加正向偏压将 N 区的电子、P 区的空穴注入 PN 结，实现了粒子数反转分布，即使之成为激活物质（PN 结为激活区）。在激活区，电子空穴对复合发射出光，如图 3.6 所示。

初始的光场来源于导带和价带的自发辐射，方向杂乱无章，其中偏离轴向的光子很快逸出腔外，沿轴

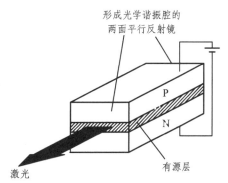

图 3.6　半导体激光器基本结构

向运动的光子就成为受激辐射的外界因素,使之产生受激辐射而发射全同光子。

这些光子通过反射镜往返反射不断通过激活物质,使受激辐射过程如雪崩般地加剧,从而使光得到放大。在反射系数小于 1 的反射镜中输出,这就是经受激辐射放大的光,即 PN 结半导体激光器产生激光输出的工作原理。

2. 异质结半导体激光器

PN 结是由同一种半导体材料构成的,P 区、N 区具有相同的带隙、接近相同的折射率(掺杂后折射率稍有变化,但很小),这种 PN 结称为同质结。

同质结导波作用很弱,光波在 PN 结两侧渗透较深,从而致使损耗增大,发光区域较宽。因此,同质结构成的光源有很大的缺点:发光不集中,强度低,需要较大的注入电流。器件工作时发热非常严重,必须在低温环境下工作,不可能在室温下连续工作。

为了克服同质结的缺点,需要加强结区的光波导作用及对载流子的限定作用,这时可以采用异质结结构。所谓异质结,就是由带隙及折射率都不同的两种半导体材料构成的 PN 结。异质结半导体激光器与同质结半导体激光器不同。它是利用不同折射率的材料来对光波进行限制,利用不同带隙的材料对载流子进行限制。

双异质结(DH)半导体激光器加正向偏压时能带的分布如图 3.7 所示。

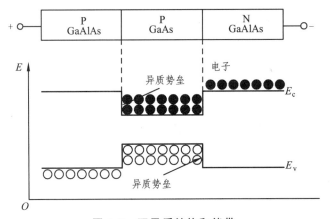

图 3.7 双异质结构和能带

这样,注入有源层的电子和空穴被限制在厚 0.1 ~ 0.3 μm 的有源层内形成粒子数反转分布,这时只要很小的外加电流,就可以使电子和空穴浓度增大而提高效益。另一方面,有源层的折射率比限制层高,产生的激光被限制在有源区内,因而电/光转换效率很高,输出激光的阈值电流很低,很小的散热体就可以在室温连续工作。

3. 半导体激光器 LD 的主要特性

1)发射波长和光谱特性

半导体激光器的发射波长取决于导带的电子跃迁到价带时所释放的能量,这个能量近似等于禁带宽度 E_g(eV),即

$$hf = E_2 - E_1 = E_g$$

将 $f = c/\lambda$（f 和 λ 分别为发射光的频率和波长），$c = 3 \times 10^8\,\text{m/s}$，为光速，$h = 6.628 \times 10^{-34}\,\text{J} \cdot \text{s}$ 为普朗克常数，$1\,\text{eV} = 1.6 \times 10^{-19}\,\text{J}$，代入上式，得到发射波长为

$$\lambda(\mu\text{m}) = \frac{1.242\ 75}{E_g(\text{eV})}$$

不同半导体材料有不同的禁带宽度 E_g，因而有不同的发射波长。

镓铝砷-镓砷（GaAlAs-GaAs）材料禁带宽度 $E_g = 1.47\,\text{eV}$，其发射波长为

$$\lambda(\mu\text{m}) = \frac{1.242\ 75}{E_g(\text{eV})} = \frac{1.242\ 75}{1.47} \approx 0.85\ (\mu\text{m})$$

适用于 0.85 μm 波段。

铟镓砷磷-铟磷（InGaAsP-InP）材料禁带宽度 $E_g = 0.80 \sim 0.96\,\text{eV}$。

$$\lambda(\mu\text{m}) = \frac{1.242\ 75}{0.96} \approx 1.30\ (\mu\text{m})$$

$$\lambda(\mu\text{m}) = \frac{1.242\ 75}{0.80} \approx 1.55\ (\mu\text{m})$$

适用于 1.3 ~ 1.55 μm 波段。

2）光谱特性

因为导带和价带都是由许多连续能级组成的有一定宽度的能带，两个能带中不同能级之间电子的跃迁会产生连续波长的辐射光，所以激光器发射光谱就有一定的谱线宽度，如图 3.8 所示。

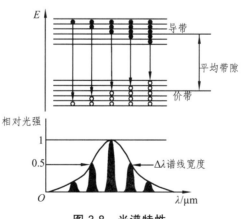

图 3.8　光谱特性

光源的谱线宽度是衡量光源单色性好坏的一个物理量。激光器发射光谱的宽度取决于激发的纵模数目，对于存在若干个纵模的光谱性刻画出包络线。把光强下降一半时的两点间波长范围定义为输出谱线宽度（半功率点全宽 FWHP），用 $\Delta\lambda$ 表示，如图 3.9 和表 3.1 所示。

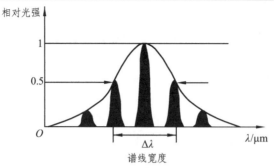

图 3.9 谱线宽度

表 3.1 LD 和 LED 谱线宽度比较

器 件	LD		LED		DFB	
工作波长	1.31 μm	1.55 μm	1.31 μm	1.55 μm	1.31 μm	1.55 μm
谱线宽度	1~2 nm	1~3 nm	50~100 nm	60~120 nm	0.1 nm 左右	

3）转换效率和输出光功率特性

激光器的电/光转换效率用外微分量子效率 η_d 表示，其定义是在阈值电流以上，激光器输出光子数的增量与注入电子数的增量之比，表达式为

$$\eta_d = \frac{\Delta P / hf}{\Delta I / e} = \frac{(P - P_{th}) / hf}{(I - I_{th}) / e}$$

由上式可得到激光器的光功率 P 为

$$P = P_{th} + \frac{\eta_d hf}{e}(I - I_{th})$$

式中，P 和 I 分别为激光器的输出光功率和驱动电流，P_{th} 和 I_{th} 分别为相应的阈值，hf 和 e 分别为光子能量和电子电荷。

激光器的光功率特性通常用 $P\text{-}I$ 曲线表示，典型激光器的光功率特性曲线如图 3.10 所示。

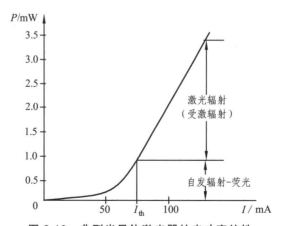

图 3.10 典型半导体激光器的光功率特性

当 $I < I_{th}$ 时，激光器发出的是自发辐射光；

当 $I > I_{th}$ 时，激光器发出的是受激辐射光，光功率随驱动电流的增加而增加。

4）温度与老化特性

激光器输出光功率随温度变化而变化有两个原因：一是激光器的阈值电流 I_{th} 随温度升高而增大；二是外微分量子效率 η_d 随温度升高而减小。温度升高时，I_{th} 增大，η_d 减小，输出光功率明显下降，达到一定温度时，激光器就不激射了，当以直流电流驱动激光器时，阈值电流随温度的变化更加严重。当对激光器进行脉冲调制时，阈值电流随温度呈指数变化，在一定温度范围内，可以表示为

$$I_{th} = I_0 \exp\left(\frac{T}{T_0}\right)$$

式中，I_0 为常数，T 为结区的热力学温度，T_0 为激光器材料的特征温度。激光器的 P-I 曲线随温度的变化如图 3.11（a）所示。

另外，激光器的输出光功率还随时间变化，随着时间的增加，阈值电流也会逐渐加大，微分子效率逐渐降低，同样引起输出光功率下降。激光器的老化特性如图 3.11（b）所示。

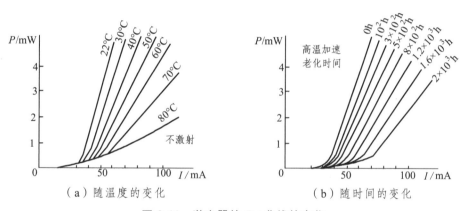

图 3.11　激光器的 P-I 曲线的变化

5）调制特性

光纤通信中光源多采用直接调制方式：把电信号直接加到激光器上。在数字调制的情况下，有电脉冲时激光器"导通"就发光。无电脉冲时激光器"断开"就不发光，这样就把电脉冲变成了光脉冲。调制速率受激光器中载流子的平均寿命的限制。这是因为激光器在导通发射光脉冲后，需要一段时间来恢复所需要的粒子数反转分布，以产生足以克服光腔损耗的受激辐射。这段时间可以由 t_d 表示。t_d 是激光器连续发射两个光脉冲所需的延迟时间，这个时间越长，激光器的调制速率就越低，反之就越高；理论分析表明，对激光器加偏置电流可以提高调制速度。当外加的偏置电流等于阈值电流时，延迟时间近于零，即激光器可以连续发射光脉冲而不需要多少准备时间，调制速度可以非常高。因此，激光器工作时要加一个直流偏置电流在阈值电流附近，以获得较高的调制速率。实测的激光器调制速率特性如图 3.12所示，可以看出，调制速率特性在 f_R 处有谐振峰，调制频率大于 f_R 时，输出光功率急剧下降，所以可以把 f_R 作为调制速率的上限。

3.1.3　发光二极管（LED）

光纤通信常用的光源除了激光器外，还有发光二极管。它的发光原理与激光器相同，本质区别是它没有光学谐振腔，不能形成激光振荡。LD 发射的是受激辐射光-激光，LED 发射的是自发辐射光-荧光。

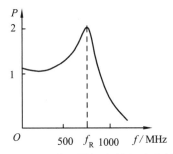

发光二极管具有体积小、机械强度高、寿命长、电压低、电流小（数毫安或数十毫安）、耗电省、响应速度快、易用电流调制光通量和使用方便等优点。由于它所需要的电压低，能与集成电路或晶体管共用电源，或用晶体直接控制它发光，能方便地与光纤进行耦合，因此，LED 在光纤通信领域获得广泛应用。

图 3.12　激光器调制的频率特性

1. 发光二极管 LED 的结构

光纤通信用的发光二极管（LED）通常是采用 GaAs 为衬底的 GaAs 或 AlGaAs 以及 InP 为衬底的 InGaAs 或 InGaAsP 材料制成。用 AlGaAs/GaAs 制作的 LED，其峰值发射波长在 0.8～0.95 mm 范围内；用 InGaAsP/InP 制作的 LED，其峰值发射波长为 1.31 mm 和 1.55 mm。

要使 LED 发光，有源层的半导体材料必须是直接带隙材料，越过带隙的电子和空穴能够直接复合而发射出光子。为了使器件有好的光和载流子限制，大多采用双异质结（DH）结构。

2. 发光二极管的基本类型

LED 有面发光二极管 SELED、边发光二极管发射 EELED 和超辐射 SLD。这里介绍前两种，如图 3.13（a）、（b）所示。

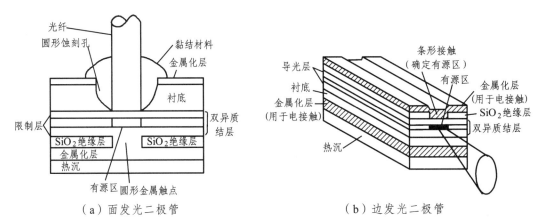

（a）面发光二极管　　　　　　　　　　　（b）边发光二极管

图 3.13　发光二极管结构

1）面发光 LED

特点：驱动电流小、输出光功率高、温度特性较好、带宽较小、与光纤耦合效率很低。

2）边发光 LED

特点：驱动电流大、输出光功率小、光束辐射角小、与光纤耦合效率高，其入纤光功率比面发光型 LED 大，*P-I* 曲线如图 3.14 所示。

光纤通信用的 LED 多采用边发光型 LED。因为边发光型 LED 有与激光管相似的结构，与光纤耦合效率较高，带宽较宽，线宽较窄。

发光二极管和激光器相比，发光二极管缺点是输出光功率较小，谱线宽度较宽，调制频率较低。优点是发光二极管性能稳定，寿命长，输出光功率线性范围宽，而且制造工艺简单，价格低廉。因此，这种器件在小容量短距离系统中发挥了重要作用。

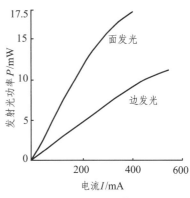

图 3.14　发光二极管 *P-I* 特性

3. LD 和 LED 的性能比较

LD 和 LED 的性能比较见表 3.2。

表 3.2　LD 和 LED 性能比较

参数	LED	LD
工作波长	$1.10 \sim 1.60\ \mu m$	$1.30 \sim 1.55\ \mu m$
输出功率	$25 \sim 80\ \mu W$	$5 \sim 10\ mW$
工作电流	$100 \sim 150\ mA$	
阈值电流		$30 \sim 50\ mA$
光谱线宽	$60 \sim 100\ nm$	$1 \sim 3\ nm$
调制带宽	10 GHz 以上	30 MHz
正向偏压	1.5 V	1.5 V
工作温度	$-10 \sim +50\ ℃$	$-10 \sim +50\ ℃$
寿命	$10^7\ h$	$10^5\ h$

3.1.4　半导体光源的一般性能和应用

LED 通常和多模光纤耦合，用于 1.3 μm（或 0.85 μm）波长的小容量短距离系统。因为 LED 发光面积和光束辐射角较大，而多模光纤具有较大的芯径和数值孔径，有利于提高耦合效率，增加入纤功率。

LD 通常和 G.652 或 G.653 规范的单模光纤耦合，用于 1.3 μm 或 1.55 μm 大容量长距离系统，这种系统在国内外都得到最广泛的应用。

分布反馈激光器（DFB-LD）主要和 G.653 或 G.654 规范的单模光纤或特殊设计的单模光纤耦合，用于超大容量的新型光纤系统，这是目前光纤通信发展的主要趋势。

3.2　光电检测器

　　光电检测器是光纤通信系统中光接收机的第一个器件，它的作用是通过光电效应，将接收的光信号转换为电信号。目前的光接收机绝大多数是用光电二极管直接进行光电转换，其性能的好坏直接影响着光接收机的性能指标。光电二极管的种类很多，目前，在光纤通信系统中，主要采用半导体 PIN 光电二极管和雪崩光电二极管（APD）。

　　由于从光纤中传过来的光信号一般都很微弱，因此，对光电检测器的基本要求是：

① 高的光电转换效率；

② 足够快的响应速度；

③ 高的接收灵敏度；

④ 低的功耗；

⑤ 稳定、可靠、价格便宜。

3.2.1　光电二极管工作原理

　　光电二极管（PD）把光信号转换为电信号的功能，是由半导体 PN 结的光电效应实现的。

　　当 PN 结上加有反偏电压时，外加电场的方向和空间电荷区里电场的方向相同，外电场使势垒加强，PN 结的能带如图 3.15 所示。由于光电二极管加有反向电压，因此在空间电荷区里载流子基本上耗尽了，这个区域称为耗尽区。

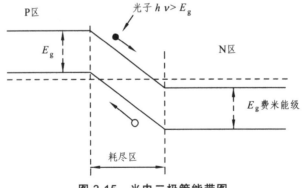

图 3.15　光电二极管能带图

　　当光束入射到 PN 结上，且光子能量 $h\nu$ 大于半导体材料的禁带宽度 E_g 时，价带上的电子可以吸收光子而跃迁到导带，结果产生一个电子-空穴对。如果光生的电子-空穴对在耗尽区里产生，那么在电场的作用下，电子将向 N 区漂移，而空穴将向 P 区漂移，从而形成光生电流。当入射光功率变化时，光生电流也随之发生线性变化，从而把光信号转变成电流信号。

　　然而，当入射光子的能量小于 E_g 时，不论入射光多么强，光电效应也不会发生。也就是说，光电效应必须满足条件

$$h\nu > E_g \quad \text{或} \quad \lambda < \frac{hc}{E_g}$$

式中，c 是真空中的光速；λ 是入射光的波长；h 是普朗克常量；E_g 是材料的禁带宽度。

由光电效应的条件可知，对任何一种材料制作的光电二极管，都有上截止波长，定义为

$$\lambda_c = \frac{hc}{E_g} = \frac{1.24}{E_g}$$

式中，E_g 的单位为电子伏特（eV）。

对 Si 材料制作的光电二极管，$\lambda_c \approx 1.06~\mu m$，适用于短波长光电二极管；对 Ge 材料制作的光电二极管，$\lambda_c \approx 1.6~\mu m$，可用于长波长光电二极管。不过 Ge 管与 Si 管比较，暗电流较大，因此附加噪声也较大。所以，长波长光电二极管多采用三元或四元半导体化合物作材料，如 InGaAs 和 InGaAsP 等。

3.2.2　PIN 光电二极管

利用光电效应制造出的 PN 结光电二极管，由于 PN 结耗尽层只有几微米，大部分入射光被中性区吸收，因而光电转换效率低，响应速度慢。为改善器件的特性，在 PN 结中间设置一层掺杂浓度很低的本征半导体（称为 I），由于电子浓度很低，经扩散后形成一个很宽的耗尽层，这样可以改善光电检测器的响应速度和转换效率。

为了降低 PN 结两端的接触电阻，将两端材料做成重掺杂的 P$^+$层和 N$^+$层，这种结构便是常用的 PIN 光电二极管结构，其结构示意图如图 3.16 所示。它的响应速度和转换效率大幅度提高。

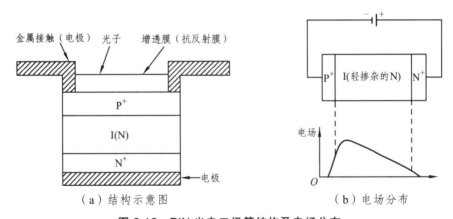

（a）结构示意图　　　　　　（b）电场分布

图 3.16　PIN 光电二极管结构及电场分布

3.2.3　雪崩光电二极管（APD）

1. 工作原理

APD 是利用半导体材料的雪崩倍增效应制成的。

雪崩光电二极管的雪崩倍增效应，是在二极管的 PN 结上加高反向电压（一般为几十伏或几百伏）形成的，此时在结区形成一个强电场，在高场区内光生载流子被强电场加速，获得高的动能，与晶格的原子发生碰撞，使价带的电子得到能量，越过禁带到导带，产生了新

的电子-空穴对，这个过程成为碰撞电离。新产生的电子-空穴对在强电场中又被加速，再次碰撞别的原子，又激发出新的电子-空穴对，这样多次碰撞电离的结果，使载流子迅速增加，反向电流迅速增大，形成雪崩倍增效应，APD 就是利用雪崩倍增效应使光电流得到倍增的高灵敏度的检测器。

2. APD 的结构

目前光纤通信系统中使用 0.85 μm 波段的 APD 结构形式有保护环型（GAPD）和拉通型（RAPD）。保护环型 APD 的结果如图 3.17（a）所示，为防止扩散区边缘的雪崩击穿，制作时先淀积一层环形 N 型材料，然后高温推进，形成一个深的圆形保护环，保护环和 P 区之间形成浓度缓慢变化的缓变结，从而防止了高反向偏压下 PN 结边缘的雪崩击穿。

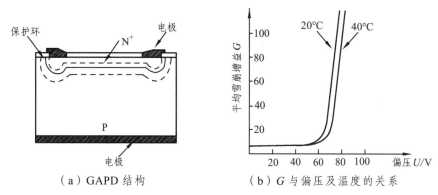

（a）GAPD 结构   （b）G 与偏压及温度的关系

图 3.17　GAPD 结构及 *G-U* 曲线

GPAD 具有高灵敏度，但它的雪崩增益随偏压变化的非线性十分突出。如图 3.17（b）所示，要想获得足够的增益，必须在接近击穿电压下使用，而击穿电压对温度是很敏感的，当温度变化时，雪崩增益也随之发生较大变化。RAPD 在一定程度上克服了这一缺点。RAPD 具有 $N^+P\pi P^+$ 层结构，当偏压加大到某一值后，耗尽层拉通到 π 区，一直抵达 P^+ 接触层。在这以后若电压继续增加，电场增量就在 P 区和 π 区分布，使高场区电场随偏压的变化相对缓慢，RAPD 的倍增因子随偏压的变化也相对缓慢，如图 3.18 所示。同时，由于耗尽层占据了整个 π 区，RAPD 也具有高效、快速、低噪声的优点。

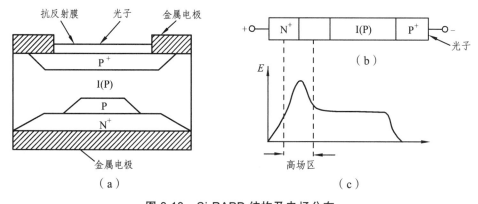

（a）   （c）

图 3.18　Si-RAPD 结构及电场分布

3.2.4　光检测器性能参数

PIN 光电二极管和 APD 光电二极管的特性包括响应度、量子效率、相应时间和暗电流。除此之外，由于 APD 中雪崩倍增效应的存在，APD 的特性还包括雪崩倍增特性、温度特性等。

1. 响应度和量子效率

响应度和量子效率都是衡量光检测器光电转换效率的参数。

1）响应度

响应度定义为

$$R = \frac{I_p}{P_{in}} \quad (A/W)$$

其中，I_p 为光电检测器的平均输出电流，P_{in} 为入射到光电二极管上的平均光功率。

2）量子效率

量子效率表示入射光子转换为光电子的效率。它定义为单位时间内产生的光电子数与入射光子数之比，即

$$\eta = \frac{\text{光电转换产生的有效电子–空穴对数目}}{\text{入射光子数目}} = \frac{I_p/e}{P_{in}/h\nu} = \frac{I_p}{P_{in}} \cdot \frac{h\nu}{e} = R \cdot \frac{h\nu}{e}$$

其中，e 为电子电荷，$e = 1.60 \times 10^{-19}$ J，$h\nu$ 为一个光子的能量，即

$$R = \frac{e}{h\nu}\eta = \frac{e\lambda}{hc}\eta \approx \frac{\lambda\eta}{1.24}$$

式中，$c = 3 \times 10^8$ m/s，为光速；$h = 6.628 \times 10^{-34}$ J·s，为普朗克常数。

也就是说，光电二极管的响应度和量子效率与入射光频率（波长）有关，其响应度随入射波长的增大而增大。

2. 响应时间

响应速度是指半导体光电二极管产生的光电流跟随入射光信号变化快慢的状态。一般用响应时间（上升时间和下降时间）来表示，显然响应时间越短越好。

3. 暗电流

在理想条件下，当没有光照时，光电检测器应无光电流输出。但是实际上由于热激励等，在无光情况下，光电检测器仍有电流输出，这种电流称为暗电流。严格来说，暗电流还应包括器件表面的漏电流。暗电流会引起接收机噪声增大。因此，器件的暗电流越小越好。

4. 倍增因子

倍增因子 g 实际上是电流增益系数。在忽略暗电流影响的条件下，它定义为

$$g = \frac{I_0}{I_p}$$

式中，I_0 为雪崩倍增时光电流平均值，I_p 为无倍增效应时光电流平均值。显然，APD 的响应度比 PIN 增加了 g 倍。目前 APD 的 g 值在 $40 \sim 100$。PIN 光电二极管由于无雪崩倍增作用，所以 $g = 1$。

5. 温度特性

当温度变化时，原子的热运动状态发生变化，从而引起电子、空穴电离系数的变化，使得 APD 的增益也随温度而变化。随着温度的升高，倍增效应将下降。为保持稳定的增益，需要在温度变化的情况下进行温度补偿。

6. 噪声特性

PIN 光电二极管的噪声，主要为量子噪声和暗电流噪声，APD 管还有倍增噪声。

3.3 光放大器

在光纤通信系统中，随着传输速率的增加，传统的 O/E/O 中继方式的成本迅速增加。长时间以来，人们一直在寻找用光放大的方法来替代传统的中继方式，并延长传输距离。光放大器能直接放大光信号，对信号的格式和速率具有高度的透明性，使得整个系统更加简单和灵活。它的出现和实用化，必将引起光纤通信中的一场革命。

3.3.1 光放大器类型

1. 光纤拉曼放大器（FRA）

光纤拉曼放大器（FRA）是利用石英光纤的非线性效应而制成。在合适波长的强光作用下，石英光纤会出现受激拉曼散射（SRS）效应，当信号光和泵光沿着光纤一起传输时，光功率将由泵光转移到信号光，从而把信号光放大。FRA 具有频带宽、增益高、输出功率大、响应快等优点。其缺点是泵浦效率低、阈值高，因而需要的泵浦功率很高。

2. 半导体光放大器（SOA）

半导体光放大器（SOA）是由半导体激光器工作在阈值之下时构成，包括 FP 腔型（FPA）和行波型（TWA）两种。SOA 的主要优点是尺寸小、功率消耗低、便于光电集成。其主要缺点是插入损耗大、对偏振态敏感。

3. 掺铒光纤放大器（EDFA）

掺铒光纤放大器（EDFA）是目前性能最完美、技术最成熟、应用最广泛的光放大器。1987 年，掺铒光纤放大器的研究取得突破性进展，离子态的稀土元素铒在光纤中可提供

1.55 μm 通信波长的光增益。与其他类型的光放大器相比，EDFA 具有高增益、低噪声、对偏振不敏感等优点，能放大不同速率和调制方式的信号，并具有几十纳米的放大带宽。正是由于其近于完美的特性和半导体泵浦源的使用，EDFA 给 1.55 μm 窗口的光纤通信带来了一场革命。

3.3.2　EDFA 的工作原理和基本性能

1. EDFA 的基本结构

EDFA 主要由掺铒光纤（EDF）、泵浦光源、光耦合器、光隔离器等组成，如图 3.19 所示，图（a）为同向泵浦，即只在掺铒光纤的入端加一个泵浦激光器，信号光和泵浦光经光纤耦合器或 WDM 复用器后合在一起，在掺铒光纤中同向传输；图（b）为反向泵浦，即信号光和泵浦光在掺铒光纤中反向传输；图（c）为双泵结构，在掺铒光纤的两端各加一个泵浦激光器。光隔离器的作用是只允许光沿箭头的方向单向传输，以防由于光反射形成光振荡，以及反馈光引起信号激光器工作状态的紊乱。

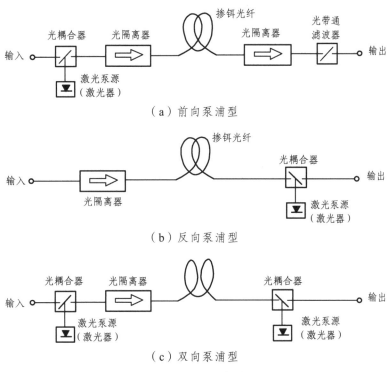

图 3.19　EDFA 的光路结构

2. EDFA 的工作原理

当较弱的信号光与泵浦光一起进入光纤时，泵浦光激活光纤中的铒粒子，在信号光的作用下，铒粒子产生受激辐射，跃迁到基态。将同样的光子注入进信号光中，起放大作用。

3. 泵浦方式

按泵浦光与信号光传输方向：分为同向泵浦、反向泵浦和双向泵浦结构。

泵浦光吸收损耗：石英光纤吸收、铒离子的受激吸收，总损耗很大。在铒光纤的输入端，信号光很小，需要的泵浦功率小。在铒光纤的输出端，信号光的功率变得比较大，容易产生饱和，这时希望有更大的泵浦功率。

1）同向泵浦

同向泵浦在输入端泵浦功率大，输出端的泵浦功率小，比较容易饱和；噪声性能主要由最开始的一段决定，噪声系数主要由自发辐射因子或者粒子数不完全反转因子所决定。在 EDF 的输入端的泵浦功率强，粒子数基本完全反转，总的噪声较小。不宜作为功率放大器，可作为前置放大器。

2）反向泵浦

反向泵浦时到达 EDF 始端的光功率已经很小，粒子数反转不完全，因此噪声指数大。不易饱和，可作功率放大器。

3）双向泵浦

双向泵浦有较大的输出功率和较低的噪声，线性范围宽，适合作为线路放大器。
泵浦方式比较如下：
考虑输出功率：反向泵浦优于同向泵浦，输出功率高。
考虑噪声：噪声与粒子数反转程度有关，因此，同向泵浦有好的噪声性能。

4. 基本应用形式

EDFA 的基本应用形式有四种，如图 3.20 所示。

1）在线放大

在线放大是指将 EDFA 直接插入光纤传输链路中对信号进行中继放大的应用形式，如图 3.20（a）所示。

2）功率放大

功率放大是指 LAN 放大发射光源之后对信号进行放大的应用形式，如图 3.20（b）所示。

3）前置放大

前置放大是指将 EDFA 放在光接收机的前面对信号进行放大的应用形式，如图 3.20（c）所示。

4）LAN 放大

LAN 放大是指将 EDFA 放在光纤局域网络中用作分配补偿放大器，方便增加光节点的数目，为更多用户服务，如图 3.20（d）所示。

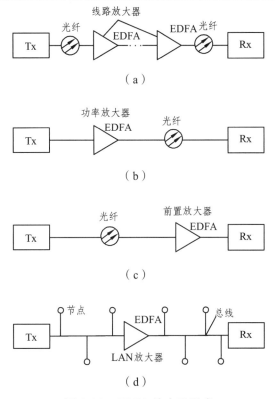

图 3.20　EDFA 的应用形式

3.4　光无源器件

完整的光纤通信系统，除了光源、光纤和光检测器外，还需要许多配套的功能部件，特别是无源器件。光无源器件本身不发光、不放大，是不产生光电转换的光学器件。

无源光器件的功能及分布如图 3.21 所示，主要功能有：连接光波导和光路；控制光的传播方向；控制光功率的分配；控制光波导之间、器件之间和光波导与器件之间的光耦合；合波、分波等。

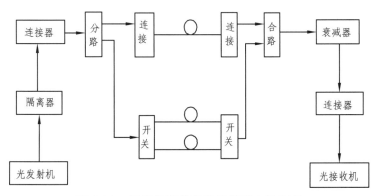

图 3.21　无源光器件在传输线路中的分布

光纤传输系统对无源光器件的要求是：插入损耗小、工作温度范围宽、性能稳定、寿命长、体积小、价格便宜、便于集成。按其功能可分为：光纤连接器、耦合器、合/分路器、光开关、光衰减器、光隔离器、光环形器等。

3.4.1　光纤连接器

光纤与光纤的连接有两种：一种是永久性连接，另一种是活动连接。永久性连接通常采用高频电弧放电熔接的方法，活动连接是通过光纤连接器来实现的。

1. 光纤连接器的功能

光纤连接器的作用不仅实现光纤与光纤之间的活动连接，还可以实现系统中设备之间、设备与仪表之间、设备与光纤之间的活动连接。

2. 光纤连接器的要求

① 连接损耗小，回波损耗大；
② 装拆方便（操作方便）；
③ 稳定性好：插入损耗随时间、环境的变化不大；
④ 重复性好：一般要求重复使用次数>1 000 次；
⑤ 互换性好：要求同一种型号的活动连接器可以互换；
⑥ 体积小，重量轻，成本低。

3. 光纤连接器的结构

光纤连接器的结构种类很多，有套管结构、双锥结构、"V"形槽结构、球面定心结构和透镜耦合结构，但大多用精密套筒来准直纤芯，以降低损耗。

套管结构示意图如图 3.22 所示。它由插针和套筒两部分组成。插针用来固定光纤，将光纤固定在插针里，套筒用来确保两根光纤的对接。其工作原理是：对光纤纤芯外圆柱面的同轴度、插针的外圆柱面和端面、套筒的内孔进行精密加工，使两根光纤在套筒中对接，从而确保两根光纤能很好地在套筒内对准，以实现两根光纤在套筒内的活动连接。

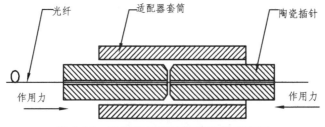

图 3.22　光纤连接器的套管结构示意图

4. 光纤连接器的类型

① 根据接头形状可分为：FC 型、SC 型、ST 型、LC 型等。

② 根据插针端面接触方式可分为：

FC 型（Face Connect，平面接触型），端面接触面为平面；

PC 型（Physical Connect，物理接触型），端面接触面为球面，接触面集中在端面的中央部分；

APC 型（Angle Physical Connect，角度物理接触型），接触端的中央部分仍保持 PC 型的平面，但端面的其他部分加工成斜面，使端面与光纤轴线的夹角小于 90°，一般采用斜 8°，这样可以增加接触面积，使光耦合更加紧密，可以保证很好的回波损耗，如图 3.23 所示。

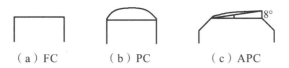

（a）FC　　　　（b）PC　　　　（c）APC

图 3.23　光纤连接器的端面连接方式

通过适配器套筒，将两个光纤连接头对准，并接近，以确保从一根光纤的光能尽可能地全部传到另一根光纤。适配器都有卡扣等紧固装置，确保连接的稳定性。适配器之间的连接损耗叫插入损耗，也就是经过适配器后带来的额外光的损耗。

5. 光纤连接器的命名方式

命名方式为：接头类型/端面类型，如 SC/PC、SC/APC 等。

常用的光纤连接器有：FC/APC、FC/PC、SC/APC、SC/PC 等。

FC 连接器（Ferrule Connector）：采用金属螺纹连接结构，紧固方式为螺丝扣。最早，FC 类型的连接器采用对接端面是平面接触方式（FC），此类连接器结构简单，操作方便，制作容易，但光纤端面对微尘较为敏感，容易产生反射，提高回波损耗性能较为困难。后来，对该类型连接器做了改进，采用对接端面呈球面的插针（PC）方式，而外部结构没有改变，使得插入损耗和回波损耗性能有了较大幅度的提高。

SC 连接器（Subscriber Connector）：已经在光纤连接领域长期使用，其端面多采用 PC 或 APC 型研磨方式，紧固方式是采用插拔销闩式，不需旋转，如图 3.24 所示。此类连接器价格低廉，插拔操作方便，介入损耗波动小，抗压强度较高，损耗很小，大约为 0.15 dB。

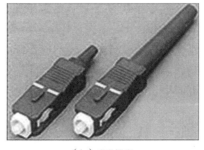

（a）SC-SC　　　　　　　　　　　（b）SC/PC

图 3.24　SC 型光纤连接器

　　LC 连接器（Lucent Connector）：朗讯连接器，由朗讯公司设计的，采用插针和套筒的尺寸是普通 FC、SC 等所用尺寸的一半，这样可以提高光纤配线架中光纤连接器的密度。其特点是"锁紧"，耐拉，损耗仅为 0.1 dB，被广泛应用于 LAN、WAN 和有线电视网络中。

　　光纤连接器产生损耗的原因有很多种，下面列出几种常见的：

　　① 中间间隙过大；

　　② 由于套筒问题，导致两个插针未对准；

　　③ 光纤端面脏；

　　④ 光纤偏心，导致未完全对准。

3.4.2　光衰减器

　　光衰减器是对光信号进行衰减的器件，用于调整光中继区间的损耗和调整光功率等。一般应用于光纤系统的指标测量、短距离通信系统的信号衰减以及系统试验等场合。

1. 光衰减器要求

　　光衰减器的主要要求是：重量轻、体积小、精度高、稳定性好、使用方便等。

2. 光衰减器类型

　　根据衰减量的变化方式不同，光衰减器分为可变光衰减器和固定光衰减器两种。

　　（1）固定衰减器，其功率衰减值是固定不变的，一般用于调节传输线路中某一区间的损耗。具体规格有 3 dB、6 dB、10 dB、20 dB、30 dB、40 dB 的标准衰减值。

　　（2）可变衰减器，其功率衰减值可在一定范围内调节。可变衰减器又分为连续可变和分挡可变两种。一般用于光学测量中，在测量光接收机的灵敏度时，通常把它置于光接收机的输入端，用来调整接收光功率的大小。

3. 光衰减器工作机理

　　光衰减器的工作机理主要有三种：

　　（1）耦合型光衰减器：它是通过输入、输出光束对准偏差的控制来改变光耦合量的大小，从而达到改变衰减量的目的。

　　（2）反射型光衰减器：它是在玻璃基片上镀反射膜作为衰减片。光通过衰减片时主要是反射和透射，由膜层厚度的不同来改变反射量的大小，从而达到改变衰减量的目的。

　　为避免反射光的再入射影响衰减性能的稳定性，光线不能垂直入射到衰减片上，需将两块衰减片按一定倾斜角对称地排成八字形。

　　（3）吸收型光衰减器：它是采用光学吸收材料制成衰减片，对光的作用主要是吸收和透射，其反射量很小。

4. 光衰减器指标

　　衰减器主要指标有：插入损耗，带宽（衰减量变化范围），衰减精度等。

3.4.3　光分路耦合器

光分路耦合器是分路和耦合光信号的器件。它的功能是把一个输入的光信号分配给多个输出（分路），或把多个输入的光信号组合成一个输出（耦合）。在光纤通信系统或光纤测试中，经常遇到需要从光纤的主传输通道中取出一部分光信号，作为监测、控制等使用，也有时需要把两个不同方向来的光信号和起来送入一根光纤中传输，在上述情况下，都需要光分路耦合器来完成。耦合器一般与波长无关，与波长相关的耦合器被称为波分复用器/解复用器或合波/分波器。

光耦合示意图如图 3.25 所示，根据使用器件的输入和输出端口进行表征命令，比如具有两个输入和两个输出端口的器件称为"2×2 耦合器"，如图 3.26 所示。通常，$N \times M$ 耦合器具有 N 个输入和 M 个输出。

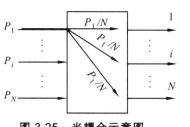

图 3.25　光耦合示意图

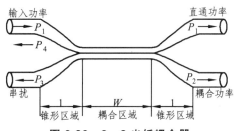

图 3.26　2×2 光纤耦合器

1. 星形耦合器

星形耦合器的主要作用是将 N 个输入功率复合后再平均分配到 M 个输出端口，如图 3.27 所示。将四根光纤扭绞、加热和拉伸，熔融在一起，制作成 4×4 熔融光纤星形耦合器，如图 3.28 所示。

图 3.27　星形光纤耦合器

图 3.28　4×4 星形光纤耦合器

2. 耦合器的性能指标

表示光纤耦合器性能指标的参数有：隔离度、插入损耗和分光比等。隔离度反映了定向耦合器反向散射信号的大小；插入损耗反映了定向耦合器损耗的大小；分光比表示输出端的功率分配比。

3.4.4　光滤波器

在光纤通信系统中，只允许一定波长的光信号通过的器件称为光滤波器，是一种波长选择器件。根据波长是否可以改变分为固定波长滤波器和波长可调谐滤波器。目前，结构最简单、应用最广泛的光滤波器是 F-P 腔光滤波器。

3.4.5　光开关

能够控制传输通路中光信号通和断或进行光路切换的器件，称为光开关。光开关是全光交换技术中的关键器件，可实现在全光层的路由选择、波长选择、光交叉连接以及自愈保护等功能。

1. 要　求

插入损耗低、转换重复性好、开关速度快、使用寿命长、结构紧凑。

2. 主要指标

插入损耗、开关（转换）速度（ms 量级）、消光比。

3. 分　类

① 机械式光开关：它是利用电磁铁或步进电机驱动光纤、棱镜或反射镜等光学元件实现光路转换。可分为镜可动型和光纤可动型两种。

优点：插入损耗小，串扰小，适合各种光纤，技术成熟。

缺点：开关速度慢，结构不紧凑，容易受振动、冲击的影响，消光比较大。

② 固体光开关：它又称非机械式光开关，利用磁光效应、电光效应或声光效应实现光路的转换。

优点：开关速度快，重复性好，可靠性高，使用寿命长，尺寸小，可单片集成。

缺点：插入损耗大，串扰大。

③ 半导体光波导开关：它是通过改变波导区内折射率达到光波的导通或截止。

光纤通信系统中所用的光器件，是指半导体光源、半导体光电检测器、光放大器以及光无源器件。它们的性能决定着光纤通信系统的质量。

光源器件是光发射机的核心器件，它的作用是把电信号转换为光信号送入光纤。目前光纤通信广泛使用的光源主要有半导体激光器或称激光器（LD）和半导体发光二极管或称发光管（LED）。

半导体激光器是向半导体 PN 结注入电流，实现粒子数反转分布，产生受激辐射，再利用谐振腔的正反馈，实现光放大而产生激光振荡输出激光。要构成一个电的振荡器，必须包括放大部分、振荡回路与反馈系统，而激光振荡器也必须具备完成以上功能的部件，因此，它必须包括以下三个部分：能够产生激光的工作物质（激活物质）；能够使工作物质处于粒子数反转分布状态的激励源（泵浦源）；能够完成频率选择及反馈作用的光学谐振腔。

半导体激光器（LD）是通过受激辐射产生光的器件。它具有输出功率大，调制频带宽，光谱宽度窄，高偏振等优点。半导体激光器件可分为同质结、单异质结、双异质结等几种。其主要特性有：发射波长和光谱特性、光谱特性、转换效率和输出光功率特性、温度特性、调制特性。

发光二极管（LED）发光原理与激光器相同，本质区别是它没有光学谐振腔，不能形成激光振荡。LD 发射的是受激辐射光-激光，LED 发射的是自发辐射光-荧光。

光电检测器的作用是通过光电效应，将接收的光信号转换为电信号。在光纤通信系统中，主要采用半导体 PIN 光电二极管和雪崩光电二极管（APD）。

PIN 光电二极管在 PN 结中间设置掺杂浓度非常低的 I 层，其工作原理是：当 PN 结上加有反偏电压时，外加电场的方向和空间电荷区里电场的方向相同，外电场使势垒加强，由于光电二极管加有反向电压，因此在空间电荷区里载流子基本上耗尽了，这个区域称为耗尽区。当光束入射到 PN 结上，且光子能量 $h\nu$ 大于半导体材料的禁带宽度 E_g 时，价带上的电子可以吸收光子而跃迁到导带，结果产生一个电子-空穴对。如果光生的电子-空穴对在耗尽区里产生，那么在电场的作用下，电子将向 N 区漂移，而空穴将向 P 区漂移，从而形成光生电流。当入射光功率变化时，光生电流也随之线性变化，从而把光信号转变成电流信号。

雪崩光电二极管（APD）的特点是具有雪崩倍增作用。其原因是光子经过高速电场的作用，获得足够的能量，产生相互碰撞，使电流倍增。

PIN 光电二极管和 APD 光电二极管的特性包括响应度、量子效率、相应时间和暗电流。除此之外，由于 APD 中雪崩倍增效应的存在，APD 的特性还包括雪崩倍增特性、温度特性等。

光放大器类型有：光纤拉曼放大器（FRA）、半导体光放大器（SOA）、掺铒光纤放大器（EDFA），掺铒光纤放大器（EDFA）是目前性能最完美、技术最成熟、应用最广泛的光放大器。

EDFA 主要由掺铒光纤（EDF）、泵浦光源、光耦合器、光隔离器等组成。EDFA 的工作原理是：当较弱的信号光与泵浦光一起进入光纤时，泵浦光激活光纤中的铒粒子，在信号光的作用下，铒粒子产生受激辐射，跃迁到基态。将同样的光子注入进信号光中，起放大作用。泵浦方式按泵浦光与信号光传输方向：分为同向泵浦、反向泵浦和双向泵浦结构。

EDFA 的有四种基本应用形式：在线放大、功率放大、前置放大、LAN 放大。

光无源器件本身不发光，不放大，是不产生光电转换的光学器件。无源光器件的主要功能有：连接光波导和光路；控制光的传播方向；控制光功率的分配；控制光波导之间、器件之间和光波导与器件之间的光耦合；合波、分波等。光纤传输系统对无源光器件的要求是：插入损耗小、工作温度范围宽、性能稳定、寿命长、体积小、价格便宜、便于集成。按其功能可分为：光纤连接器、耦合器、合/分路器、光开关、光衰减器、光隔离器、光环形器等。

复习思考题

1. 什么是光源？光纤通信系统对光源的要求有哪些？

2. 光纤通信系统中常用的光源主要有几种？

3. 在什么情况下光源发出的是激光？在什么情况下光源发出的是荧光？

4. 说明光与物质相互作用的 3 种基本过程。

5. 激光器主要由几部分组成？各部分的作用是什么？

6. 什么是粒子数反转分布？

7. 什么是激光器的阈值条件？

8. 激光器有哪些基本特性？

9. 分析说明半导体激光器产生激光输出的工作原理。

10. 半导体发光二极管与半导体激光器的本质区别是什么？

11. 光电检测器的作用和要求有哪些？

12. 半导体光电二极管是利用什么原理实现光电转换的？

13. 分析说明雪崩光电二极管的工作原理。

14. 光电检测器参数有哪些？

15. 光放大器有哪几种类型？

16. 掺铒光纤放大器的工作原理是怎样的？

17. 掺铒光纤放大器有哪几种应用形式？

18. 什么是光无源器件，它有什么功能？

19. 什么是光纤连接器？目前常用的光纤连接器有哪些类型？

20. 简述光可变衰减器的原理。

21. 什么是光分路耦合器？有哪些性能指标？

22. 简述光滤波器和光开关的功能。

第 4 章 光 端 机

所谓光纤通信是以光波为载波、以光纤为传输媒质的通信方式。光端机是产生和发送光波、检测和接收光波的设备。光端机由光发送机和光接收机组成。其主要作用是进行电/光（E/O）及光/电（O/E）转换。还包括一些信号变换和处理电路以及为使系统稳定工作而设的自动控制电路和监测电路。

下面介绍光端机的构成和主要单元电路原理。

4.1 光发送机

光发送机的作用是将电信号转换为光信号，并将光信号射入光纤。其核心器件是将电信号转换为光信号的器件：发光二极管（LED）和激光二极管（LD）。

对光发送机的要求是：

1. 有合适的输出光功率

光发送机的输出功率，是指耦合进光纤的功率，又称入纤功率。光源应有合适的光功率输出，一般为 0.01～5 mW。

2. 有较好的消光比

消光比的定义为全"1"码平均发送光功率与全"0"码平均发送光功率之比。

$$EXT = 10\lg\frac{P_{11}}{P_{00}} \ （dB） \tag{4.1}$$

式中，P_{11} 为全"1"码时的平均光功率；P_{00} 为全"0"码时的平均光功率。一般要求 $EXT \geqslant$ 10 dB。

3. 调制特性好

所谓调制特性好，调制特性是指待传输的电信号与光功率之间有较好的线性关系。即光源的 P-I 曲线在使用的范围内线性特性好，否则在调制后将产生非线性失真。

除此之外，还要求电路简单、成本低、稳定性好和光源的寿命长等。

4.1.1　光发送机构成

数字光发送机的基本组成包括：均衡放大、码型变换、复用、扰码、时钟提取、光源及光源的调制电路、光源的控制电路（ATC 和 APC）、光源的监测和保护电路等，如图 4.1 所示。

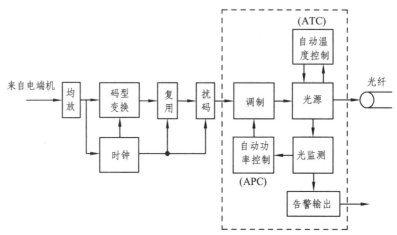

图 4.1　数字光发送机电路框图

（1）均衡放大：来自电端机的信号首先经过均衡放大电路，简称均放。其作用是补偿由电缆传输所造成的衰减和畸变。

（2）码型变换：将来自电端机的 HDB3 码或 CMI 码变化为 NRZ 码。因为光纤通信的调制方式要求调制信号电压是单极性的，通过码型变换将双极性码变为单极性码，将归零码变成不归零码，即 NRZ 码，以适合光发送机的要求。

（3）复用（又称为复接）：将多个低速信号复用到一个高速通道上传输，并加入开销信息，以提高信道的利用率和对设备的监控和管理。复用的方式有 PDH 准同步数字体系和 SDH 同步数字体系（在第 5 章中介绍）。

（4）扰码：有规律地破坏长连"0"和长连"1"的码流，使信号达到"0"、"1"等概率出现，利于时钟提取。

（5）时钟提取：提取数字码流中的时钟信号，供给其他电路使用。

（6）调制（驱动）电路：完成电/光变换。经过扰码后的数字信号对光源进行调制。使光源发出的光信号强度随电信号码流变化，形成相应的光脉冲送入光纤。依据光源不同调制电路的结构和原理不同。它是发送机的核心电路。

（7）光源：产生作为光载波的光信号。用于光纤通信的光源主要是发光二极管（LED）和半导体激光器（LD）。

（8）温度控制和功率控制：LD 器件对温度比较敏感，温度和老化的作用使其输出光功率发生变化，影响了光通信的质量，因此，设有自动温度控制电路（ATC）和自动功率控制电路（APC），稳定 LD 的工作温度和输出的平均光功率。

（9）其他保护、监测电路：用于对光源的保护与维护的电路。如光源过流保护电路、无光告警电路、LD 偏流（寿命）告警电路等。

4.1.2　光源及调制电路

光源和调制电路是紧密联系的。这个电路的作用是得到受控于电信号的光功率。

1. 光　源

其作用是把电信号转换为光信号，就是进行光调制。光调制电路使光源发出的光按照电信号的变化而变化。

对光源的要求是：

（1）发送的光波的中心波长应在 0.85 μm、1.31 μm、1.55 μm 附近，以适应光纤通信三个低损耗窗口的要求。

（2）光谱的谱线宽度要窄，以减小光纤色散对带宽的限制。

（3）电光转换效率高，发送光束方向性好，以提高耦合效率。

（4）允许的调制速率要高或响应速度要快，以满足系统大的传输容量。

（5）器件的温度稳定性好，可靠性高，寿命长；器件体积小，重量轻，安装使用方便，价格便宜。

（6）LD 和 LED 光源由于其性能不同，适用于不同的应用场合。

2. 调制方式

光调制是指在光纤通信系统中，由承载信息的数字信号对光波进行调制使其载荷信息。调制方式有直接调制（内调制）和间接调制（外调制）两种。直接调制适用于 LED 和 LD 光源。一般在高速大容量系统中采用间接调制方式。

1）直接调制

（1）直接调制原理：

直接调制就是将电信号（又称调制信号）直接注入光源，使光源输出的光载波信号的强度随调制信号的变化而变化，又称为内调制或光强度调制。

直接调制原理如图 4.2（a）所示。受控于数字信号码流的电流 I 注入半导体光源，使光源输出同样波形的光脉冲信号。

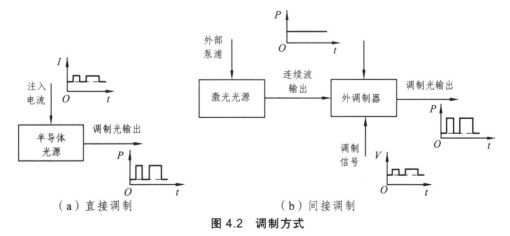

（a）直接调制　　　　　　　　　（b）间接调制

图 4.2　调制方式

（2）特点：

输出功率正比于调制电流，调制电路简单、损耗小、成本低，但存在波长（频率）的抖动，限制了系统的传输速率和距离。

2）间接调制

（1）间接调制原理：

间接调制是不直接调制光源，而是利用晶体的电光、磁光和声光特性对 LD 所发出的连续光载波进行调制，即光辐射之后再加载调制电压，使经过调制器的光载波得到调制，这种调制方式又称外调制，如图 4.2（b）所示。

（2）特点：

调制系统比较复杂、损耗大，而且造价也高，但谱线宽度窄，可以应用于 ≥2.5 Gbit/s 的高速大容量传输系统之中。传输距离超过 300 km 以上。在使用光线路放大器的 WDM 系统中，发送部分的激光器均为间接调制方式。

实用的光纤通信系统大多采用光强度调制的方式。这是因为 LED 和 LD 阈值以上的输出光功率基本与注入电流成正比，可以通过改变注入电流来改变光功率实现光调制。

从调制信号的形式来说，光调制又可分为模拟信号调制和数字信号调制。

模拟信号调制就是直接用连续的模拟信号（如话音信号、电视信号、射频信号等）对光源进行调制，将模拟信号叠加在直流偏置电流上，从而得到连续变化的光信号。在移动通信光纤直放站中采用这种调制方式如图 4.3 所示。

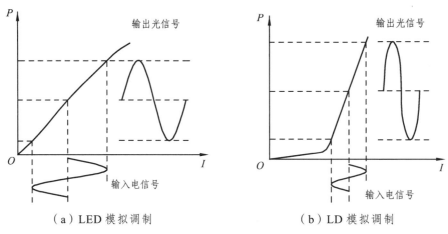

（a）LED 模拟调制　　　　　　　（b）LD 模拟调制

图 4.3　模拟调制

数字调制是将待传输的二进制脉冲码流对光源进行调制，得到光脉冲信号，如图 4.4 所示。从图中可以看出，在对 LD 光源进行调制时需要加入偏置电流 I_b，使输入给光源的电流大于 LD 的阈值电流 I_{th}。

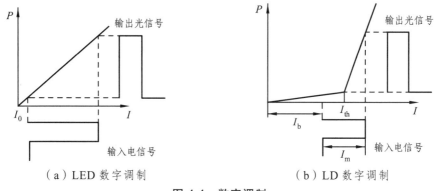

图 4.4　数字调制

3. 驱动电路

实际上调制电路和驱动电路是密不可分的。驱动电路为光源提供驱动电流，在数字调制中，驱动电路是电流开关电路。

1）LED 的驱动电路

驱动电路的作用是使发光器件得到足够的工作电流，实现用电信号（模拟信号或数字信号）控制发光器件的功能。一个优良的驱动电路应该满足以下条件：能够提供较大的、稳定的驱动电流；有足够快的响应速度，最好大于光源的驱动速度；保证光源具有稳定的输出特性。

LED 的驱动电路比较简单，只需要电路能够响应输入数据的电平和速率，并能提供 LED 所需要的驱动电流。能够满足上述要求的、最简单的驱动电路是共发射极驱动电路，如图 4.5 所示。

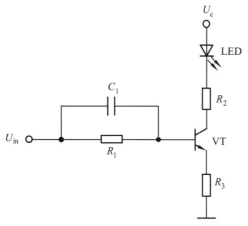

图 4.5　共发射极驱动电路

共发射极驱动电路的工作原理如下所述：当输入数据信号为“0”时，晶体三极管 VT 处于截止状态，LED 中没有电流流过，因此 LED 不发光；当输入数据信号为“1”时，晶体三极管 VT 工作于饱和状态，LED 中有较大的电流流过，所以 LED 发光。这种驱动电路主要用于以 LED 作为光源的数字光发射机，适用于 10 Mbit/s 以下的低速率系统。

2）LD 驱动电路

如图 4.6 所示是 LD 光源的驱动电路。

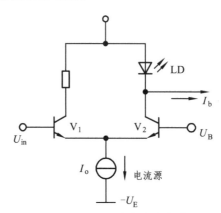

图 4.6　LD 光源的驱动电路

在图 4.6 中，电流源为 V_1 和 V_2 组成的差分电路提供恒定的偏置电流。在 V_2 基极上加入直流参考电压 U_B，V_2 集电极的电压取自于 LD 的正向电压，数字信号 U_{in} 从 V_1 基极输入。当信号为"0"码时，V_1 基极电位比 U_B 高而抢先导通，V_2 截止，LD 不发光。当信号为"1"码时，V_1 基极电位比 U_B 低，V_2 抢先导通，驱动 LD 导通，使 LD 发光。V_1、V_2 处于轮流截止和非饱和导通状态，有利于提高调制速率。

图 4.6 中的电流 I_b 来自于 LD 预偏置电路。LD 是阈值器件，要给 LD 加上一个略低于阈值电流的直流电流（称为预置电流）I_b，I_b 之上再加上驱动电流。

4.1.3　自动功率控制电路（APC）和自动温度控制电路

构成 LD 发送电路的驱动电路、光源、温控电路、光功率控制电路及光监测电路的关系如图 4.7 所示。

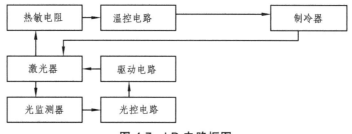

图 4.7　LD 电路框图

图 4.7 中，激光器、光监测器（PIN）、热敏电阻、制冷器四个元件集成在一起，称为激光器组件。热敏电阻、温控电路、制冷器和激光器组成自动温度控制电路。光监测器、激光器、驱动电路和光控电路组成了自动功率控制电路。这两个电路的作用是稳定激光器输出功率。

1. 自动功率控制电路（APC）

APC 是自动功率控制电路的英文缩写。设置自动功率控制电路的原因有两个：一是因为 LD 的阈值电流受温度变化的影响很大，由图 3.11（a）可以看出，当温度由 20 ℃ 增加至 50 ℃ 时，由于 I_{th} 增大过多，LD 不能工作，不能发出激光；二是因为 *P-I* 曲线的斜度随使用时间的增长而减小，即光电转换效率低，如图 3.11（b）所示是一个典型的 LD 试验 *P-I* 曲线，每隔 100～200 h 测一条曲线，当使用时间达 1 700 h 时，此 LD 不再提供连续波的应用，因此，为了稳定输出功率设置了 APC 电路。

自动功率控制电路的分类：主要包括普通电参数控制电路和光电反馈控制电路。

在光发送机中，光电反馈控制电路应用最多。它是背向光反馈自动偏置电路，即利用 PIN 二极管检测激光器输出光功率，自动调节激光器的电流 I_b，达到稳定输出光功率的目的。

光电反馈控制的自动功率控制电路工作原理如下：

图 4.8 是一个带 APC 电路的 LD 驱动电路。它能够完成 LD 驱动调制功能、为 LD 提供预偏置电流、实现自动功率控制等功能。当由于温度原因使 LD 输出光功率降低时，流过 PD （通常为 PINPD）的电流减小，通过 A_1 和 A_2 的逻辑控制关系使 A_2 的输出电压增加，I_b 增加，使 LD 输出光功率增大，从而使输出光功率维持不变。

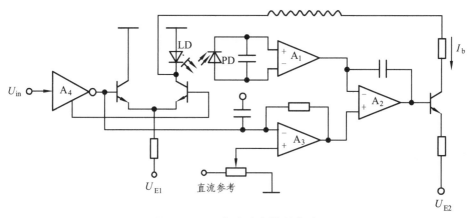

图 4.8 LD 自动功率控制电路

2. 自动温度控制电路（ATC 电路）

LD 的输出特性与温度有着密切的关系。为了保证光发送机具有稳定的输出特性，对 LD 的温度特性进行控制是非常必要的，而且对 LD 的温度控制也是保护 LD 的一项关键措施。

自动温度控制电路如图 4.9 所示。温度控制装置由制冷器 TEC、热敏电阻 R_T（负温度系数）、控制电路组成。由热敏电阻 R_T 和 R_1、R_2、R_3 组成的"换能电桥"，通过电桥将温度变化转换为电流的变化。运算放大器的差动输入端跨接在电桥的对端，用于改变三极管的基极电流。

在设定温度（如 20 ℃）时，调节 R_3 使电桥平衡，*A*、*B* 点间无电位差，故流过制冷器 TEC 的电流为零。

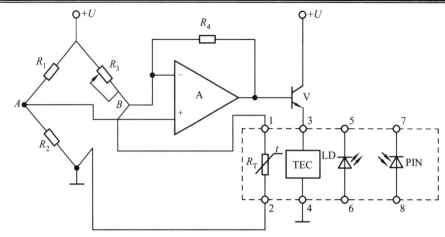

图 4.9 自动温度控制电路

当温度升高时，LD 的温度升高，使热敏电阻阻值变小，电桥失去平衡，则 B 点电位低于 A 点电位，运算放大器输出电压升高，V 的基极电流增大，制冷器的电流也增大，制冷端温度降低，LD 的温度也降低，保持温度恒定。

温度控制只能控制温度变化引起的输出光功率的变化，不能控制由于器件老化而产生的输出功率的变化。

对于短波长激光器，一般只需加 APC 电路即可。对于长波长激光器，由于其阀值电流随温度的漂移较大，因此，一般还需加 ATC 电路，以使输出光功率达到稳定。

随着使用时间的增长，LD 阈值电流将逐渐增大。当阈值电流增大到开始使用时的 1.5 倍时，就认为激光器的寿命终止而发出告警信号，点亮寿命告警指示灯。

当 LD 光源无光信号输出时，电路应能发出无光告警信号，无光告警信号灯发出红色告警显示。

4.2 光接收机

光接收机作用是将光纤传输后的幅度被衰减、波形产生畸变的、微弱的光信号变换为电信号，并对电信号进行放大、整形、再生后，再生成与发送端相同的电信号，输入电接收端机，并且用自动增益控制电路（AGC）保证稳定的输出。

半导体光检测器是光接收机中的关键器件，它和接收机中的前置放大器合称光接收机前端。前端性能是决定光接收机性能的主要因素。数字光接收机主要指标：有误码率、光接收机的灵敏度和光接收机的动态范围。

4.2.1 光接收机的基本组成

强度调制-直接检波（IM-DD）的数字光接收机方框图如图 4.10 所示。图中虚线框是光接收机的主要部分，其他部分是对数字信号的处理。

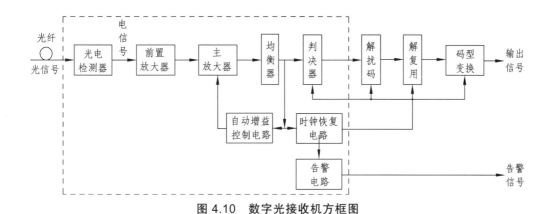

图 4.10　数字光接收机方框图

1. 光电检测器

光电检测器是把光信号变换为电信号的关键器件，其性能特别是响应度和噪声直接影响光接收机的灵敏度。目前，适合于光纤通信系统应用的光检测器有 PIN 光电二极管和雪崩光电二极管（APD）。

对其要求是：

① 在系统的工作波长上要有足够高的响应度，即对一定的入射光功率，光电检测器能输出尽可能大的光电流。

② 波长响应要和光纤的 3 个低损耗窗口兼容。

③ 有足够高的响应速度和足够的工作带宽。

④ 产生的附加噪声要尽可能低，能够接收极微弱的光信号。

⑤ 光电转换线性好，保真度高。

⑥ 工作性能稳定，可靠性高，寿命长。

⑦ 功耗和体积小，使用简便。

光电器件的简易检测：与光源器件一样，在没有测试条件的情况下，使用人员也可以借助于指针式万用表对光电检测器件进行简易的测试。这种测试方法主要是检查光电检测器件 PN 结的好坏：PN 结好不能保证器件具有好的特性，而 PN 不好的器件其质量绝对不会好。常用光电检测器件的参考数据如表 4.1 所示。

表 4.1　光电检测器的参数

	Si-PINPD	InGaAs-PINPD	InGaAs-APD
正向压降	0.6～0.7 V	0.2～0.3 V	约 2 V
正向电阻	3～5 kΩ（$R×100$ 挡）	3～5 kΩ（$R×100$ 挡）	通
反向电阻	>100 kΩ（$R×1$ k 挡）	>100 kΩ（$R×1$ k 挡）	无穷大（$R×1$ k 挡）

2. 放大器

光接收机的放大器包括前置放大器和主放大器两部分。

1）前置放大器

由于这个放大器与光电检测器紧紧相连，故称前置放大器。对前置放大器要求是较低的噪声、较宽的带宽和较高的增益。

2）主放大器

主放大器的作用有下述两个方面：将前置放大器输出的信号放大到判决电路所需要的信号电平。它还是一个增益可调节的放大器。实现自动增益控制（AGC），以使输入光信号在一定范围内变化时，输出电信号应保持恒定输出。

主放大器一般是多级放大器，主放大器的峰-峰值输出是几伏数量级。

主放大器和 AGC 电路决定着光接收机的动态范围。

3. 均衡器

均衡器的作用是对已畸变（失真）和有码间干扰的电信号进行均衡补偿，减小误码率。未均衡和均衡前后的波形如图 4.11 和 4.12 所示。

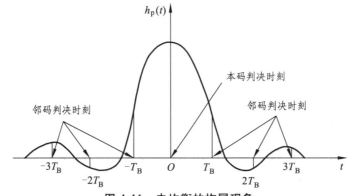

图 4.11　未均衡的拖尾现象

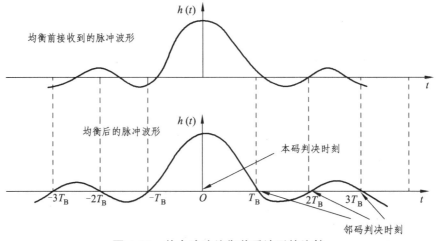

图 4.12　单个脉冲均衡前后波形的比较

关于无码间干扰条件，可参看有关通信系统原理方面的书。

4. 再生电路

再生电路的任务是把放大器输出的升余弦波形恢复成数字信号。由判决器和时钟恢复电路组成。为了判定信号，首先要确定判决的时刻，这需要从均衡后的升余弦波形中提取准确的时钟。时钟信号经过适当的相移后，在最佳时刻对升余弦波形进行取样，然后将取样幅度与判决阈值进行比较，以判定码元是"0"还是"1"，从而把升余弦波形恢复成原传输的数字波形。

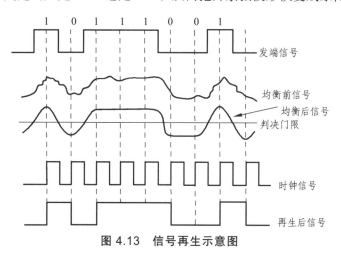

图 4.13 信号再生示意图

5. 自动增益控制（AGC）

AGC 就是用反馈环路来控制主放大器的增益。作用是增加了光接收机的动态范围，使光接收机的输出保持恒定。其工作原理是：峰值检波器将脉冲波转换为直流信号，经 AGC 放大器控制主放大器的增益或 APD 的偏置电压。自动增益控制电路原理图如图 4.14 所示。

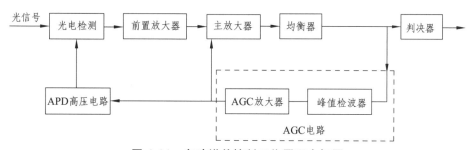

图 4.14 自动增益控制工作原理方框图

对于 APD 光接收机，AGC 控制光检测器的偏压和放大器的输出；
对于 PIN 光接收机，AGC 只控制放大器的输出。

6. 解扰、解复用和码型变换电路

如前所述，在光发射机中首先进行码型变换、对数字码流进行扰码处理。在接收端还需将判决器输出的信号进行解扰码和码型反变换处理以恢复原码流。发送端根据所输入信号的性质不同，采用不同的复用方式以提高信道的利用率，因而接收端则需进行相反的操作，即解复用。

4.2.2　数字光接收机主要指标

1. 误码率

由于噪声的存在，放大器输出的是一个随机过程，其取样值是随机变量，因此在判决时可能发生误判，把发射的"0"码误判为"1"码，或把"1"码误判为"0"码。光接收机对码元误判的概率称为误码率（在二元制的情况下，等于误比特率，BER），用较长时间间隔内，在传输的码流中，误判的码元数和接收的总码元数的比值来表示。

2. 光接收机的灵敏度

灵敏度是衡量光接收机性能的综合指标。光接收机的灵敏度是指在系统满足给定误码率指标的条件下，光接收机所需的最小平均接收光功率 $P_{\min}$（mW）。工程中常用毫瓦分贝（dBm）来表示。即

$$P = 10\lg \frac{P_{\min}}{1 \text{ mW}} \text{ （dBm）} \tag{4.2}$$

由定义得到灵敏度表示光接收机调整到最佳状态时，能够接收微弱光信号的能力。提高灵敏度意味着能够接收更微弱的光信号。

3. 光接收机的动态范围

光接收机的动态范围是指在保证系统误码率指标的条件下，接收机的最低输入光功率（dBm）和最大允许输入光功率（dBm）之差（dB）。即

$$D = 10\lg \frac{P_{\max}}{10^{-3}} - 10\lg \frac{P_{\min}}{10^{-3}} = 10\lg \frac{P_{\max}}{P_{\min}} \text{ （dB）} \tag{4.3}$$

动态范围是光接收机性能的另一个重要指标，它表示光接收机接收强光的能力，数字光接收机的动态范围一般应大于 15 dB。

由于使用条件不同，输入光接收机的光信号大小要发生变化，为实现宽动态范围，采用AGC是十分有必要的。

4.3　光中继器

光信号在传输过程会出现两个问题：光纤的损耗特性使光信号的幅度衰减，限制了光信号的传输距离；光纤的色散特性使光信号波形失真，造成码间干扰，使误码率增加。

以上两点不但限制了光信号的传输距离，也限制了光纤的传输容量。为增加光纤的通信距离和通信容量，必须设置光中继器。光中继器的功能是补偿光能量损耗，恢复信号脉冲形状。

光中继器主要有两种：传统的光中继器（即光电中继器）和全光中继器。

4.3.1　光电中继器

1. 光电中继器的构成

传统的光中继器采用光—电—光（O-E-O）转换形式的中继器。经判决后的数字码流送入调制电路对光源进行调制继续在光纤中传输，如图 4.15 所示。

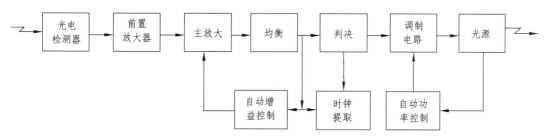

图 4.15　典型的数字光中继器原理方框图

2. 光电中继器的结构形式

光电中继器有的设在机房中，有的是箱式或罐式，有的是直埋在地下或架空光缆在电杆上。

4.3.2　全光中继器

目前全光放大器主要是掺铒光纤放大器（EDFA）。掺铒光纤放大器是一个直接对光波实现放大的有源器件，全光中继器工作原理如图 4.16 所示。

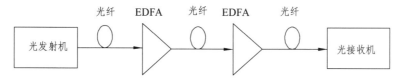

图 4.16　掺铒光纤放大器用作光中继器的原理框图

用掺铒光纤放大器作中继器的优点是，设备简单，没有光—电—光的转换过程，工作频带宽。缺点是，光放大器作中继器时，对波形的整形不起作用。

4.4　备用系统和辅助系统

1. 备用系统

为了保证通信的畅通，光端机、光纤和光中继器应设置备用系统。当主用系统出现故障时，可以人工或自动倒换到备用系统上工作；可以几个主用系统共用一个备用系统，也可以采用 1 + 1 的备用方式。

2. 辅助系统

辅助系统包括监控管理系统；公务通信系统；自动倒换系统；告警处理系统；电源供给系统等。

1）监控管理系统

光纤通信的监测、控制、管理系统是保证系统正常运行，实现网络的智能化所不可缺少的重要组成部分，它以计算机技术为主体与光纤通信技术相结合，实现了智能化、多功能的监测、遥控和网络管理，提高运营维护的工作效率，保证通信系统的正常运行。根据电信管理网（TMN）的管理功能要求，应能对光纤通信设备（网元）进行故障管理、性能管理、配置管理和安全管理。

2）公务通信系统

公务通信指公务电话，是专为值班维护人员联络使用的。公务联络在保证通信畅通中很重要。公务通信有两种类型，一种是复用段的公务联络，另一种是再生段的公务联络。

3）自动倒换系统

自动倒换系统负责在主用系统发生故障时，自动倒换到备用系统上工作，倒换命令发出的条件是：

主用系统收无光、收失步或超过 10^{-3} 误码，而备用系统正常。

主用系统 AIS 而备用系统非 AIS，这时倒换系统发出倒换控制指令，启用备用系统替代主用系统。

4）告警处理系统

当监控系统发现某些设备有故障时，除发出控制指令外，还发出告警信号，便于维护人员识别故障设备，恢复业务。

告警信号在计算机上显示和存储。还通过可见可闻的方式显示。告警内容分为两大类：一类是即时维护告警，即紧急告警。当有此类告警时维护人员必须立即投入维护工作，尽快恢复业务。另一类是延时维护告警指示，是非紧急告警，不要求维护人员立即投入维护工作，提醒维护人员设备发生了性能劣化，需要考虑相应的措施，以防性能进一步劣化以至影响业务。对于不同性质的告警，可用不同的显示方法。监测内容主要包括故障监视、性能监测和环境监测与系统控制等。

5）电源供给系统

光端机各部分电路都需要相应的直流电源，但通信机房的供电电源一般为 - 24 V 或 - 48 V 或 - 60 V。电源供给系统一般是指机房中的直流—直流电源变换器和自动保护装置。对供电系统的要求是：允许输入电源电压的变化范围宽；输出电压稳定；变换效率高，波纹干扰小；具有自动保护功能，如输入欠压、过压保护，输出短路、过流保护。

电源系统的内容还包括无人值守的中继站的远供电源系统。

4.5　PDH 光传输系统

　　PDH 是准同步（异步）数字复接系列的简称。复接是指将各支路低速信号复用到高速信号上传输。准同步数字复接即允许参与复接的各支路信号在一定容差范围内标称相等。PDH 系统可以使用不同的传输媒介（无线、有线）传送，如果采用光纤作为传输信道，则称为 PDH 光传输系统。该传输系统包括：光缆作为传输媒介，光端机进行复用、码型变换和电光、光电转换，光中继器可以补偿传输衰耗和色散延长传输距离。还包括管理系统完成系统性能监视和故障判断的作用，如图 4.17 所示。

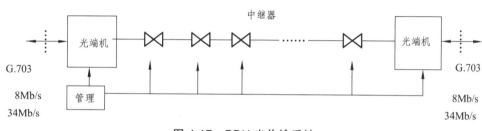

图 4.17　PDH 光传输系统

4.5.1　PDH 传输速率等级与复用原理

1. PDH 速率等级

　　在数字通信发展的初期，为了适应点到点通信的需要，大量的数字传输系统都是准同步数字体系（PDH），准同步是指各级的比特率相对于其标准值有一个规定的容量偏差，而且定时用的时钟信号并不是由一个标准时钟发出来的，通常采用正码速调整法实现准同步复用。ITU-T G.702 规定，准同步数字系列有以下两种标准。

　　一种是北美和日本采用的 T 系列，它将语音采样间隔时间 125 μs 分成 24 个时隙，每个时隙含 8 bit，再加上 1 bit 帧同步，总共 193 bit 构成一个基群帧。每个时隙的最末位 bit 是信令，其余 7 个 bit 是信息，24 个时隙分别装入 24 个话路的信息。所以，T 系列的一次群（即基群）速率 $T_1 = 193\ \text{bit}/125\ \mu s = 1.544\ \text{Mbit/s}$。

　　另一种是欧洲和中国采用的 E 系列，它将语音采样间隔时间 125 μs 分成 32 个时隙，每个时隙含 8 bit，总共 256 bit 构成一个基群帧。其中，第 0 号时隙（即首时隙）为帧同步，第 16 号时隙为信令，其余 30 个时隙分别装入 30 个话路的信息。所以，E 系列的一次群（即基群）速率 $E_1 = 256\ \text{bit}/125\ \mu s = 8\ 000 \times 8\ \text{bit} \times 32 = 2.048\ \text{Mbit/s}$。表 4.2 是 T 系列和 E 系列各等级的速率。可以看出，T 系列和 E 系列一个话路的速率都等于 64 kb/s，而其他各等级速率两者不同。

表 4.2　准同步数字系列 PDH 各等级速率

PDH 等级	速率/（kb/s）		
	T 系列（北美、日本采用）		E 系列（欧洲、中国采用）
一个话路	64		64
一次群（基群）	1 544		2 048
二次群	6 312		8 448
三次群	44 736（北美）	32 064（日本）	34 368
四次群		97 728（日本）	139 264

　　PDH 的 T 系列和 E 系列等级复用关系如图 4.18 所示。可以看出，无论 T 系列或 E 系列，相邻两个等级由低速率复用成高速率时，需要在低速率一边插入一些额外开销比特，以便复用后能与规定的高速率相同。

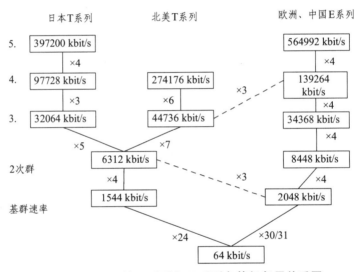

图 4.18　PDH 的 T 系列和 E 系列各等级复用关系图

2. 数字复接原理

　　数字复接是将几个低次群在时间的空隙上叠加合成高次群。例如将四个一次群合成二次群、四个二次群合成三次群等。

1）数字复接的实现方法

　　数字复接的实现方法主要有两种：按位复接和按字复接。

　　按位复接是每次复接各低次群（也称为支路）的一位码形成高次群。例如有四个 30/32 路基群的 TS1 时隙（CH1 话路）的码字，按位复接后的二次群信号码中第一位码表示第一支路第一位码的状态；第二位码表示第二支路的第一位码的状态；第三位码表示第三支路第一位码的状态；第四位码表示第四支路第一位码的状态。四个支路第一位码取过之后，再循环取以后各位，如此循环下去就实现了按位复接。复接后高次群每位码的间隔是复接前各支路的约 1/4，即高次群的速率提高到复接前各支路速率的 4 倍。PDH 体系采用这种方法。

按字复接是每次复接各低次群（支路）的一个码字形成高次群。每个支路都要设置缓冲存储器，事先将接收到的每一支路的信码储存起来，等到传送时刻到来时，一次高速（速率大约是原来各支路的 4 倍）将 8 位码取出（即复接出去），四个支路轮流被复接。这种按字复接要求有较大的存储容量，但保证了一个码字的完整性，有利于以字节为单位的信号的处理和交换。同步数字体系（SDH）采用这种方法。

数字复接要解决两个问题，即同步和复接。数字复接的同步指的是被复接的几个低次群的数码率相同。几个低次群数字信号，如果是由各自的时钟控制产生的，即使它们的标称码率相同，例如 PCM30/32 路基群（一次群）的数码率都是 2 048 kbit/s，但它们瞬间的标称码率总是不相同的，因为几个晶体振荡频率是不相同的。原 CCITT 规定 PCM30/32 路的数码率为 2 048 kbit/s ± 100 bit/s，即允许 100 bit/s 的误差。这样几个低次群复接后的数码就会产生重叠和错位。为此，各低次群复接前，必须使各低次群的数码率同步，使其符合高次群的帧结构要求。数字复接的同步是系统与系统的同步，也称之为系统同步。

2）数字复接的方法及系统构成

数字复接的方法实际也就是数字复接同步的方法，有同步复接和异步复接两种。

同步复接是用一个高稳定的主时钟来控制被复接的几个低次群，使这几个低次群的数码率（简称码速）统一在主时钟的频率上（这样就使几个低次群系统达到同步的目的），可直接复接（复接前不必进行码速调整，但要进行码速变换）。同步复接方法的缺点是一旦主时钟发生故障时，相关的通信系统将全部中断，所以它只限于局部地区使用。

异步复接是各低次群各自使用自己的时钟，由于各低次群的时钟频率不定相等，使得各低次群的数码率不完全相同（这是不同步的），因而先要进行码速调整，使各低次群获得同步再复接。PDH 大多采用异步复接。

数字复接系统主要由数字复接器和数字分接器两部分组成，如图 4.19 所示。

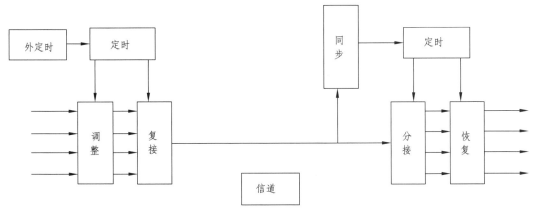

图 4.19　数字复接系统的方框图

数字复接器的功能是把四个支路（低次群）合成一个高次群。它是由定时、码速调整（或变换）和复接等单元组成的。定时单元给设备提供统一的基准时钟（它备有内部时钟，也可以由外部时钟推动）。码速调整的作用是把各输入支路的数字信号的速率进行必要的调整，使之获得同步。这里需要指出的是四个支路分别有各自的码速调整（或变换）单元，即四个支路分别进行码速调整（或变换）。复接单元将几个低次带合成高次群。

数字分接器的功能是把高次群分解成原来的低次群，它是由定时、同步单元组成的。分接器的定时单元是由接收信号序列中提取的时钟来推动的。借助于同步单元的控制使得分接器的基准时钟与复接器的基准时钟保持正确的相位关系，即保持同步。分接单元的作用是把合路的高次群分离成同步支路信号，然后通过恢复单元把它们恢复成原来的低次群信号。

4.5.2　光线路编码

PDH 接口码速率与接口码型如表 4.3 所示。

表 4.3　PDH 接口码型和速率

	基　群	二次群	三次群	四次群
接口码速率/（Mbit/s）	2.048	8.448	34.368	139.264
接口码型	HDB3	HDB3	HDB3	CMI

PCM 系统中的这些码型并不都适合在数字光纤通信系统中传输。为此，在光端机中必须进行码型变换。将双极性码变为单极性码，在进行码型变换之后，将失去 HBD3 码的误码监测功能。在 PDH 系统中还要加入监控信号、区间通信信号、公务通信信号和数据通信信号，插入这些信号后，码速率提高了一些。因此，在 PDH 光通信系统中要重新进行编码，称为线路编码。

在 PDH 系统中，常用的线路编码有分组码 mBnB，1B2B 码（CMI、DMI 和双相码等）和插入码。SDH 光纤通信系统中广泛使用的是加扰的 NRZ 码。扰码即使"1"码和"0"码的分布均匀，保证定时信息丰富。为了保证传输的透明性，在系统光发射机的调制器前，需要附加一个扰码器，将原始的二进制码序列加以变换，使其接近于随机序列。相应地，在光接收机的判决器之后，附加一个解扰器，以恢复原始序列。

扰码改变了"1"码与"0"码的分布，从而改善了码流的一些特性。

例如：扰码前：1 1 0 0 0 0 0 0 1 1 0 0 0 …

扰码后：1 1 0 1 1 1 0 1 1 0 0 1 1 …

扰码仍具有下列缺点：不能完全控制长串连"1"和长串连"0"序列的出现；没有引入冗余，不能进行在线误码监测；信号频谱中接近于直流的分量较大，不能解决基线漂移。

因为扰码不能完全满足光纤通信对线路码型的要求，所以许多光纤通信设备除采用扰码外还采用其他类型的线路编码。

1. mBnB 码

mBnB 码是把输入的二进制原始码流进行分组，每组有 m 个二进制码，记为 mB，称为一个码字，然后把一个码字变换为 n 个二进制码，记为 nB，并在同一个时隙内输出。这种码型是把 mB 变换为 nB，所以称为 mBnB 码，其中 m 和 n 都是正整数，$n > m$，一般选取 $n = m + 1$。mBnB 码有 1B2B、3B4B、5B6B、8B9B、17B18B 等。

mBnB 码是一种分组码，设计者可以根据传输特性的要求确定某种码表。mBnB 码的特点是：

（1）码流中"0"和"1"码的概率相等，连"0"和连"1"的数目较少，定时信息丰富。

（2）高低频分量较小，信号频谱特性较好，基线漂移小。

（3）在码流中引入一定的冗余码，便于在线误码检测。

2. 插入码

插入码是把输入二进制原始码流分成每 m 比特（mB）一组，然后在每组 mB 码末尾按一定规律插入一个码，组成 $m+1$ 个码为一组的线路码流。根据插入码的规律，可以分为 mB1C 码、mB1H 码和 mB1P 码。

1）mB1C 码

mB1C 码的编码原理是，把原始码流分成每 m 比特（mB）一组，然后在每组 mB 码的末尾插入 1 比特补码，这个补码称为 C 码，所以称为 mB1C 码。补码插在 mB 码的末尾，连"0"码和连"1"码的数目最少。

mB1C 码的结构如图 4.20 所示，例如：

　　mB 码为：100，110，001，101…

　　mB1C 码为：1001，1101，0010，1010…

C 码的作用是引入冗余码，可以进行在线误码率监测；同时改善了"0"码和"1"码的分布，有利于定时提取。

图 4.20　mB1C 码结构图

2）mB1H 码

mB1H 码是由 mB1C 码演变而成的，即在 mB1C 码中，扣除部分 C 码，并在相应的码位上插入一个混合码（H 码），所以称为 mB1H 码。所插入的 H 码可以根据不同用途分为三类：第一类是 C 码，它是第 m 位码的补码，用于在线误码率监测；第二类是 L 码，用于区间通信；第三类是 G 码，用于帧同步、公务、数据、监测等信息的传输。

以 4B1H 码为例，它的优点是码速率提高不大，误码增值小，可以实现在线误码监测、区间通信和辅助信息传输。缺点是码流的频谱特性不如 mBnB 码。但在扰码后再进行 4B1H 编码，可以满足通信系统的要求。4B1H 码帧结构如图 4.21 所示。

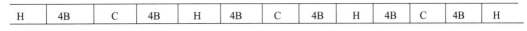

图 4.21　4B1H 码帧结构

4.6　PCM 零次群

PCM 一次群是由 30 个 64 kbit/s 速率的数字信号复用而成的。每一个 64 kbit/s 信号可传送一路语音信号，但它也可作为数字信道来传送数据信号。习惯上将 64 kbit/s 信道称为零次群。

由于低速率数据一般可通过调制解调器和自适应均衡技术利用模拟信道进行传输，目前每一模拟话路的传输速率能达到 56 kbit/s，大量实用的数据传输速率一般在 9.6 kbit/s 以下，如果采用数字信道来传输数据信号，每一个数字话路的数据传输速率为 64 kbit/s，这显然要比模拟话路所能达到的传输速率高得多，如果采用复用方式来传输速率低于 64 kbit/s 的数字信号，则每一路数字话路一般可以复用 5 路 9.6 kbit/s 或 10 路 4.8 kbit/s 的数字信号，而且无需调制解调器，也就是每一条数字话路的传输数据的能力至少可以相当于 5 条或更多条模拟话路，另一方面传输质量也是相当高的。可见，无论从信道利用率还是从传输质量来说，采用数字信道直接传输数据的意义都是很大的。

零次群数据复用设备是数据用户终端的接口设备，它用于在专用线上把带有 RS-2332C 接口的同步型或异步型的计算机、微机、三类传真机、电传机接入零次群复用设备，将其所发出的信号复用成 64 kbit/s 数据信号接入 PCM 一次群。这些设备的速率应满足 V.24/V.28 等标准的要求，一般三类传真机的速率是 9.6 kbit/s，同步计算机的速率是 2.4 kbit/s，异步计算机的速率是 2.4 kbit/s 或者 1.2 kbit/s，电传机的速率是 50 波特或者 100 波特。

4.7 系统性能及测试

4.7.1 误码性能

系统的误码性能是衡量系统优劣的一个非常重要的指标，它反映数字信息在传输过程中受到损伤的程度，通常用长期平均误码率、误码的时间百分数和误码秒百分数来表示。

长期平均误码率简称误码率（BER），它表示传送的码元被错误判决的概率，在实际测量中，常以长时间测量中误码数目与传送的总码元数之比来表示，对于一路 64 kbit/s 的数字电话，若 $BER \leqslant 10^{-6}$，则话音十分清晰，感觉不到噪声和干扰；若 BER 达到 10^{-5} 以上，则通信质量受到影响。

BER 表示系统长期统计平均的结果，它不能反映系统是否有突发性、成群的误码存在，为了有效地反映系统实际的误码特性，还需引入误码的时间百分数和误码秒百分数。

在较长时间内观察误码，设 T（1 min 或 1 s）为一个抽样观察时间，设定 BER 的某一门限值为 M，记录下每个 T 内的 BER，其中 BER 超过门限 M 的 T 次数与总观察时间内的可用时间的比，称为误码的时间百分数，常用的有劣化百分数（DM）和严重误码秒百分数（SES）。

通信中有时传输一些重要的信息包，希望一个误码也没有。因此，人们关心在传输成组的数字信号时间内有没有误秒，从而引入误码秒百分数的概念。在 1 s 内，只要有误码发生，就称为一个误码秒。在长时间观测中误码秒数与总的可用秒数之比，称为误码秒百分数（ES）。DM，SES，ES 的定义及 64 kbit/s 业务在全程全网上需满足的指标如表 4.4 所示。

表 4.4 64 kbit 业务误码性能指标

类 别	定 义	门限值	抽样时间	全程全网指标
劣化分（DM）	误码率劣于门限的分	1×10^{-6}	1 min	时间百分数<10%
严重误码秒（SES）	误码率劣于门限的秒	1×10^{-3}	1 s	时间百分数<0.2%
误码秒（ES）	出现误码的秒	0	1 s	时间百分数<8%

4.7.2 抖动性能

数字信号包括时钟信号的各个有效瞬间对于标准时间位置的偏差，称为抖动（或漂移）。抖动是不希望有的数字信号的相位调制。相位偏离的频率称为抖动频率。由于抖动使信号判决偏离最佳判决时间，影响系统的性能。在光纤通信系统中，将 10 Hz 以下的长期相位变化称为漂移，而 10 Hz 以上的则称为抖动。

抖动在本质上相当于低频振荡的相位调制加载到传输的数字信号上。抖动不能很大，否则会对下游站产生很不利的影响。在长途光纤通信中抖动具有积累性。抖动在数字通信系统中最终表现为数字端机解调后的噪声，使信噪比劣化、灵敏度降低。

抖动的性能参数主要有：输入抖动容限；输出抖动；抖动转移特性。

输入抖动容限：光纤特性系统的各次群的输入接口必须容许输入信号含有一定的抖动，系统容许的输入信号的最大抖动范围称为输入抖动容限。

输出抖动：当系统无输入抖动时，系统输出口的抖动性能特性，称为输出抖动。这种抖动是在各系列接口的网络输出抖动和各个数字设备产生的固定抖动，测量结果可以用指定频率范围内的抖动的峰-峰值来表示。

抖动转移：抖动转移也称为抖动传递，定义为系统输出信号的抖动与输入信号中具有对应频率的抖动之比。是在被测系统输入端按规定码型加有一定量的抖动数字信号时测得的输出抖动量与输入抖动量之比。

抖动的单位是 UI，它表示单位时隙。当传输信号为 NRZ 码时，1UI 就是 1 比特信息所占用的时间，它在数值上等于传输速率的倒数。

4.7.3 系统性能指标的测试

1. 主要测试仪表

光功率计、光可变衰减器、误码测试仪、误码分析仪、数字传输分析仪和 SDH 分析仪。

误码测试仪由三大部分组成：发码发生器、误码检测器和指示器。如图 4.22 所示。发码发生器可以产生测试所需要的各种速率和各种码型。误码检测器包括本地码发生器，同步电路和比特误码检测电路。本地码发生器的构成和发码发生器相同，可以产生与发码完全相同的码序列，并通过同步设备与接收到的码序列同步。比特误码检测电路将本地码与接收码进行比较，检出误码信息，送给指示器，显示误码的测试结果。

误码分析仪的基本结构同误码测试仪，不同的是误码分析仪可以对测试结果进行误码分析，不仅给出 BER，而且给出 ES，SES 和 DM 等参数。

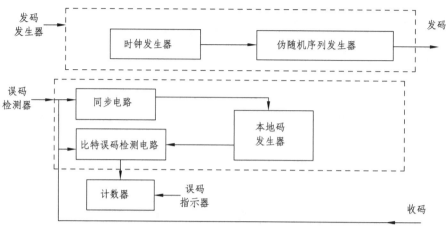

图 4.22 误码分析仪框图

数字传输分析仪除了具有误码分析仪的全部功能外，还包括抖动发生器，能产生测试所需要的各种幅度可调的低频信号，并将其调制到发码上，产生带有抖动的数字序列；数字传输分析仪的接收部分，除具有误码检测设备外，还能测试抖动量，因此，该设备能测试全部误码性能和抖动性能。

SDH 分析仪不仅能测试 SDH 设备的误码性能和抖动性能，而且能分析和检测 SDH 设备的帧结构和映射复用结构。

2. 误码率和灵敏度的测试

光接收机灵敏度的定义是在保证一定的误码率下所需要接收的最低平均光功率，因此，误码率和灵敏度是联系在一起的，它们的测试方法也是相同的。灵敏度的测试原理图如图 4.23 所示。

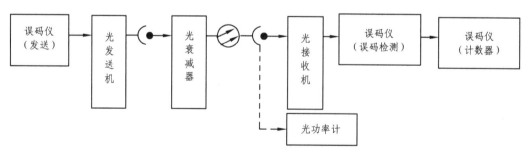

图 4.23 光接收机灵敏度测试原理图

测试方法如下：

（1）按图示接好测试系统，误码仪的发送部分按规定送出伪随机码，用来调制光发射机。

（2）增大光衰减器的衰减量，同时监测误码，直到误码仪指示的误码率为某一要求值（如 10^{-10}）。

（3）断开光纤连接器，用光功率计测量此时的接收功率，即为要求误码率下的接收灵敏度。灵敏度的表示方法一般采用 dBm 表示，即

$$P_r = 10\lg \frac{p_{\min}}{1 \text{ mW}} \quad (\text{ dBm })$$

在图 4.23 中所示的测试装置中,将光衰减器以长光纤代替,则可以测出传输一定距离后的光接收机的误码率。

该测试系统还可以用来测试光接收机的动态范围,步骤如下:

先测试光接收机的灵敏度 $p_{\min}$;逐渐减小光衰减器的衰减量,直至误码仪指示的误码率为某一要求值,此时接收的光功率为最大输入功率 $p_{\max}$,动态范围可以表示为

$$D = 10\lg \frac{p_{\max}}{p_{\min}} \quad (\text{ dB })$$

4.8 PDH 技术的应用

4.8.1 PDH 的局限性

PDH 技术的产生,是从传统的铜缆市话中继通信开始应用数字传输技术的时候出现的,PDH 技术适应于中、低速率点对点的传输。然而,随着高速光纤通信系统在电信网中的应用,更多的话路被集中到数量有限的传输系统上,暴露出了 PDH 技术有以下不足:

① 逐级复用造成上、下电路复杂而不灵活;

② 预留开销很小,不利于网络运行、管理和维护;

③ 北美制式和欧洲制式两大系列的帧结构和线路码特征不同,难以兼容,不能用简单的办法实现互通;

④ 点对点传输基础上的复用结构缺乏组网的灵活性,难于组建具有自愈能力的环形网等。

同步数字系列 SDH 正好能弥补这些不足。SDH 技术不仅适用于光纤传输,也适用于微波和卫星通信。

基于以上原因,PDH 系统在接入网侧仍有部分使用。实际的应用中,虽然每端 PDH 设备所传业务不多,但都是铁路、银行、政府等重要部门。所以为了提高网络的服务质量、安全性和可维护性,将原有的 PDH 网络升级改造成集中可监控 PDH 网络,对 PDH 设备进行集中监控和管理,以方便对设备运行情况的了解和对故障的处理,优化网络结构,提高网络使用率。

4.8.2 PDH 光端机的应用

下面以 XD5000-120 系列光端机为例说明 PDH 端机的应用。

1. 设备特点

该系列设备是以超大规模集成电路为核心构成的多路光电合一传输设备,提供 4/8/16 路

E1 接口及 1-2 路 V.35 接口，支持双光路 1+1 无损保护，适用于小容量交换机组网、用户环路网、移动通信（基站）、专网、DDN 网等。

2. 工作原理

该设备原理如图 4.24 所示。2 048 kbit/s（E1）数据信号送入传输设备，码型为 HDB3 码，经单双变换后成为单极性码，由专用集成芯片提取支路时钟，对信号译码并经码速调整再复接到驱动光信号的码流中。

接收侧光信号进入光接收器，经均衡放大和再生电路生成的 NRZ 信号送到专用集成芯片中进行时钟提取和解码，经码速恢复电路和内部数字锁相环电路平滑，恢复成 2.048 Mbit/s 信号，经输出驱动电路送出符合接口要求的 HDB3 信号。

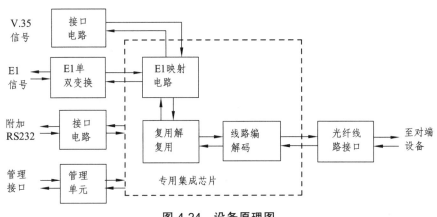

图 4.24　设备原理图

3. 技术指标

（1）E1 接口电气特性：

① 标称速率：2 048 kb/s，容差 ± 50 ppm；

② 接口码型：HDB3；

③ 接口阻抗：75 Ω（不平衡）或 120 Ω（平衡）可选；

④ 数字接口电气特性：符合 ITU-TG.703 建议；

⑤ 抖动转移特性：符合 ITU-TG.823 建议；

⑥ 输入抖动容限：符合 ITU-TG.823 建议；

⑦ 输出抖动：符合 ITU-TG.823 建议；

⑧ 电平：± 2.37（1 ± 10%）V 或 ± 3.00（1 ± 10%）V；

⑨ 接口连接器为：BNC（Q9）同轴。

（2）光接口特性：

① 单模发送光功率：– 3 ~ – 8 dBm；

② 单模接收灵敏度：– 33 ~ – 40 dBm；

③ 光纤接口：双 SC 型/双 FC 型/单 SC 型可选；

④ 适用光纤：单模、多模。

（3）V.35 接口电气特性：

① 接口速率：$n \times 64$ kbit/s；

② 无流量控制，透明传输；

③ 接口连接器：DB25 孔座；

④ 工作方式：DCE，DTE 可选。

V.35 接口定义（DCE 模式：E1 主时钟/E1 从时钟/V.35 外时钟）如表 4.4 所示。

表 4.4

管脚	M/34	I/O	定义	功　能
1	A		GND	信号地
2	P	I	TDA	发送数据线 A
3	R	O	RDA	接收数据线 A
4	C	I	RTS	发送请求
5	D	O	CTS	发送允许
6	E	O	DSR	数据设备准备好
7	B		GND	保护地
8	F	O	DCD	数据载波检测
9	X	O	RCPB	接收时钟线 B
10		I	Reserved	
11	W	I	ETCB	外时钟线 B
12	AA	O	TCPB	发送时钟线 B
13			NC	
14	S	I	TDB	发送数据线 B
15	Y	O	TCPA	发送时钟线 A
16	T	O	RDB	接收数据线 B
17	V	O	RCPA	接收时钟线 A
18			NC	
19			NC	
20	H	I	DTR	数据终端准备好
21			NC	
22			NC	
23		I	Reserved	
24	U	I	ETCA	外时钟线 A
25			NC	

V.35 接口定义（DTE 模式）如表 4.5 所示。

表 4.5

管脚	F/34	I/O	定 义	功 能
1	A		GND	信号地
2	R	I	RDA	接收数据线 A
3	P	O	TDA	发送数据线 A
4	D	I	CTS	发送允许
5	C	O	RTS	发送请求
6	H	O	DTR	数据终端准备好
7	B		GND	保护地
8		O	Reserved	
9	W	O	ETCB	外时钟线 B
10	AA	I	TCPB	发送时钟线 B
11	X	I	RCPB	接收时钟线 B
12		O	Reserved	
13			NC	
14	T	I	RDB	接收数据线 B
15		O	Reserved	
16	S	O	TDB	发送数据线 B
17	U	O	ETCA	
18			NC	
19			NC	
20	E	I	DSR	
21			NC	
22			NC	
23	Y	I	TCPA	发送时钟线 A
24	V	I	RCPA	接收时钟线 A
25			NC	

（4）管理接口及扩展串口特性：

① 接口方式：RS-232；

② 接口电平：RS-232 电平；

③ 接口连接器：RJ-45；

④ 管理口波特率：57 600 bit/s；

⑤ 扩展串口最大波特率：19 200 bit/s。

（5）公务电话接口特性：

物理接口：RJ-11。

4. 应用举例

XD5000-120/240/480 光端机可以经光纤承载任何通过 E1 信号传输的业务，并提供业务的 1＋1 保护。典型应用如图 4.25 所示。

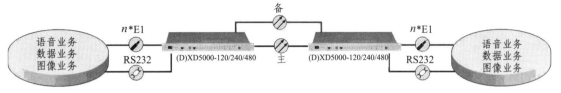

图 4.25　XD5000-120/240/480 典型应用

*n*1. 光发射机与光接收机统称为光端机。光发射机实现 E/O，光接收机实现 O/E 转换。

2. 数字光发射机基本组成包括均衡放大、码型变换、复用、扰码、时钟提取、光源、光源的调制（驱动）电路、光源的控制电路（ATC 和 APC）及光源的监测和保护电路等。

3. 对光源进行强度调制的方法分为两类，即直接调制（内调制）和间接调制（外调制）。通常直接调制适用于速率小于 2.5 Gbit/s 的系统。间接调制适合于高速大容量的系统。

4. 数字光接收机主要包括光电检测器、前置放大器、主放大器、均衡器、时钟提取电路、取样判决器以及自动增益控制（AGC）电路。

5. 光中继器的主要功能有：补偿衰减的光信号；对畸变失真的信号波形进行整形。有两种类型的中继器，传统的光中继器（即光电中继器）和全光中继器。

6. 在 PDH 光纤通信系统中，常使用的线路编码有分组码 *mBnB*，1B2B（CMI、双相码）和插入码。在 SDH 光纤通信系统中广泛使用的是加扰的 NRZ 码。

7. 光通信系统的主要技术指标有平均发送光功率、误码率、接收机灵敏度和动态范围及输入抖动容限、输出抖动和抖动转移特性。

8. PDH 技术的光端机应用于较低速率的业务接入。SDH 技术光端机应用于大容量的业务需求。

一、填空题

1. 平均发送功率是发送机耦合到光纤的伪随机数据序列的_____在 S 参考点上的测试值。

2. 接收机过载功率是在 R 参考点上，达到规定的 BER 所能接收到的_____平均光功率。

3. 光接收机灵敏度的测量单位为_____。

4. 用来测量光功率大小的仪表是_____，它用于测量光纤链路损耗、平均发送光功率和_____等参数。

5. 某光接收机的灵敏度为 100 μW，该灵敏度的电平值是_____。

6. 如果光源发出功率为 100 mW，经过一段光缆传输后，光功率计收光读书为 1 mW，此段线路的衰耗为_____。

7. 如果光功率计收光读书为 1 mW，此时用对数表示法表示应为_____。

8. 光纤通信一般采用的电磁波波段为_____。

9. 已知某光功率计的电平范围为 0～－40 dBm，则以 W 为单位所测光功率的变化范围是_____。

10. 按传输信号的形式不同，光纤传输系统可以分为模拟光纤传输系统和_____两类。

二、简答题

1. 光纤通信系统构成的框图如图 4.26 所示，分析说明各部分的作用。

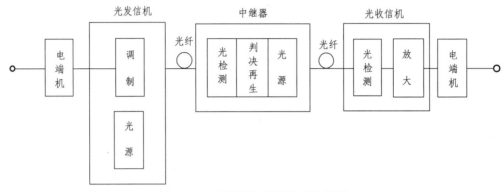

图 4.26 光纤通信系统构成的框图

2. 对光的调制有哪两种？简述它们的区别。

3. 通信中常用的线路码型有哪些？

4. 光发信机框图和各部分的作用是什么？

5. 光收信机的框图和各部分的作用是什么？

6. 光纤或光缆的作用是什么？

7. 中继器的作用是什么？

8. 举例说明光端机发送率和接收灵敏度的大小？

9. 什么是系统的误码性能和抖动性能？

10. 抖动性能参数主要有哪些？

11. 计算题。

（1）在满足一定误码率条件下，光接收机最大接收光功率为 0.1 mW，最小接收光功率为 1 000 nW，求接收机灵敏度和接收机动态范围。

（2）已知某个接收机的灵敏度为 －40 dBm（$BER = 10^{-10}$），动态范围为 20 dB，若接收到的光功率为 2 mW，问系统能否正常工作？

12. 扰码的作用是什么？

13. 线路码型有什么作用？光纤有哪些线路码型？怎样构成的？

14. 光中继器由哪几部分组成？各部分的主要作用是什么？中继器和光端机主要区别在何处？

15. 一个实用的 PDH 光端机，主要的辅助电路有哪些？它们的主要作用是什么？

16. 简述误码性能参数长期平均误码率、误码的时间百分数 SES 和 ES 的含义？在 125 μs 内传输 256 个二进制码元，计算信息传输的速率是多少？若该信息在 4 s 内有 5 个码元产生误码，问其误码率是多少？

第 5 章　光同步传输网

光传输网在通信网络中处于核心地位。可以说光传输网络技术的发展引领着通信技术的进步。自光纤通信投入使用以来，对光纤的合理运用，提高光纤通信系统容量，构建一个安全、高效、便于管理的光纤传输网路是通信行业追求的目标。在 1990 年以前光纤通信一直沿用准同步数字体系（PDH）。随着电信网络的发展和用户需求的不断提高，SDH 技术成为实现该目标的主要技术之一。

5.1　SDH 的特点

PDH 技术与模拟技术相比，在提高信号质量和通信容量、有利于集成、缩小设备体积、减少功耗等方面有显著优点，现在铁路通信小容量的业务接入中也有应用。但是，PDH 有以下不完善的几个方面，限制了其发展和应用。

5.1.1　PDH 的特点

① 只有地区性电接口规范（北美、日本和欧洲标准），造成国际互通困难；

② 无光接口规范，各厂家自行开发线路码型，无法实现各厂家横向兼容；

③ 只有基群速率是同步的，二次群以上是异步的，需要进行逐级码速调整，配备背对背的复用分解设备，系统复杂，硬件数量多，速率越高，层次越多，会使传输性能下降；

④ 主要为语音业务设计，而现代通信要求业务多样化、宽带化（高速数据和视频）；

⑤ 传输以点对点为主，缺乏网络拓扑的灵活性，主要靠人工进行交叉连接；

⑥ 开销比特少，运行、管理和维护（OAM）能力差，无法实现传输网的分层管理和对通道实现端到端的监控。开销是运行、管理和维护设备必须附加的字节。

由上可见，PDH 不能满足电信网向大容量和智能化网管系统发展的需要，一种结合了高速大容量光纤传输技术和智能化网络技术的新体制——光同步传输网应运而生，光同步传输网的概念是由美国贝尔通信研究所提出来的，称之为 SONET（Synchronous Optical Network）。被当时的国际电报电话咨询委员会（CCITT）接受，并更名为同步数字体系 SDH（Synchronous Digital Hierarchy），并批准了一系列有关 SDH 的标准，使之成为不仅适合于光纤通信，也适用于微波通信和卫星通信的全世界统一的技术体制。

目前，长途网、本地网和接入网广泛采用 SDH 设备。

5.1.2　SDH 的基本特点

SDH 克服了以上所述 PDH 的缺点，SDH 具有通信容量大、传输性能好、接口标准、组网灵活方便和管理功能强大等优点。

① 对网络节点接口进行了统一的规范（速率、帧结构、复接方法、线路接口等），使各厂家设备横向兼容。

② 适合高速大容量通信，基本模块是 STM-1。STM-N 采用字节间插方法同步复用而成，方法简单，便于操作，也便于升级和扩容。

③ 可容纳北美、日本和欧洲现有数字标准（1.5 M、2 M、6.3 M、34 M、45 M 和 140 M），便于 PDH 向 SDH 过渡，具有前向兼容能力。

④ 低阶和高阶的复用和分解是一步到位，使设备大大简化。

⑤ DXC 数字交叉连接设备的引入使网络增强了自愈能力，便于动态组网。

⑥ 帧结构中安排了丰富的段开销，提高了运营维护管理（OAM）能力。

⑦ 采用级联技术，实现了 IP over SDH，具有后向兼容能力。

图 5.1 给出了 PDH 与 SDH 复用的比较示意图。从图中可以看出，PDH 的复用与分接是逐级进行的，而 SDH 的 ADM 可以直接从高速信号中复接和分接 2 Mb/s 信号，十分灵活和方便。

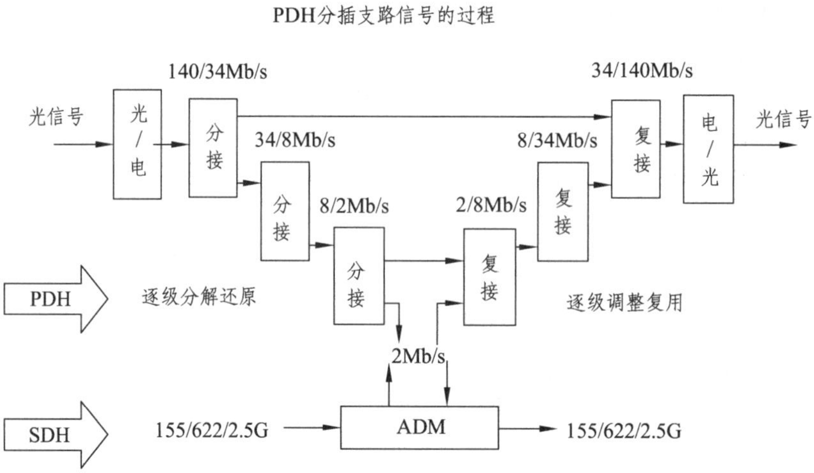

图 5.1　SDH 与 PDH 的比较

5.2　SDH 帧结构

5.2.1　SDH 速率等级（见表 5.1）

表 5.1　SDH 速率等级

简称	SDH 等级（话路数）	标称速率
155 M	STM-1（1920CH）	155 520 kb/s
622 M	STM-4（7680CH）	622 080 kb/s
2.5 G	STM-16（30720CH）	2 488 320 kb/s
10 G	STM-64（122880CH）	9 953 280 kb/s
40 G	STM-256（491520CH）	39 813 120 kb/s

5.2.2　SDH 帧结构

SDH 的一个关键功能是能对支路信号进行同步的数字复用、交叉连接和交换。帧结构必须适应这些功能，同时也希望支路信号在一帧中的分布是均匀的、有规律的，以便接入和提取，还要求帧结构对 1.5 Mbit/s 系列和 2 Mbit/s 系列信号同样的方便和实用，这就导致了与 PDH 不同的以字节（8 bit）为基础的矩形块状帧结构。

SDH 帧结构由 270×N 列，9 行（N = 1，4，16，64，256）字节构成。N 表示 SDH 等级，每帧时间为 125 μs，帧的重复速率为 8 000 帧/秒，与话音的取样频率相同。STM-N 的帧结构如图 5.2 所示。主要由段开销（SOH）、信息净荷（含通道开销 POH）和管理单元指针（AU-PTR）组成。

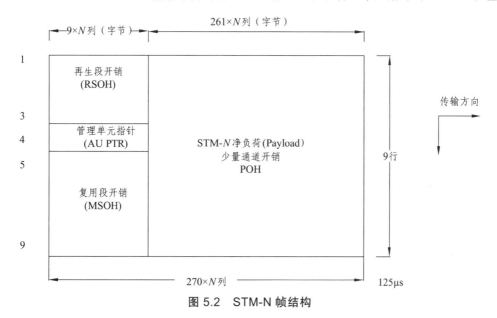

图 5.2　STM-N 帧结构

字节的传输由左到右、由上到下逐行传输，直到传输完一帧再传下一帧，每秒钟传输 8 000 帧，即 125 μs 传完 1 帧，满足 PCM 通信的帧结构要求。

从图 5.2 SDH 的帧结构可以计算出 STM-1 的速率为 9 行 × 270 列 × 8 bit/125 μs = 155.520 Mbit/s，STM-N 的速率为 $N \times 155.520$ Mbit/s。

整个帧结构大体分为三个主要区域，段开销区域（RSOH/MSOH）、净负荷（含 POH）区域和管理单元指针区域（AU-PTR）。净负荷是结构中存放各种信息容量的地方，其中含有少量的用于通道监测、管理和控制的通道开销字节（POH：Path Overhead），段开销（SOH：Section Overhead）是为了保证信息净负荷正常、灵活地传送所必需的附加字节，主要供网络运行、管理和维护使用。SOH 分为两部分，第 1 行至第 3 行为再生段开销（RSOH），第 5 行至第 9 行为复用段开销（MSOH），帧结构中前 9×N 列的第 4 行为管理单元指针（AU PTR），这是一种指示符，主要用来指示信息净负荷的第 1 个字节在 STM-N 中的准确位置。

5.2.3　SDH 的段开销安排及功能

所谓段开销是帧结构中的分别用于复用段和再生段的维护管理的字节，例如帧定位、误码监测、数据通信、公务通信和自动倒换等。

再生段开销（RSOH）用于对 STM-*N* 整体信号进行监控，复用段开销（MSOH）用于对 STM-*N* 中的净荷进行监控，通道开销（POH）则对每个通道进行监控。因此，SDH 可实现分层管理，维护十分方便。

各种开销的管理范围如图 5.3 所示。

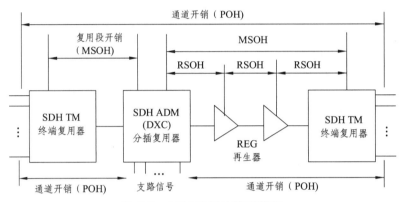

图 5.3　SDH 开销的管理范围

1. STM-1 段开销的字节安排

段开销安排在 STM-1 帧结构中的 9 行×9 列中，第 1 行到第 3 行为再生段开销（RSOH），负责对再生段的监控与管理。第 4 行的 9 个字节是管理单元指针（AUPTR），用于指出净负荷在 STM-1 帧中的位置。第 5 行至第 9 行为复用段开销（MSOH），用于对复用段的管理。具体安排如图 5.4 所示。

1	1					9B			9	10	261B	270
	A1	A1	A1	A2	A2	A2	J0	∗	×∗			
	B1	△	△	E1	△		F1	×	×			
	D1	△	△	D2	△		D3	×	×			
4	管理单元指针　AUPtr										STM-1　净负荷	
	B2	B2	B2	K1			K2					
	D4			D5			D6					
	D7			D8			D9					
	D10			D11			D12					
9	S1						M1	E2	×	×		125μs

SOH

× 为国内使用的保留字节

△ 与传输媒质有关的特征字节

∗ 不扰码字节

图 5.4　STM-1 字节安排

×——国内使用的字节

△——与传输媒质有关的特征字节

∗——不扰码字节

注：所有未标记字节为将来国际标准确定

2. 段开销字节功能

（1）帧定位字节 A1、A2：A1 = 1111 0110，A2 = 0010 1000，用于帧同步，识别帧的起始位置。

（2）再生段踪迹 J0：用来重复地发送段接入点识别，使接收机能确认其与指定的发射机处于持续连接状态。

（3）数据通信通路（DCC）：D1 ~ D3 提供 192 kb/s 信道，用于再生段终端之间交流 OAM 信息；D4 ~ D12 提供 576 kb/s 信道，用于复用段终端之间交流 OAM 信息，如图 5.5 所示。

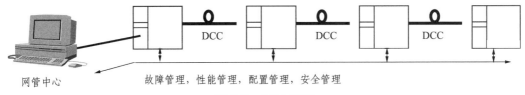

图 5.5　DCC 通道

（4）再生段 8 位误码监测字节 B1。

（5）复用段 $N \times 24$ 位误码监测字节 B2。

（6）公务联络字节 E1、E2：E1 为再生段公务联络电话，可在再生器接入。E2 为复用段公务联络电话，可在复用段终端接入。每个通路速率为 64 kbit/s。

（7）使用者通路字节 F1：该字节分给网络运营者，用于特定维护目的临时公务的 64 Kbit/s 的数据或话音信道。

（8）自动保护倒换通路字节 K1、K2：用于传送自动保护切换（APS）信息。K1 表示请求倒换的信道号；K2 表示确认桥接到保护信道的信道号。

（9）复用段远端故障指示：K2 的 b6 ~ b8 = 110。

（10）同步状态 S1（b5 ~ b8）：用于同步状态指示。

（11）段远端误块指示 M1：用于检出误块数。

（12）与传输媒质有关的字节 Δ：专用于具体传输媒质的特殊功能，如单纤双向传输。

其余字节供国内使用安排。

3. STM–N SOH 字节安排

以字节交错间插方式构成高阶段开销时，第一个 STM-1 的段开销被完整保留，其余 STM-1 的段开销仅保留 A1、A2 和 B2，其他均应略去。

综上所述，SDH 帧结构中左边 9 列 × 8 行（除去第 4 行）共 72 个字节是段开销区域，即 576 bit（4.608 Mbit/s），这些容量均可用于维护管理，保证了 SDH 系统强大的维护管理能力。

4. 信息净负荷区域

信息净负荷区域是帧结构中用于传送电信业务信号的部分，对于 STM-1 而言，图中右边 261 列 × 9 行共 2 349 个字节都属于净负荷区域。其中含有少量通道开销字节（POH），用于通道的性能检测、管理和控制。通道开销字节作为净负荷的一部分在网络中传输。同步的、异步的支路信号经过"映射"之后放在净负荷区域，具体的方法后续介绍。

5. 管理单元指针

SDH 中的指针是一种指示符，其值定义为净负荷 VC 相对于支持它的传送实体参考点的帧偏移。

在我国的复用映射结构中，指针有 AU-4 PTR、TU-3 PTR 和 TU-12 PTR，此外还有表示 TU-12 位置的指示字节 H4。

5.3　SDH 的映射与复用

1. SDH 复用映射结构

如图 5.6（a）所示：ITU-T 规定了一套完整的复用结构，通过这些路线可将 PDH 的三个系列的数字信号以多种方法复用成 STM-N 信号。从图中可以看出复用结构包含了一些基本的复用单元：C（容器）、VC（虚容器）、TU（支路单元）、TUG（支路单元组）、AU（管理单元）、AUG（管理单元组），这些复用单元后面的数字表示与此复用单元相对应的信号级别。我国的光同步传输网技术体制规定选用 AU-4 的复用路线。我国 SDH 的复用映射结构如图 5.6（b）所示。

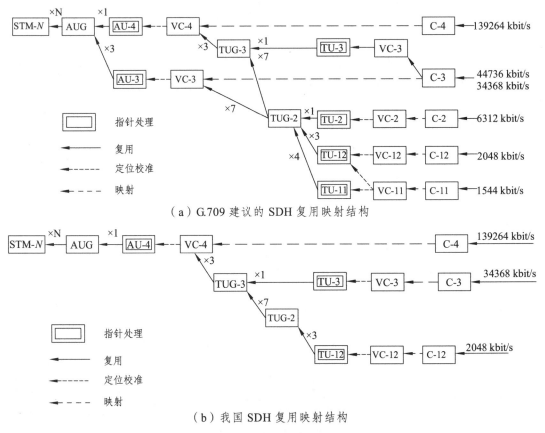

（a）G.709 建议的 SDH 复用映射结构

（b）我国 SDH 复用映射结构

图 5.6

复用是一种使多个低阶通道层的信号适配到高阶通道层，或把多个高阶通道层信号适配进复用段层的过程。SDH 网的兼容性要求 SDH 既能将 PDH 信号复用进 STM-N，又能将低阶的 STM 信号复用进高阶的 STM 信号。因此，SDH 的复用包括两种情况：

（1）低阶的 SDH 信号 STM-N（N = 1，4，16，64）复用成 STM-4N 信号，例如 STM-1复用进 STM-4。

（2）低速 PDH 支路信号（例如 2 Mb/s，34 Mb/s 等）复用成 SDH 信号 STM-N（N = 1，4，16，64，256）。

复用的基本方法是将低阶信号按字节间插后再加上一些塞入比特和规定的开销形成高阶信号。

第一种情况是通过字节间插的方式进行复用完成。在复用的过程中，各帧的信息净负荷和指针字节按原值进行字节间插复用，段开销重新处理。复用后的 STM-N 帧中的段开销，要舍弃某些低阶帧中的段开销。而第二种情况则不同，各种 PDH 业务信号复用进 STM-N 帧的过程都要经历映射、定位和复用三个步骤。

从图 5.6(b)可以看出，我国 PDH 复用结构为 139.264 Mbit/s 信号装入 C-4 映射进 VC-4；34.368 Mbit/s 装入 C-3 映射进 VC-3，经 TU-3 指针处理复用到 TUG-3，再复用至 VC-4；2.048 Mbit/s 适配至 C-12，映射进 VC-12，经 TU-12 指针处理，经过 TUG-2 和 TUG-3 的复用至 VC-4。VC-4 由 AU-4 指针调整复用至 AUG 和 STM-N。

每一种速率的支路信号只有唯一的一条复用线路到达 STM-N 帧。其中 STM-1 可装入 1个 140 Mb/s（经 C-4），或装入 3 × 1 = 3 个 34 Mb/s（经 C3），或装入 3 × 7 × 3 = 63 个 2 Mb/s（经 C-12）。

2. 2 Mb/s 信号的复用映射过程

2 Mb/s 信号是常用的支路信号。下面先给出其复用至 STM-N 的过程，以便进一步理解复用的概念。2 Mb/s 信号的复用映射过程如图 5.7 所示。从图中可见，在复用与映射的环节中加入了码速调整、指针（PTR）、管理和维护的字节（POH）。

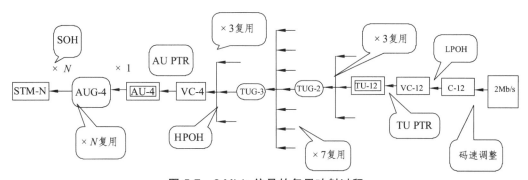

图 5.7　2 Mb/s 信号的复用映射过程

3. 复用单元的功能

1）容器 C

容器 C 是用来装载各种速率业务信号的信息结构，主要完成适配功能（如速率调整），以便让那些常用的准同步数字体系信号能够进入有限数目的标准容器。针对 PDH 速率系列规范了 C-11、C-12、C-2、C-3、C-4 五种标准容器。每一种容器分别对应一种标称的输入速率，分别为 1.544 Mb/s、2.048 Mb/s、6.312 Mb/s、34.368 Mb/s、139.264 Mb/s。我国的 SDH 复用映射结构仅涉及 C-12、C-3 和 C-4。

2）虚容器 VC

虚容器 VC 是用来支持 SDH 通道层连接的信息结构。由信息净负荷和通道开销组成。$VC-n = C-n + VC-n \text{ POH}$，VC-1，VC-2 为低价，VC-3，VC-4 为高阶，它们分别作为支路单元 TU 和管理单元 AU 的信息净负荷。我国的复用结构中的虚容器有 VC-12、VC-3 和 VC-4。

3）支路单元和支路单元组（TU 和 TUG）

提供低阶通道层和高阶通道层间适配的信息结构，即 $TU-n = VC-n + TU-n \text{ PTR}$，一个或多个 TU 的集合称为 TUG。

4）管理单元 AU 和管理单元组 AUG

AU 是提供高阶通道层和复用段层之间适配的信息结构。$AU-n = VC-n + AU-n \text{ PTR}$，（$n = 3，4$），一个或多个 AU 的集合称为 AUG。

5）同步传输模块（STM-N）

$STM-N = AUG-N + SOH$。

5.4 SDH 复用原理

下面分别介绍 PDH 系列信号映射到 VC-4 的过程以及 STM-N 信号的复用方法。

5.4.1 2.048 Mbit/s 基群复用到 VC-4 的过程

将 PDH 体系中的各种速率的数字信号经过"容器 C"纳入各种规格的"虚容器 VC"中，这个过程就是"映射"。

1. 2.048 Mbit 信号映射进 VC-12

将语音信号进行取样、量化、编码，变为 PCM 信号。每路占用的速率为 64 kb/s。

将 30 个话路信号、帧同步和信令等进行汇总（32 个时隙），组成基群帧结构，其速率为 2.048 Mb/s。32 个时隙即 32 个字节（32B）。

加入两个塞入字节 R1 和 R2，将 2.048 Mb/s 信号装入容器 C-12，C-12 占 34B，标准速率为 2.176 Mb/s。

再加入一个字节的通道开销，组成虚容器 VC-12，占 35B，速率为 2.24 Mb/s。如图 5.8 所示。

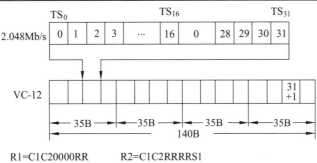

R1=C1C20000RR　　　R2=C1C2RRRRS1

图 5.8　从 2.048 Mb/s 到 VC-12 映射

V5、J2、N2、K4 通道开销的加入采用复帧结构，4 帧构成一个复帧，在每一帧分别加入 V5、J2、N2、K4。可见，VC-12 等于原来的 2.048 Mb/s 信号，加上塞入字节，再加上通道开销字节，共计 35 个字节，写成公式为 $8 \times 35 \times 8\,000\ \text{bit/s} = 2.24\ \text{Mbit/s}$，一帧为 35 B，125 μs，一复帧有 $4 \times 35 = 140$ B，如图 5.9 所示。

V5字节
R
32B
R
J2
C1C10000RR
32B
R
N2
C1C10000RR
32B
R
K4
C1C2RRRRRS1
S2IIIIIII
31B
R

图 5.9　VC-12 复帧的字节安排

一复帧有下列内容：

信息比特（I）1 023（$= 32 \times 3 \times 8 + 31 \times 8 + 7$）；

塞入比特（R）　49；

调整机会比特（S1，S2）　2；

两套调整机会控制比特，使用 3 位码组，用来分别控制 2 个调整机会比特 S1 和 S2。

C1C1C1 = 000 时，表示 S1 是信息比特；

C1C1C1 = 111 时，表示 S1 是调整比特；

C2C2C2 = 000 时，表示 S2 是信息比特；

C2C2C2 = 111 时，表示 S2 是调整比特。

2. 支路单元 TU–12 的构成

VC-12 复帧的每一帧分别加入一个字节的指针（V1、V2、V3、V4），组成支路单元 TU-12。每一帧为 36 B。写成公式为 TU – 12 = VC – 12 +（V1 + V2 + V3 + V4）（复帧），此时速率（1帧）变为（35 + 1）× 8 × 8 000 bit/s = 2.304 Mbit/s。

如图 5.10 所示，TU-12 一帧的 36 B 排列成 4 列 9 行，以便复用到高阶 VC。

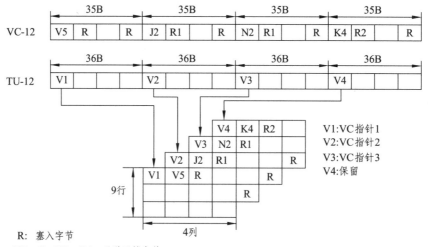

图 5.10　从 VC-12 到 TU-12

3. TU–12 复用到 TUG–2

由 3 个 TU-12 以字节间插复用方式进行复用，复用的结果形成了 9 行 × 12 列块状结构的支路单元组 TUG-2，速率为 2.304 Mbit/s × 3 = 6.912 Mbit/s。如图 5.11 所示。

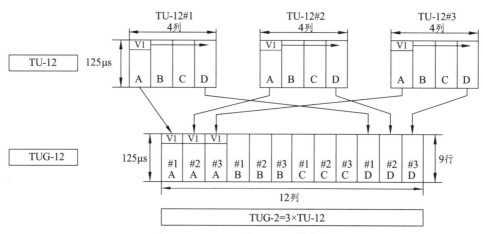

图 5.11　TU-12 到 TUG-2 的复用

4. TUG-2 复用到 TUG-3

由 7 个 TUG-2 进行间插复接，组成更高一级的支路单元组 TUG-3。写成公式为

$$TUG - 3 = 7 \times (TUG - 2) + 2$$

7 个 TUG-2 复接为 84 列，加上 2 列填充，共 86 列。如图 5.12 所示。此时速率变为 $86 \times 9 \times 8 \times 8\,000$ bit/s = 49.536 Mbit/s。

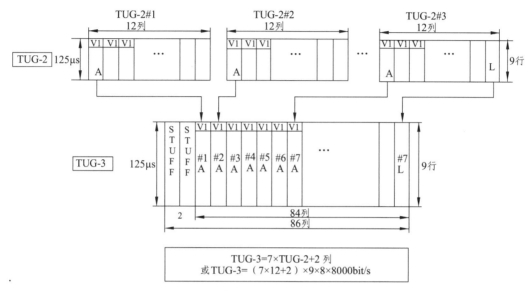

图 5.12　由 TUG-2 到 TUG-3 的复用

5. 形成高阶虚容器 VC-4

由 3 个 TUG-3 进行字节间插复接，并加入 1 列通道开销 POH 和 2 列填充，组成高阶虚容器 VC-4，如图 5.13 所示。写成公式为 $VC - 4 = 3 \times (TUG - 3) + POH + 2$，它有 9 行 261 列，所以此时速率变为：$261 \times 9 \times 8 \times 8\,000$ bit/s = 150.336 Mbit/s。

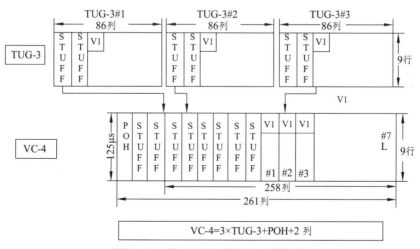

图 5.13　从 TUG-3 到 VC-4 的复用

以上是 63 个 2.048 Mbit/s 信号复用到 VC-4 的过程。

5.4.2 4 次群信号复用进 VC-4 的过程

标称速率为 139.264 Mbit/s 的 4 次群信号进入 C-4 容器，经速率调整后，C-4 的标称速率为 149.760 Mbit/s。

C-4 是块状结构，由 9 行 × 260 列组成，如图 5.14 所示，字节数为 2 340 B，所以，C-4 的标称速率为 C-4 = 9 × 260 × 8 × 8 kbit/s = 149.760 Mbit/s。

C-4 加上每帧 9 个字节的 POH（相当于 576 kbit/s）后便成了 VC-4（150.336 Mbit/s），如图 5.14 所示。

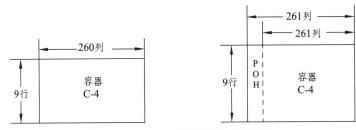

图 5.14 从 139.264 Mbit/s 到 VC-4

VC - 4 = C - 4 + POH，即 VC-4 的标称速率为 149.76 Mb/s + 0.576 Mb/s = 150.336 Mbit/s。

5.4.3 3 次群信号 34.368 Mbit/s 映射进 VC-4

1. 将 34.368 Mb/s 装入容器 C-3 映射至 VC-3

C-3 的帧结构由 9 行 × 84 列净负荷组成，如图 5.15 所示，每帧周期为 125 μs。净负荷又分为 3 个子帧 T1，T2，T3。3 个子帧结构相同，其中包括信息比特，固定塞入比特，调整机会比特和调整控制比特。可以实现正-零-负码速调整。

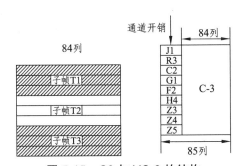

图 5.15 C3 与 VC-3 的结构

C-3 容器为 756 B，速率为 9 × 84 × 64 kbit/s = 48.384 Mbit/s。

由容器 C-3 加上 9 个通道开销字节组成虚容器 VC-3，所以 VC-3 由 9 行 × 85 列组成，如图 5.15 所示。VC-3 的速率为 48.384 Mb/s + 0.576 Mbit/s = 48.960 Mbit/s。

2. 加入支路单元指针形成支路单元 TU-3

由 VC-3 经定位校准后加上 3 字节的支路单元指针 TU-PTR（H1，H2，H3）便形成了具有 9 行 × 85 列 + 3 字节结构的支路单元 TU-3。TU-PTR 用以指示低阶 VC 的起点在支路单元

TU 中的具体位置。支路单元 TU-3 加上 6 个填充字节组成
TUG-3，它是 9 行 × 86 列的块状结构，如图 5.16 所示。

其速率为 $9 \times 86 \times 64$ kb/s = 49.536 Mbit/s。

图 5.16　TUG-3

3. TUG-3 复用至 VC-4

由 3 个 TUG-3 以字节间插方式进行复用，结果是形成 9
行 × 258 列的块状结构，然后在附加上两列固定填充字节 R1、
R2 和一列通道开销组成 VC-4。

如图 5.17 所示，VC-4 由 9 行 × 261 列组成。速率为 $9 \times 261 \times 64$ kb/s = 150.336 Mbit/s。

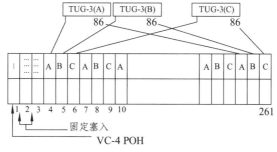

图 5.17　从 TUG-3 到 VC-4

5.4.4　管理单元 AU 及管理单元组 AUG 的形成

VC-4 与 AU-4 的净负荷容量一样，但速率可能不一致，
需调整。AU 指针的作用就是指明 VC-4 相对 AU-4 的相位，
它占 9 个字节，速率为 576 kbit/s。于是，考虑 AU 指针后的
AU-4 速率为 150.912 Mbit/s。AU-4 的组成如图 5.18 所示。

AU-4 = VC-4 + AU 指针。

速率为 150.336 Mbit/s + 0.576 Mbit/s = 150.912 Mbit/s。

对于我国规定的复用与映射结构来讲，AU-4 就是管理
单元组 AUG。

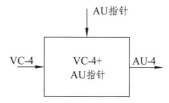

图 5.18　管理单元 AU-4 的组成

5.4.5　STM-1 信号的形成

在管理单元 AU-4 的一行 9 个管理单元指针字节之上加再生段开销字节，之下加复用段
开销字节，就形成了 STM-1 的 270 列 × 9 行完整的一帧。对于含有 63 个 2M 的净负荷，由于
复接过程一直是按列顺序复接，63 个支路单元 TU-12（每个 4 列 9 行）从 19 列（9 列段开销
＋1 列通路开销＋8 列填充字节 = 18 列）开始均匀地分布着。63 个支路单元的第一列之后是
63 个第二列、63 个第三列、63 个第四列。它们均匀而有规律而且位置固定，给话路的复分
接带来了很大方便。

5.4.6　STM-*N*信号的形成

1. 形成管理单元组 AUG

由若干个 AU-3 或单个 AU-4 按字节间插方式，就可组成管理单元组 AUG 。AUG 由 9 行 261 列的净负荷加上第 4 行的 9 个字节（为 AU 指针）所组成。

2. 加入段开销形成 STM-1。

在 AUG 的基础上加入段开销就可以形成 STM-1。

3. STM-*N*信号的形成

N 个 AUG 复用进 STM-*N* 的安排如图 5.19 所示。从 *N* 个 AUG 复用进 STM-*N* 帧是通过字节间插方式完成的，且 AUG 相对于 STM-*N* 帧来说具有固定的相位关系。

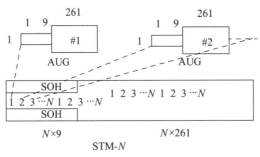

图 5.19　STM-*N* 的形成

5.4.7　级联和虚级联

当标准的虚容器不能有效地传送净负荷时，可采用 VC 级联的方式。

当净荷要求采用 VC-12 颗粒传送但其容量大于一个 VC-12 时，可采用 VC-12 的级联来传送；当净荷要求采用 VC-3 颗粒传送但其容量大于一个 VC-3 时，可采用 VC-3 的级联来传送；当净荷要求采用 VC-4 颗粒传送但其容量大于一个 VC-4 时，可采用 VC-4 的级联来传送。

目前定义了两种 VC 级联方式：相邻级联和虚级联。这两种级联的共同特点是，在通道终结处都可以提供标准容器 C-*n* 的 *x* 倍级联带宽，而两者的差异主要体现在通道终结点之间的传送过程。对于相邻级联而言，在整个传送过程中，级联带宽保持不变，而虚级联则把级联带宽分割为单个的 VC-*n* 进行传送，在传输的终点再重新组合这些单个的 VC-*n* 为完整的级联带宽。另外，相邻级联要求业务通道通过的每个网络节点都必须支持相邻级联功能，而虚级联则仅要求业务通道终结点设备支持虚级联功能。

相邻级联表示为 VC-*n*-*X*c，虚级联表示为 VC-*n*-*X*v，其中 VC-*n* 表示虚容器的等级，取值分别为 VC-12、VC-3、VC-4 等；*X* 表示级联的虚容器的个数，取值与虚容器等级有关；c 表示级联类型为相邻级联，v 表示级联类型为虚级联。

5.5　定　位

5.5.1　定位的概念

定位是一种当支路单元或管理单元适配到它的服务层帧结构时，将帧偏移量收进支路单元或管理单元的过程。它依靠 TU-PTR 或 AU-PTR 功能来实现。定位校准总是伴随着指针调整事件同步进行的。

5.5.2　指　针

采用指针是 SDH 的重要创新。指针是用来定位的，通过定位使收端能准确地从 STM-N 码流中取出相应的 VC，再从 VC 包封中分离出承载的信号，即实现从 STM-N 中直接分支出低速支路信号的功能。指针的作用如下：

① 当网络处于同步工作状态时，指针用于进行同步的信号之间的相位校准。

② 当网络失去同步时，指针用作频率和相位校准；当网络处于异步工作时，指针用作频率跟踪校准。

③ 指针还可以用来容纳网络中的相位抖动漂移。

STM-1 信息帧的第一列到第九列中的第四行用作管理单元指针。它定位低速信号在 STM-1 帧中的位置，使低速信号在高速信号中的位置可预知。

发端在将低速支路信号装入 STM-1 净负荷时，加入 AU-PTR，指示低速支路信号在净负荷中的位置，收端根据 AU 指针值，从 STM-1 帧净负荷中直接拆分出所需的低速支路信号。

AU-PTR 的另一个功能是用于码速调整，以便实现网络各支路的同步工作。

在 STM-1 中，每个字节都有其相应的位置编号，净负荷的起始位置的编号就包含在指针中。从技术上讲指针调整是一种净负荷的定位方法，通过数据字节的位置调整和修改相应的指针值，使净负荷在 STM-1 帧中动态浮动，实现频率和相位调整。进入 SDH 网络单元的数字流的定时信号与网络单元本身的定时信号之间不可避免地存在相位差和频率差，引入可调指针和正-零-负码速调整机理就可以避免产生数据的丢失。利用指针还可以简化分接处理：在 STM-N 信号中，每种类型支路信号的位置都可以由一个或两个指针值计算得到，这样，在网络节点中可以实现 SDH 各支路的信号进行交叉连接和交换。

指针分为管理单元指针 AU 和支路单元指针 TU，下面以管理单元指针 AU-4 和支路单元指针 TU-3、TU-12 为例，讲述其调整原理。

1. 管理单元指针（AU–PTR）

AU-4 指针提供了 AU-4 帧中灵活和动态的 VC-4 定位方法。动态定位意味着允许 VC-4 在 AU-4 帧内浮动。

如图 5.20 所示，AU-4 指针占用 STM-1 帧结构中的第 4 行前 9 列，AU-4 指针包含在 H1、H2、H3 字节中。H1、H2 分别占用 1 字节，H3 占用 3 字节。图中 Y 字节为 1001SS11（S 比特不规定），1*为全 1 字节。H1、H2、H3 字节功能：H1、H2 字节主要用于指示指针值，H3 字节用于码速调整。

具体的分配如图 5.21 所示。

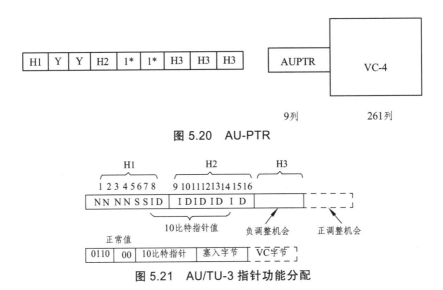

图 5.20 AU-PTR

图 5.21 AU/TU-3 指针功能分配

图 5.21 中 I 为增加比特，D 为减少比特，N 为新数据标识，S 比特表示 AU/TU 类型。ID 比特用于载入指针值。

净负荷位置指示：10 比特指针指示净负荷 VC-4 的第一个字节 J1 相对于第三个 H3 字节的偏移量。

对净负荷 VC-4 进行速率调整：三个 H3 字节为负调整机会字节；第 4 行第 10、11、12 这三个字节为正调整机会字节。正调整：5 个 I 比特反转，在净负荷前面加 3 个填充字节，指针值加 1。负调整：5 个 D 比特反转，净负荷前面 3 个字节移到 3 个 H3 字节中，指针值减 1。显然，每次正、负调整相当相位变化三个字节，如图 5.22 所示。所以，对频率偏移不大的净负荷，只需增加或减少指针值即可，但对过大的频率偏差无法调整。

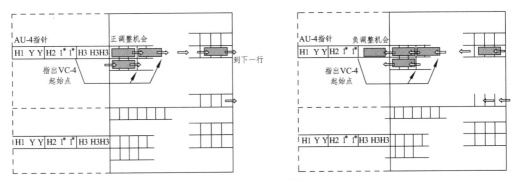

图 5.22 正、负调整机会

新数据标识 NDF：指示净负荷中的新数据变化。正常时，NDF = 0110；有新数据时，NDF = 1001。

级联指示 CI：当若干个 AU-4 需要级联起来以便传送大于单个 C-4 容量的净负荷时，则除了第一个 AU-4 以外的其余 AU-4 指针都设置为 CI，其内容为 1001SS1111111111，SS 未规定。

因为 H3H3H3 调整单位为 3 个字节（261×9/3 = 783），所以指针范围为 0 ~ 782，否则为无效指针。当接收端连续 8 帧收到无效指针时，即产生 AU 指针丢失告警 AU-4LOP。

图 5.23 给出了 AU-4 指针偏移编号。指针调整间隔为 3 帧。

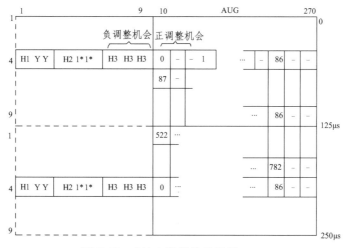

图 5.23　AU-4 指针偏移编号

由于 VC 的起始位置可以在 STM-1 帧内浮动，即可以从 783 个位置中的任何一个起始，并按码速调整的需要，起始的位置可以逐次前移或后滑。VC-4 在 STM-1 帧内灵活地浮动的这种动态定位功能，使得在同步网内能够对信号方便地进行复用和交叉连接。例如，如果是正调整，指针值要增加 1。进行这一操作的指示是将指针字节中的 5 个 I 比特反转（H1H2 字节从 01101000001010 变为 0110100010100000），在 AU-4 帧的这一帧内立即出现 3 个正调整字节。在接收端用"多数判决"的准则来识别 5 个 I 比特是否取反，如果是则判明 3 个正调整机会字节的内容是填充而非信息。在下一帧表示 VC 起点位置编号的指针值应当增加 1，即 H1H2 字节的后 10 比特由 1000001010 变为 1000001011，其十进制值为原先的 522 变为 523，并持续至少 3 帧。指针调整状态汇总于表 5.2。

表 5.2　指针调整状态

状态名称	STM-1 帧第 4 行字节编号和内容						速率关系
	7	8	9	10	11	12	
零调整	H3	H3	H3	信息	信息	信息	信息 = 容器
正调整	H3	H3	H3	填充	填充	填充	信息<容器
负调整	信息	信息	信息	信息	信息	信息	信息>容器

2. 支路单元 TU-3 指针

如图 5.24 所示，TU-3 指针位于 TU-3 的 H1、H2、H3 字节，功能是用于指示净负荷 VC-3 的位置。其字节功能分配与 AU-4 类似，10 比特指针指示净负荷的第一个字节相对于 H3 字

节的偏移量。并可以对净负荷 VC-3 进行速率调整。正
调整：5 个 I 比特反转；在净负荷前面加 1 个填充字节；
指针值加 1。负调整：5 个 D 比特反转；把净负荷前面 1
个字节移到 H3 字节中；指针值减 1。新数据标识 NDF：
指示净负荷中的新数据变化。

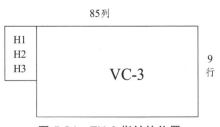

图 5.24　TU-3 指针的位置

　　正常时：NDF = 0110。与 AU-4 指针不同的是，TU-3
指针值用十进制数表示的有效范围是 0 ~ 764。因为
TU-3 以一个字节为单位进行调整，需要 9 × 85 = 765 个
指针值来表示（编号是 0 ~ 764），该值表示了指针和 VC-3 第一个字节的相对位置。指针每增、
减 1 代表一个字节的偏移量。当 VC-3 帧速率与 TU-3 帧速率相同时，时钟频率没有偏差，无
需调整，H3 字节填充为伪信息，指针值为 "0"。

3. TU–12 指针

　　如图 5.25 所示，TU-12 采用 500 μs 的复帧结构，每帧占用 36 个字节，其中指针为一个
字节，其余 35 个字节是 VC-12 帧。TU 指针用以指示 VC-12 的首字节 V5 在 TU-12 净负荷中
的具体位置，以便收端能正确分离出 VC-12。TU-12 指
针为 VC-12 在 TU-12 复帧内的定位提供了灵活动态的
方法。

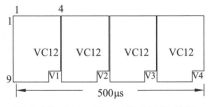

图 5.25　V1、V2、V3 和 V4 位置

　　除 V1，V2 外，V3 用于负码速调整，V3 后的第一
个字节用于正码速调整，V4 备用。V2 后的第一个字节
是指针值为零的位置，以一个字节为一个调整单位，由
于 TU-12 复帧的字节总数为 144 个，除去 4 个指针字节，
所以指针共有 0 ~ 139 个取值。超出取值范围的值为无
效指针。若连续 8 帧收到无效指针或 NDF 则设备的收端即出现支路单元指针丢失告警
TU-12-LOP，并下插 AIS 告警信号。V1，V2 字节中各比特的安排与 AU-4 指针类似。V1 字
节中的第 1 ~ 4 个比特是新数据标志（NDF）比特；第 5、6 比特为 TU 类别标志，V1 字节的
第 7、8 比特和 V2 字节的 8 比特共 10 比特用于给出指针值，同样也分成 I 比特和 D 比特，
其调整规则也和 AU-4 类似。

5.6　开销字节

5.6.1　段开销

1. 公务联络字节：E1、E2

　　光纤连通业务未通或业务已通时各站间的公务联络。分别提供 1 个 64 kb/s 数字电话通路。
E1 用于再生段公务联络，E2 用于复用段公务联络。

2. 再生段误码监测 B1 字节

它对再生段信号流进行监控。方式为 BIP-8 偶校验。在发送端 A 将扰码后的前一帧所有比特进行 BIP-8 计算，结果置于 B1 中。在接收端 B 同样对前一帧所有比特进行 BIP-8 计算，并将结果与 B1 比较。可以发现线路传输的误码。如图 5.26 所示。若收端检测到 B1 误码块，在收端 RS-BBE（再生段-背景块误码）性能事件中反映出来。

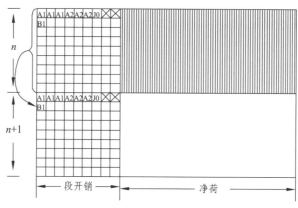

图 5.26　B1 字节的功能

3. 复用段误码监测 B2 字节

它是对复用段信号流进行监控。方式为 BIP-24 偶校验。以 24 bit 为单位（3 个字节为单位，STM-1 帧有 3 个 B2 字节）。发送端对扰码后的前一帧（除了 SOH 第 1 ~ 3 行以外）所有比特进行 BIP-$N \times 24$ 计算，结果置于 B2 中。接收端同样进行 BIP-$N \times 24$ 计算，并将结果与 B2 比较，误块数置于 M1 中。如图 5.27 所示。若收端检测到 B2 误码块，在收端 MS-BBE（复用段-背景块误码）性能事件中反映出来。

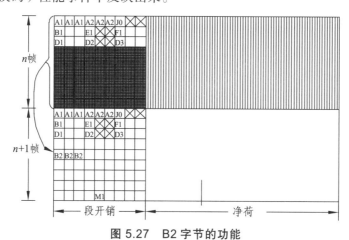

图 5.27　B2 字节的功能

4. 复用段远端误块指示字节——M1

对告信息，由信宿回传到信源，告知发端，收端当前收到的 B2 检测的误块数，在发端 MS-REI（复用段远端误块指示）性能事件中反映出来。

5. 自动保护倒换（APS）通路字节——K1、K2（b1~b5）

这两个字节用来实现复用段的保护倒换，响应时间较快，一般小于 50 ms。

K1（b1~b4）指示倒换请求的原因。

K1（b5~b8）指示提出倒换请求的工作系统序号。

K2（b1~b4）指示复用段接受侧备用系统倒换开关所桥接到的工作系统序号，传送自动保护倒换信令，使网络具备自愈功能。

K1（b5）为"0"表示 1+1 保护，K1（b5）为"1"表示 1∶n 保护。

6. 复用段远端失效指示（MS-RDI）字节 K2（b6~b8）

它向发送端回送指示信号表示接收端已经检测到上游段缺陷（即输入失效）或正在接收复用段告警指示信号（MS-AIS）。

① 111，表示收到复用段全 1 信号，本端产生 MS-AIS 告警。

② 110，表示收到对告信息 MS-RDI，表示对端收信号劣化。

7. 同步状态字节 S1（b5~b8）

S1（b5~b8）表示同步状态消息。可以表示 16 种不同的同步质量等级。例如，"0000"表示同步质量不知道；"1111"表示不应用作同步；"0010"表示 G.811 的时钟信号；"0100"表示 G.812 的转接局时钟信号；"1000"表示 G..812 本地局时钟信号；"1011"表示同步设备时钟源（SETS）信号；其他编码保留未用。各网元的 b5~b8 由它跟随的同步时钟信号等级来定义。

8. 备用字节

在图 5.4 中 X 表示国内使用的保留字节；△表示与传输媒质有关的字节；未标记的用作将来国际标准确定。

另外，在字节间插复用时，各 STM-1 帧的 AU-PTR 和净负荷的所有字节原封不动间插，而段开销有所不同。只有第一个 STM-1 的段开销被保留，其余 $N-1$ 个 STM-1 的段开销中仅保留 A1，A2，B2 字节，其余均略去。

5.6.2 通道开销（POH）

1. 高阶通道开销

1）通道踪迹字节：J1

它是 VC4 的首字节，即 AU-PTR 所指示的字节。发端持续的发此字节——高阶接入点标识符，使收端能据此确认与指定发端处于持续连接状态。

J1 字节设置要求：收发相匹配。即设备实际收的 = 设备应收的值。若收到的值与所期望的值不一致，则产生高阶通道踪迹标识适配（HP-TIM）告警。

2）高阶通道误码监测字节：B3

它监测高阶 VC 的误码性能,监测方式 BIP-8 偶校验。本端监测到相应 VC 通道 B3 误块,在相应通道的性能事件 HP-BBE 中反映出来。

3）信号标记字节：C2

它指示 VC 帧的复接结构和信息净负荷的性质。例如, 00000000 表示通道未装载; 00010010 表示 139.264 Mbit/s 信号异步映射进 C4 等。要求收发相匹配,失配则本端相应 VC4 通道产生 HP-SLM 告警。

4）通道状态字节：G1

它反映高阶 VC 传输的状态对告信息：信宿反馈给信源,以便使信源知道信宿当前的接收状态。实现双向通道状态和性能监视。b1 ~ b4 回传由 B3 检测的误码块数。发端在性能事件 HP-REI 中查询得到。b5 表示通道远端有缺陷。当收端检测到 AIS、J1 和 C2 失配、VC4 未装载,在相应 VC4 通道上回传给发端 HP-RDI 告警。此时,收端将 b5 置 "1",向通道的源端回送 HP-RDI,表示通道远端有缺陷,否则置 "0"。

5）TU 位置指示字节：H4

它指示有效负荷的复帧类别和净负荷的位置。PDH 复用进 SDH 时,H4 字节仅对 2 M 信号有意义,指示当前帧是复帧的第几个基帧,以便收端据此找到 TU-PTR,拆分出 2M 信号。

H4 的 b7、b8 为 00 时表示第 0 帧,为 01 时表示第 1 帧,为 10 时表示第 2 帧,为 11 时表示第 3 帧。若收端收到的 H4 字节超出此范围,或不是预期值,则本端在相应通道产生 TU-LOM（复帧丢失）告警。

6）通道使用者通路字节：F2 和 F3

这两个字节为使用者提供与净负荷有关的通道单元之间的通信。

7）网络操作者字节：N1

该字节用来提供高阶通道的串联连接监视（TCM）功能。在不同网路运营公司的边界处利用此功能。

8）自动保护倒换通路字节 K3（b1 ~ b4）

它用作高阶通道自动保护倒换（HP-APS）指令。

9）备用比特 K3（b5 ~ b8）

这几个比特留作将来使用,未规定其值。

2. 低阶通道开销

低阶通道开销有 VC-1POH 和 VC-2POH。VC-1POH 加上 C-1 形成虚容器 VC-1。VC-2POH 加上 C-2 形成虚容器 VC-2。VC-1POH 用于对 VC-1 进行管理和维护,VC-2POH 用于对 VC-2 进行管理和维护。

VC-12 POH 有 V5,J2,N2,K4。

1）通道状态和信号标记字节：V5（类似 G1 和 C2 字节）

它是复帧中的第一个字节，支路单元指针 TU-PTR 所指示的字节，用于 VC12 误码监测、VC12 通道状态对告、信号标记。

b1 ~ b2 用于 BIP-2 误码监测，b3 用于收端接收误码情况对告指示 LP-REI。b4 是通道的远端失效指示（RFI）。当一个缺陷持续的时间超过传输系统保护的最大时间时，设备将进入失效状态。RFI 比特设为"1"回送给通道源端，否则设置为"0"。

b5 ~ b7 是信号标记，若为 000，本端相应通道产生 LP-UNEQ 告警，表示低阶通道信号未装载。

本端接收到 TU-AIS、LP-TIM、LP-SLM 时，通过 b8 反馈给发端相应通道上 LP-RDI 告警信号。LP-RDI 是低阶通道远端缺陷指示。

2）低阶通道踪迹字节：J2

该字节用来重复发送"通道接入点识别符"以便使通道接收端能够据此确认与所指定的发送端是否处于持续的连接状态。若收到的值与期望的值不一致，则产生 LP-TIM 告警。

3）网络运营者字节：N2

该字节用来提供低阶通道的串联连接监视（TCM）功能。

4）通道自动保护倒换字节：K4

b1 ~ b4 用作低阶通道自动保护倒换"LP-APS"指令。b5 ~ b7 是保留比特，b8 是备用比特。

5.7 SDH 设备原理

5.7.1 SDH 设备的功能描述

ITU-T 在进行 SDH 设备规范时，为了保证兼容性，对各类复用设备的功能和接口进行统一的规定，但在系统设计上允许一定的灵活性。为此，SDH 网元设备的规范采用功能参考模型方法，将设备分解为一系列基本功能模块，对每一基本功能模块的内部过程及输入和输出参考点原始信息流进行严格描述，而对整个设备功能只进行一般化描述。

SDH 逻辑功能块主要由基本功能块和辅助功能块构成。

SDH 的基本功能块是用来完成 SDH 的映射、复用、交叉连接功能的模块，包括 SDH 物理接口（SPI）、再生段终端（RST）、复用段终端（MST）、复用段保护（MSP）、复用段适配（MSA）、高阶通道连接（HPC）、高阶通道终端（HPT）、高阶通道适配（HPA）、低阶通道连接（LPC）、低阶通道终端（LPT）、低阶通道适配（LPA）、PDH 物理接口（PPI）等。如图 5.28 所示。其中图中所标 A ~ L 为信号参考点。另外需要说明的是，功能框中的告警信号参考点 S 及时钟同步信号 T 未标出。

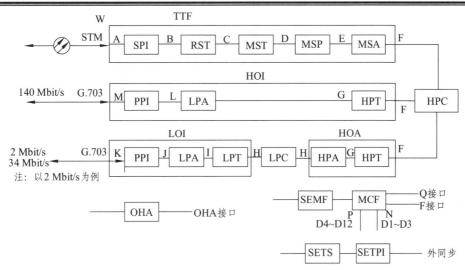

图 5.28　SDH 设备功能框图

通过基本功能块的组合，构成设备某项实用的网络性能。设备的实现方法与功能无关，使 SDH 设备更具灵活性。

辅助功能块是用来完成同步定时、管理与监控等功能的模块。包括开销接入功能（OHA）、同步设备管理功能（SEMF）、消息通信功能（MCF）、同步设备定时源（SETS）和同步设备物理接口（SETPI）。

1. 2 Mbit/s 复用到 STM-1 的逻辑功能描述

为了大致了解功能框图，以 2 Mbit/s 信号复接成 STM-1 帧为例，画出完成这一过程的设备按逻辑功能划分的功能框图。这样可以看清楚复接过程信号的流程和各功能块的具体内容。如图 5.29 所示。

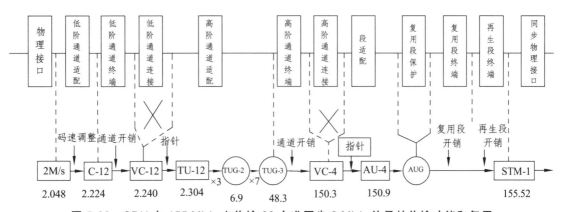

图 5-29　SDH 在 155 Mb/s 上传输 63 个准同步 2 Mb/s 信号的传输功能和复用

2. SDH 设备基本功能块

SDH 设备的一般逻辑功能框图如图 5.29 所示，它包括了 SDH 设备的所有功能。任何一种 SDH 设备都是图中部分或全部功能的组合。图中每一小方块代表一个基本功能。基本的功能块种类主要有三种：适配功能、路径终接功能、连接功能。以下对各功能块作简单介绍。

1）传送终端功能（TTF：Transport Terminal Function）

TTF 的作用是将网元接收到的 STM-N 信号转换成净负荷信号（VC-4），并终结段开销，或作相反处理。TTF 由 5 个基本功能组成：

① SDH 物理接口（SPI：Synchronous Physical Interface）：

该接口主要实现 STM-N 线路信号和内部 STM-N 逻辑电平之间的相互转换。实现再生段终端 RST 和传输线路之间的接口。

线路送来的 STM-N 信号在本功能块中转换成内部逻辑电平信号，并恢复出时钟，一起送给再生段终端功能块，同时恢复出来的时钟经参考点 T1 送给同步设备时钟源（SETS：Synchronous Equipment Timing Source）。如果 SPI 收不到线路送来的 STM-N 信号，则 SPI 产生 LOS 告警指示。经参考点 S 送给同步设备管理功能模块（SEMF：Synchronous Equipment Management Function），同时送给再生段终端功能块 RST（Regenerator Section Termination）。

RST 送来的带定时的 STM-N 逻辑电平信号在此处转换为线路信号，如果是光接口板，在激光器失效或寿命告警时，产生相应的告警信号，经 S 送 SEMF。

② 再生段终端功能（RST）：

再生段是两个再生段终端功能块之间的维护实体。RST 的主要作用是产生和终结段开销。在此取出或加入再生段开销，用于中继设备之间的再生段维护。来自 SPI 的逻辑电平和定时信号正常时，RST 搜索 A1 和 A2 进行帧定位，然后对除再生段开销第一行外的所有字节进行解扰码，提取 E1、F1 等以及其他未使用的字节送至系统内部开销数据接口；来自复用段终端功能块的带 MSOH 的 STM-1 信号其 RSOH 字节未定，通过 RST 功能块确定 RSOH 字节。

③ 复用段终端功能（MST）：

MST 作用是产生复用段开销并构成完整的复用段信号，终结复用段开销。它是两个复用段（MST）功能块之间（包括 MST）的维护实体。复用段功能块是复用段开销的起点和终点，在此加入（或取出）复用段开销（MSOH 中的 B2、K1、K2、D4～D12、S1、M1、E2 等字节），用于终端设备中复用段的维护。

从支路端口侧（MSP）过来的是 STM-N 净负荷，在本功能块中要加入复用段开销 MSON 字节，复用段终端（MST）功能块将对上一帧除再生段开销 RSOH 以外的所有比特进行 BIP-24N 码计算，结果置于当前帧相应的 3N 个 B2 字节；从复用段保护功能块（MSP）得到的自动保护倒换字节置于 K1、K2 字节；来自消息通信功能块（MCF）的数据通信通路 DCC 信号置于 D4～D12 字节。最后，Z1 字节的第 5～8 比特将按规定设置同步状态消息。

从传输线路侧（RST）过来的信号流，是复用段开销 MSOH、STM-N 净负荷以及定时信息。在本功能块中要处理复用段 MSOH 各个字节，送出 STM-N 净负荷及其定时信号。

④ 复用段保护（MSP：Multiplexer Section Protection）：

MSP 用于复用段内 STM-N 信号失效保护。当 MST 给 MSP 送出 SF 或 SD 告警信号，或者经过 S 点收到 SEMF 功能块的倒换命令时，MSP 功能块将被保护的 MSA（复用段适配）功能块切换到保护通路的 MST 功能块上。并且本端复用设备和远端复用设备的 MSP 功能块通过 K1、K2 规定的协议进行联络，协调倒换动作。从故障条件到自动倒换协议启动的倒换时间在 50 ms 以内。完成自动保护倒换后，经 S 点将保护倒换事件报告给 SEMF。

该功能对信号的处理分为两种情况 1 + 1 方式和 1∶n 方式，如图 5.30 是 1 + 1 保护方式。在 1 + 1 保护方式中，STM-N 信号同时在主信道和备用信道两个复用段传送，接收端的 MSP 对收到的信号进行监视，选择一路较好的信号使用；在 1∶n 保护方式中，保护段由很多工作通路共享，保护通道平时传送额外业务，当工作通道出现故障时，它就停止传送额外业务，改为传送该工作通道的信号。工作效率高于 1 + 1 保护方式。

图 5.30 1 + 1 保护方式

⑤ 复用段适配（MSA：Multiplexer Section Adaptation）：

MSA 的主要功能是处理 AU-4 指针，并组合或分解 STM-N 帧。来自 MSP 的信号为带定时的 STM-N 信号的净负荷，在 MSA 中首先去掉 STM-N 的字节间插，分成一个个 AU-4，然后进行 AU-4 指针处理，得到 VC-3/VC-4 及帧偏移送给 HPC。

对于从支路端口侧（HPC）过来的信号，本功能将高阶通道 VC-n 映射进管理单元 AU-n，将多个 AU-n 组合成管理单元组 AUG，最后将 N 个 AUG 字节间插服用成 STM-N 的净负荷，同时产生 AU 指针。

对于从传输线路侧（MSP）过来的信号，本功能块收到 STM-N 的净负荷后，首先分解成 N 个 AUG，再利用 AU 指针恢复 VC-3/4。检查指针中的 Y 字节，可以区分 AU-3、AU-4 或其他结构。

2）高阶通道连接（HPC：Higher Order Path Connection）

连接功能指选择或改变 VC 通道的路径，它可由网络运营者用作选路、重组、保护和恢复。

HPC 的核心是一个连接矩阵，将若干个输入的 VC-4 连接到若干个输出的 VC-4，输入和输出具有相同的信号格式，通过 HPC，可以完成 VC-4 的交叉连接、调度，使业务配置灵活、方便。

3）高阶组装器（HOA）

高阶组装器主要功能是按照映射复用路线将低阶通道信号复用成高阶通道信号。例如，将多个 VC-12 或 VC-3 组装成 VC-4，或作相反的处理。它是由高阶通道终端（HPT）和高阶通道适配（HPA）功能块组成。

① 高阶通道终端（HPT：Higher Order Path Termination）：

高阶通道终端（HPT）是高阶通道开销的源和宿，即 HPT 产生高阶通道开销放置在相应的位置上构成完整的 VC-4 信号，以及读出和解释高阶通道开销（POH 中的 J1、B3、C2、G1、F2、H4、F3、K3、N1），恢复 VC-4 的净负荷。

② 高阶通道适配（HPA）：

HPA 的功能是通过 TU 指针处理，分解整个 VC-4 或作相反处理。

从 HPT 来的 C-4 数据（其实数据结构还是 VC-4 形式，故有时也称 VC-4 数据）和定时信号，经分解和 TU-12 或 TU-3 指针处理，恢复出 VC-12 或 VC-3 和偏移量送给 LPC 功能块。如果指针丢失（LOP，无法取得正确指针值）或 TU 通道告警被检测出来，则在 2 帧以全"1"信号代替正常信号，缺陷消失，也将在 2 帧内去掉全"1"信号。这些事件均经 S 点报告给 SEMF。对于 TU-12 还有复帧结构，如果连续收不到复帧位置指示字节，则报告复帧丢失（LOM）经 S 点送给 SEMF。用 H4 字节可以检查复帧相位状态。

从 LPC 送来 VC-12 或 VC-3 及它们的帧偏移量，到达 HPA 后，指针产生部分将帧偏移量转化为 TU-12 或 TU-3 指针，然后将若干 TU 复用成完整的 VC-4 信号送给 HPT。如果 LPC 送来的某个通道为全"1"信号，则在 H 点相应的支路单元也发全"1"信号（TU-AIS）。本功能块产生的复帧指示置于高阶虚容器段开销的 H4 字节。

4）低阶通道连接（LPC）

LPC 的功能是将输入口的低阶通道（VC-12/VC-3）分配给输出口的低阶通道（VC-12/VC-3），其输入、输出口的信号格式相似，不同的只是逻辑次序不同，连接过程不影响信号的消息特征。在物理设备上，此功能一般与 HPC 一起由交叉板实现。

5）高阶接口（HOI）

高阶接口功能块（HOI）的主要功能是将 140 Mbit/s 信号映射到 C-4 中，并加上高阶通道开销（POH）构成完整的 VC-4 信号，或者作相反的处理，即从 VC-4 中恢复出 140 Mbit/s PDH 信号，并解读通道开销。

高阶接口功能是一项复合功能，主要包括 PDH 物理接口（PPI），低阶通道适配（LPA），高阶通道保护（HPP）和高阶通道终端（HPT）等功能块。

① PDH 设备中 PDH 物理接口（PPI）功能块与 PDH 设备中的接口电路一样，主要完成把 G.703 标准的 PDH 信号转换成内部的普通的二进制信号或作相反的处理。

② 低阶通道适配（LPA）功能块的主要功能是把高阶 PDH 信号直接映射进相应大小的容器中，或通过去映射，由 SDH 信号恢复出 PDH 信号。如果是异步映射还包括比特速率调整。

从 PDH 物理接口（PPI）功能块来的 PDH 信号映射进相应规格的容器，这里是 140 Mbit/s PDH 信号映射进 C-4（POH 此时还未确定，到 HPT 才确定下来）。在字节同步映射时，如果帧定位丢失（FAL）还会产生告警，并经 S 点报告给 SEMF。

从高阶通道终端送来的 C-4 信号，在 LPA 功能块中去映射，恢复出 PDH 140 Mbit/s 信号。如果 HPT 经 L 点送来的是全"1"信号（AIS），则 LPA 按规定产生 AIS 送往 PPI。

③ 高阶通道终端（HPT）功能块和高阶组装器（HOA）内的高阶通道终端（HPT）功能块完全一样，不同的是这里的 C-4 是由 140 Mbit/s PDH 信号直接映射而成，而 HOA 中的 HPT 的 C-4 是由 TU-12 或 TU-3 复接而成。

6）低阶接口（LOI）

低阶接口（LOI）功能块的主要功能是将 2 Mbit/s 或 34 Mbit/s PDH 信号映射到 C-12 或

C-3 中，并加入通道开销（POH），构成完整的 VC-12 或 VC-3，或作相反的处理。

低阶接口是由低阶通道终端（LPT）、低阶通道保护（LPP）、低阶通道适配（LPA）和 PDH 物理接口（PPI）组成的复合功能块。

① PDH 物理接口（PPI）：此处 PPI 功能块的主要功能与高阶接口的 PPI 功能块一样，此处码型是 HDB3。

② 低阶通道适配（LPA）：低阶通道适配（LPA）功能与高阶接口中的 LPA 功能完全一样，只是处理的信号速率不同而已，此处是把 2 M 或 34 Ms 的 PDH 信号映射进 C-12 或 C-3 中，或作相反的处理。

③ 低阶通道终端（LPT）：低阶通道终端（LPT）功能块是低阶通道开销（VC-12 或 VC-3 的开销）的源和宿。

即对从 LPA 流向 LPC 的信号在 LPT 产生低阶通道开销，加入 C-12 或 C-3 中，构成完整的低阶虚容器（VC-12 或 VC-3）信号，对从 LPC 流向 LPA 的信号，LPT 功能块读出和解释低阶通道开销，恢复 VC-12 或 VC-3 的净负荷 C-12 或 C-3。至于对 POH 的处理与 HPT 功能块相似。

7）辅助设备功能块

① 同步设备管理功能（SEMF：Synchronous Equipment Management Function）：同步设备管理功能（SEMF）块的主要任务是把通过 S 点收集到各功能块的性能数据和具体实现的硬件告警，经过滤后（减少所收到的数据，否则将会使网络管理系统过载）转化为可以在 DCC 和/或 Q 接口上传输的目标信息，同时它也将与其他管理功能有关的面向目标的消息进行转换，以便经参考点 S 传送，进而实现对网络的管理。

在对各功能块监测到异常或故障时，除了向 SEMF 报告外，还要向上游和下游的功能块送出维护信号。

② 消息通信功能（MCF）：该功能块的主要任务是完成各种消息的通信功能。它与 SEMF 交换各种信息，MCF 导出的 DCC 字节经由参考点 N 置于 RSOH 中的 D1 ~ D3 字节位置，并作为单个 192 kbit/s 面向消息的通路提供 RST 功能块之间维护管理消息的通信功能。MCF 还经过 P 参考点导出复用段 DCC 字节放置于 D4 ~ D12 字节位置，实现与 MST 功能之间的维护管理消息的通信功能。同时，MCF 还提供和网络管理系统连接的 Q 接口和 F 接口，接收 Q 接口和 F 接口来的消息。

③ 同步设备定时源（SETS）：同步设备定时源（SETS）功能块主要是为 SDH 设备提供各类定时基准信号，以便设备正常运行。

SETS 从外时钟源 T1、T2、T3 和内部振荡器中选择一路基准信号送到定时发生器。三种外时钟源分别为：

从 STM-N 线路信号流中提取的时钟 T1（从 SPI 功能块得到）；

从 G.703 支路信号提取的时钟 T2（从 PP1 功能块得到）；

外同步时钟源，如从大楼综合定时系统（BITS）经同步设备定时物理接口（SETP1）送来的 2 048 kbit/s 时钟信号 T3。

内部定时发生器用作同步设备在自由运行状态下的时钟源。

④ 同步设备定时物理接口（SETPI）：同步设备定时物理接口功能块的主要功能是为外

部同步信号与同步设备定时源之间提供接口。

信号流从 SETS 到同步设备定时物理接口，SETPI 主要是对信号流进行适于在相应传输介质传送的编码，使其与传输的物理介质适配。

信号流从同步设备定时物理端接口到 SETS，SETPI 由接收到的同步信号中提取定时时钟信号，并将其译码，然后将基准定时信息传给 SETS。

⑤ 开销接入接口（OHA）：开销接入接口功能块（OHA）通过 U 参考点统一管理各相应功能单元的开销（SOH 及 POH）字节，其中包括公务联络字节 E1 和 E2、使用者通路字节、网络运营者字节及备用或未被使用的开销。在物理设备上，此功能一般对应一块开销处理板，有的设备可能也称公务板。

5.7.2 SDH 复用设备

SDH 复用设备的主要特征是：SDH 提供功能集成，允许不同的功能，可以包含在某个具体物理设备中。例如：复接功能 + 线路终端功能 = 终端复用设备 TM。实现设备的方法有很大的灵活性，既可用硬件实现，也可用软件实现，给各制造商留下了发挥潜能的空间。因此，设备上不一定能找到每个功能对应的物理电路。

SDH 设备通过网管软件可设置为终端复用设备 TM，也可设置为分插复用设备 ADM 等。因此，根据使用的需要，SDH 设备可分为终端复用设备（TM）分插复用设备（ADM）、数字交叉连接设备（DXC）及再生中继设备（RGE）等，又称之为网元。

1. 终端复用设备 TM

终端复用设备可用于把速率较低的 PDH 或 SDH 信号组合成速率较高的 SDH 信号，或作相反处理。TM 只有一个高速线路口。如图 5.31 所示。根据支路口信号速率情况，TM 分为低阶终端复用设备（Ⅰ类）和高阶终端复用设备（Ⅱ类）。每一类又有两种型号（1 型和 2 型）。

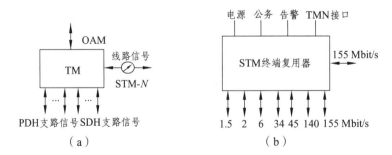

（a）　　　　　　　　　　　　　（b）

图 5.31　终端复用设备

1）I.1 型复用设备

这种设备提供把 PDH 支路信号映射复接到 STM-N 信号的功能。例如，可把 $63 \times 2\ 048$ kbit/s 信号复接成 STM-1 输出信号。组合信号中每个支路信号安排是固定的，并取决于选定的复用结构。

复用过程是：PDH 的 2 M 或 34 M PDH 信号进入低阶接口功能块（LOI），经低阶通道适配（LPA）映射进相应的容器，经低阶通道终端（LPT）插入 VC 通道开销，送高阶组装器（HOA），完成低阶信号复接，在高阶通道终端（HPT）插入 VC-4 POH，形成 VC-4 信号，送入传送终端功能（TTF）。在 TTF 中，VC-4 信号在复用段适配（MSA）处理 AU-4 指针，并对管理单元组进行字节复接，构成完整的 STM-N 帧。复用段终端插入 MSOH，再生段终端插入 RSOH，同步物理接口（SPI）将内部逻辑电平转换成 STM-N 线路接口信号。

2）I.2 型复用设备

它与 I.1 型复用设备的主要区别是增加了低阶通道连接（LPC）和高阶通道连接（HPC）两个功能块。PDH 支路信号也可以灵活地安排在 STM-N 帧中的任何位置，是灵活的终端复用设备。

3）II.1 型复用设备

它具有把速率较低的 SDH 信号组合成速率较高的 SDH 信号的能力。例如，可复接 4 个（来自复用设备或线路系统的）STM-1 信号，提供单个 STM-4 信号。每个 STM-N 信号的 VC-4 在 STM-M 信号中的位置都是固定的。

4）II.2 型复用设备

增加了高阶通道连接功能，提供了灵活分配 STM-N 信号中的 VC-3/4 到 STM-M 帧中的任何位置的能力，可称为灵活高阶复用设备。

以上两种类型 II.2 与 II.1 是高阶复用器，能够将若干 STM-N 信号结合成单个 STM-M（$M > N$）信号，常用在各类低速信号进入高速线路传输的场合。TM 设备的功能模块如图 5.32 所示。

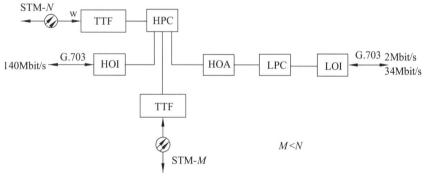

图 5.32　TM 设备的简化功能模块图

以上四种终端复用设备依据不同的类型选择对应的模块实现各自的功能。例如，I.1 型终端复用器只要有 LOI、HOA、HOI 和 TTF 就能实现其功能；I.2 型终端复用设备在 I.1 的基础上增加了 LPC 和 HPC 两个功能模块。

2. 分插复用设备

分插复用设备 ADM 是在无需分接或终结整个 SDH 信号的条件下，能分出和插入 SDH 信号中的任何支路信号的设备。STM-1 ADM 可接收 STM-1 信号，并从中取出或插入最多 63

个 2 Mbit/s 支路信号，同时形成一个新的 STM-1 信号继续传送。

插入/分出功能还可扩展到 34 Mbit/s 支路或其他 G.703 速率。

ADM 替代了高阶到低阶信号变换 PDH 复杂的分接设备，无需配线架及相应的缆线，降低网费。特别是当从 STM-4（622 Mbit/s）主流信号中分接出 2 Mbit/s 支路信号时，这种优势更为明显。ADM 设在网络的中间局站，完成直接上、下电路功能，适合于铁路专用通信网。分插复用设备的示意图如图 5.33（a）、（b）所示。

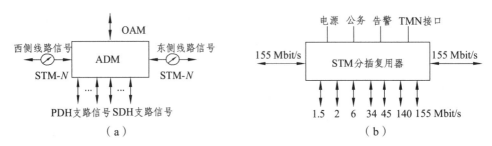

图 5.33　分插复用设备示意图

分插复用设备分两种类型（III.1，III.2）：

① III.1 型 ADM：只提供分出和插入 PDH 信号的能力，信号接口符合 G.703。

② III.2 型 ADM：只提供分出和插入 STM-N 信号的能力，信号接口符合 G.707。

ADM 设备的功能模块如图 5.34 所示。

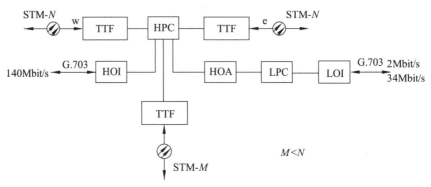

图 5.34　ADM 设备的简化功能模块图

3. 数字交叉连接设备（DXC）

1）数字交叉连接设备 DXC 的基本概念

数字交叉连接设备是一个交叉矩阵，完成各个信号间的交叉连接。设备框图如图 5.35 所示。

它有一个或多个 PDH 或 SDH 信号端口，并至少可以对任何端口之间接口速率信号（高速率信号）进行可控制连接和再连接。交换动作不是在信令控制下自动进行的，而是在网管控制下进行的。

根据端口速率和交叉连接速率的不同，DXC

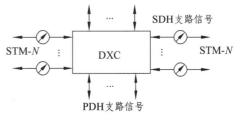

图 5.35　数字交叉连接设备示意图

可以有不同的配置类型。通常用 DXC x/y 表示，x 表示接入端口数据流最高等级，y 表示参与交叉连接的最低级别，取 0、1、2、3、4。0 表示 64 kbit/s 电路，1、2、3、4 表示 PDH 1 至 4 次群，4 也代表 STM-1 等级。x 取 5、6 分别代表 SDH 体制中的 STM-4 和 STM-6 等级。

2）DXC 设备的基本功能

DXC 设备主要用于传输网的自动化管理，具备以下功能：

① 分接复接功能：

类似于 SDH 复用设备，实现复接和分接功能。

② 分离业务功能：

分离本地和非本地交换业务，为非本地交换业务迅速提供可用路由。

③ 电路调度：

为临时事件提供电路（会议、重要比赛等）。

④ 网关：

PDH 和 SDH 传输网络的连接设备，网关功能。

⑤ 保护倒换：

类似于复用设备，在两个 DXC 之间提供 $1+1$、$1:N$ 和 $M:N$ 保护。

⑥ 恢复：

网络发生故障后，迅速找到替代路由，或迅速提高网络的重新配置，快速恢复网络运行，恢复业务。

⑦ 通道监视：

可对网络的性能进行分析、统计，根据不同时期业务流量的变化使网络处于最佳运行状态。对业务量进行疏导和集中。DXC 设备功能模块如图 5.36 所示。

3）DXC 设备类型

类型 I：

提供 VC-4 交叉连接功能（只有高阶通道交叉连接功能块）。DXC4/4 属于此类设备。

类型 II：

只包含 LPC 功能块，仅提供低阶 VC 交叉连接功能。DXC4/1 属于此类设备。

类型 III：

提供所有级别虚容器的交叉连接。DXC4/3/1 和 DXC4/4/1 属于此类设备。

几种典型的 DXC 设备如图 5.37 所示。

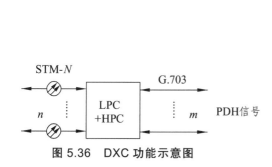

图 5.36　DXC 功能示意图

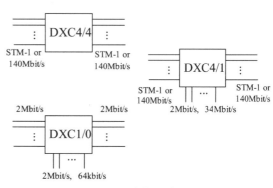

图 5.37　几种典型的 DXC 设备

4. 再生器（REG）

　　光纤存在着衰耗和色散，数字信号经过光纤长距离传输后，幅度会减小，形状会畸变，要进一步延长传输距离，必须采用再生器 REG（Regenerator）。

　　光传输网的再生中继器有两种：纯光的再生中继器和电再生中继器。再生中继器延长传输距离，但不能上、下话路。光的再生中继器对光波进行放大处理。而电再生中继器是将经光纤长距离传输后受到较大衰减及色散畸变的光脉冲信号转换成电信号或进行放大、整形、再定时、再生为规则的电脉冲信号，再调制光源变换为光脉冲信号送入光纤继续传输，以延长通信距离。再生中继器示意图如图 5.38 所示。再生器只对再生器开销（RSOH）进行处理，设备功能模块如图 5.39 所示，以信号流从左到右为例，说明图中设备功能模块的功能如下：

图 5.38　再生中继器示意图

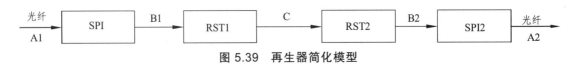

图 5.39　再生器简化模型

　　线路上 STM-*N* 信号经参考点 A1 送入 SPI1 功能块，在 SPI1 中首先完成光电转换，将 STM-*N* 光信号转换成电信号，然后从线路 STM-*N* 信号中提取定时信号，经参考点 T 送给再生器定时发生器，最后进行识别判决，在参考点 B1 处形成电再生的 STM-*N* 信号；SPI1 还要对收到的光信号进行失效条件检测，一旦检测到输入信号丢失（ALOS），则经参考点 S 报告给同步设备管理功能块（SEMF），并经参考点 B1 报告给 RST1。

　　正常时，参考点 B1 送来的是再生后的 STM-N 数据和相关定时信号，在 RST1 中先进行帧定位，然后对 STM-*N* 信号进行解扰码，提取再生段开销（RSOH），最后将再生段开销字节空着的 STM-*N* 帧信号送至参考点 C。RST2 的功能是在进来的数据中插入 RSOH 字节，并对除 RSOH 第一行以外的所有字节进行扰码处理，在参考点 B2 形成完全规格化的 STM-*N* 信号给 SPI2。RSOH 字节是 RST2 产生的，它们可能通过参考点 U 来自 OHA，或者通过参考点 N 来自 MCF，也可能是由 RST1 转接来的。

　　SPI2 的功能是将参考点 B2 送来的 STM-*N* 逻辑电平信号转换成 A2 点的光线路信号。有关发送机状态参数（如 LD 寿命、LD 劣化）则经参考点 S 送到 SEMF 功能块。

　　本节从逻辑功能框图的角度出发，对 SDH 的各种网元作了较为详细的介绍，这不仅有助于理解具体设备，而且可以从更深层次去理解前面提到的再生段和复用段的概念。图 5.40 给出了 SDH 基本网路单元的应用情况。

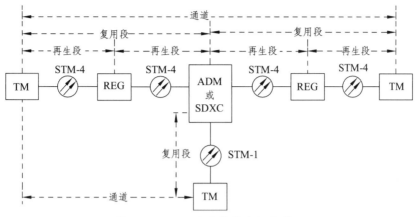

图 5.40　SDH 网中的基本网络单元

5.8　网络结构和保护

5.8.1　SDH 基本网络拓扑

1. 链形网

链形网比较经济,在 SDH 网的早期用得较多,常用于专网,例如铁路网。在链形结构中,信息经过一连串的节点传送,在任一节点上均可以上下业务,如图 5.41 所示。两个终端节点为终端复用器(TM)。中间节点为上、下业务节点时,采用分插复用器(ADM);为再生节点时,采用再生器。链形应用利用分插复用器(ADM)能在中间节点处任意分插 PDH 支路信号,直接与数字程控交换机相连。这种结构无法应付节点和链路失效问题,生存性较差。

图 5.42　链形网

2. 星形网

当涉及通信网中的一个特殊的枢纽节点与其余所有节点相连,而其余所有节点之间互相不能直接相连时,就形成了星形拓扑,又称枢纽形拓扑,如图 5.43 所示。在这种拓扑结构中,除枢纽节点之外的任意两节点间的连接都是通过枢纽节点进行的,枢纽节点为经过的信息流进行路由选择并完成连接功能。这种网络拓扑可以将枢纽站节点的多个光纤终端连接成一个统一的网络,进而实现综合的带宽管理。这种结构对枢纽节点依靠性过大,存在枢纽点的潜在瓶颈问题和失效问题,用于汇接性较强的接入网中。

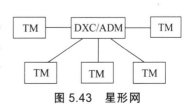

图 5.43　星形网

3. 树形网

将点到点拓扑单元的末端节点连接到几个特殊节点时就形成了树形拓扑。树形拓扑可以看成是链形拓扑和星形拓扑的结合，如图 5.44 所示。这种拓扑结构存在瓶颈问题和光功率预算限制问题，不适用于提供双向通信业务，适合于广播式业务。

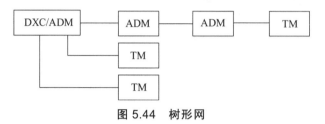

图 5.44　树形网

4. 环形网

将通信网中的所有节点串联起来，且首尾相连，没有任何节点开放时，就形成了环形网。在环形网中，为了完成两个非相邻节点之间的连接，这两个节点之间的所有节点都应完成连接功能，如图 5.45 所示。这种网络拓扑的最大优点是具有很高的生存性，这对现代大容量光纤网络是至关重要的，因而环形网在 SDH 网中受到特殊重视。信息经过一连串的节点后还回到自身，没有终端节点，每一个节点均能上下业务，具有自愈能力，常用于本地网、中继网中。

图 5.45　环形网

5. 网孔形网

将通信网的许多节点直接互连时就形成了网孔形拓扑，如果所有的节点都直接互连时则称为理想网孔形拓扑，如图 5.46 所示。在非理想网孔形拓扑中，没有直接相连的两个节点之间需要经由其他节点的连接功能才能实现连接。网孔形结构不受节点瓶颈问题和失效的影响，两节点间有多种路由可选，可靠性很高，但结构复杂、成本较高，适用于业务量很大且分布又比较均匀的干线网。数字交叉连接设备（DXC）具有大容量、多支路的交叉连接能力，构成网状网时，具有足够的电路冗余度和迂回调度能力，可靠性高、生存性强。但结构复杂、成本较高，常用于长途通信网。

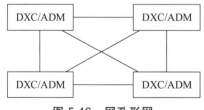

图 5.46　网孔形网

综上所述，所有这些拓扑结构都各有特点，在网中都有可能获得不同程度的应用。网络拓扑的选择应考虑众多因素，如网络应有高生存性、网络配置应当容易、网络结构应当适于新业务的引进等。实际网络中，不同的网络部分采用的拓扑结构也可以不同，例如本地网（即接入网或用户网）中，一般采用环形和星形拓扑结构，有时也采用线形拓扑；在市内局间中继网中，一般采用环形和线形拓扑；长途网则主要采用网孔形拓扑。

5.8.2　网络保护

现代社会对信息的依赖性愈来愈大，一旦网络出现故障（这是难以避免的，例如土建施工中将光缆挖断），将对整个通信系统造成极大的损坏。因此网络的生存能力已成为至关紧要的设计考虑。

1. 自愈的概念

所谓自愈指在网络发生故障（例如光纤断）时，无需人为干预，网络能在极短的时间内（ITU-T 规定为 50 ms 以内），使业务自动恢复传输，让用户几乎感觉不到网络出现了故障。

其基本原理是网络要具备发现、替代传输路由并重新建立通信的能力。替代路由可采用备用设备或利用现有设备中的冗余能力，以满足全部或指定优先级业务的恢复。

网络具有自愈能力的先决条件是有冗余的路由、网元强大的交叉能力以及网元一定的智能。自愈仅是通过备用信道将失效的业务恢复，而不涉及具体故障的部件和线路的修复或更换，所以故障点的修复仍需人工干预才能完成。

2. 自愈环的分类

按照业务通路和保护通路的利用情况，自愈网中存在 1∶1、1+1 等保护形式。1∶1 保护形式是指正常情况下业务信号只在工作通路上传输，在保护通路上可以传输额外的业务信号，当工作通路发生故障时，节点将保护通路上的额外业务舍弃，切换为传输业务信号，实现业务信号的保护。1+1 保护形式是指业务信号同时跨接在工作通路和保护通路，接收业务的节点从工作通路和保护通路中择优接收业务信号，即当工作通路发生故障时，节点自动切换到保护通路接收业务信号。

按照环中每一对节点间所用光纤的最小数量来区分，自愈环可以划分为二纤环和四纤环。

按照上述各种不同的分类方法可以得出多种不同的自愈环结构。通常情况下，通道保护倒换环工作在单向二纤方式，复用段保护倒换环既可以采用单向方式，又可以采用双向方式，既可以是二纤方式，又可以是四纤方式。下面以 4 个节点的环为例，分别介绍 4 种典型、实用的自愈环结构。

目前环形网络的拓扑结构用得最多，因为环形网具有较强的自愈功能。

SDH 自愈环保护方式有：二纤单向通道保护环、二纤双向通道保护环、二纤单向复用段保护环、二纤双向复用段保护环、四纤双向复用段保护环。

最基本的保护方式有：二纤单向通道保护环和二纤双向复用段保护环。

对于通道保护环，业务量的保护是以通道为基础的，倒换与否按分出的每一个通道信号的质量的好坏而定，而倒换的动作也是以通道为单位分别进行的；对于复用段保护倒换环，业务量的保护是以复用段为基础的，倒换与否按每一节点间的复用段信号质量的优劣而定，当复用段出问题时，整个节点间的业务都倒向保护环。下面分别介绍其工作原理。

3. 二纤单向通道倒换环

工作原理：二纤单向通道保护倒换环的保护方式为通道 1+1 保护，也是基于"并发优收"的原则，以 PATH-AIS 为倒换的判据，不需要 APS 协议。

两根光纤 S 光纤和 P 光纤。S 光纤用于传送业务信号，P 光纤用于保护。例如信号要从 A 点传到 C 点，支路信号同时送入 S、P 两根光纤，S 光纤顺时针传送，P 光纤逆时针传送，C 点同时收到来自两个方向的支路信号，按信号的优劣选出一路输出，如图 5.47（a）所示的 A 节点发来的 S 光纤信号由 C 点接收。

当 BC 节点之间的光缆被切断时，S 光纤信号丢失，按照优选原则，倒换开关就选出 P 光纤信号从 C 点输出如图 5.47（b）所示。故障排除后，开关返回原来位置。

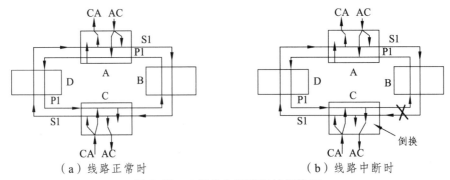

（a）线路正常时　　　　　　　　　　（b）线路中断时

图 5.47　二纤单向通道保护倒换环

4. 二纤单向复用段保护倒换环

二纤单向复用段保护倒换环如图 5.48 所示。在二纤单向复用段倒换环中，节点在支路信号分插功能前的每一高速线路上都有一保护倒换开关，正常情况下，低速支路信号仅仅从 S1 进行分插，P1 是空闲的，由 A 到 C 以及由 C 返回 A 的信号都是沿 S1 顺时针方向传送的，所以它是一个单向环。

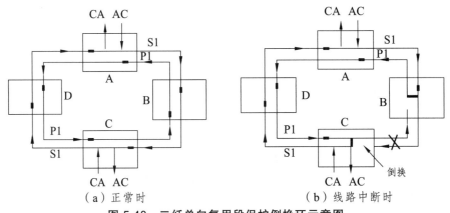

（a）正常时　　　　　　　　　　（b）线路中断时

图 5.48　二纤单向复用段保护倒换环示意图

在图 5.48 中，当 B 和 C 节点间的光缆被切断，B 和 C 节点中的保护倒换开关将利用 APS 协议执行环回功能，在 B 节点，S1 上的 AC 信号经倒换开关从 P1 返回，沿逆时针方向经过 A 和 D 节点到达 C 节点，并经过 C 节点的倒换开关环回到 S1 并落地分路。这种环回倒换功能能保证在故障状况下仍维持环的连续性，使低速支路上的业务信号不会中断，故障排除后，倒换开关返回原来位置。

5. 四纤双向复用段倒换环

四纤双向复用段倒换环有两根分别对应收发方向的业务光纤 S1 和 S2，以及两根分别对应收发方向的保护光纤 P1 和 P2。四纤双向复用段倒换环如图 5.49 所示。

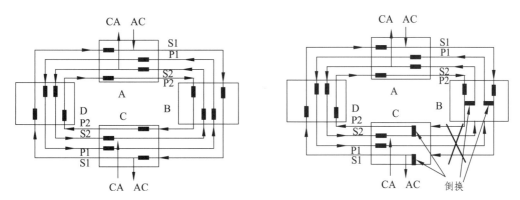

图 5.49　四纤双向复用段倒换环示意图

如图 5.49 所示，正常情况下，从 A 节点进入环，以 C 节点为目的地的低速支路信号沿 S1 顺时针传输，而由 C 节点返回 A 节点的低速支路信号则沿 S2 逆时针传输，所以它是一个双向环；而保护光纤 P1 和 P2 是空闲的。当 B 和 C 节点间的光缆被切断时，利用 APS 协议，B 和 C 节点中各有两个倒换开关执行环回功能，从而得以维持环的连续性。在 B 节点光纤 S1 和 P1 沟通，S2 和 P2 沟通。沿 S1 的 AC 信号在 B 节点经倒换开关从 P1 返回，沿逆时针方向经过 A 和 D 节点到达 C 节点，并经倒换开关回到 S1 光纤落地分路，CA 信号也类似。其原理和前述二纤单向复用段倒换环类似，故障排除后，倒换开关返回原来位置。

6. 二纤双向复用段倒换环

从图 5.49 中可以看出，S1 上的业务信号与 P2 上的保护信号的传输方向完全相同，都是顺时针。利用时隙交换技术，可使光纤 S1 和 P2 上的信号都置于一根光纤上，这根光纤就称为 S1/P2 光纤，这时，这根光纤上的一半时隙如奇时隙用于传业务信号，而另一半时隙如偶时隙留给保护信号，同样也有 S2/P1 光纤。S1/P2 上的保护信号时隙可保护 S2/P1 上的业务信号，而 S2/P1 上的保护信号时隙可保护 S1/P2 上的业务信号。于是，四纤环就可以简化为二纤环。对于二纤双向复用段倒换环我们一般采用奇偶时隙保护，也有其他的保护形式，如前半时隙传业务信号，后半时隙传保护信号。二纤双向复用段倒换环如图 5.50 所示。

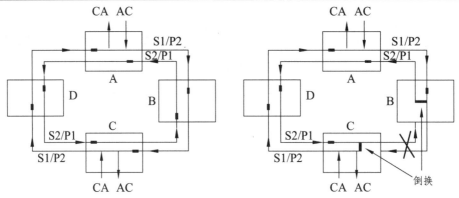

图 5.50　二纤双向复用段倒换环示意图

当 B 和 C 节点间光缆被切断，B 和 C 节点内的倒换开关将根据 APS 协议，将 S1/P2 与 S2/P1 沟通。利用时隙交换技术，可将 S1/P2 和 S2/P1 上的业务信号时隙移到另一根光纤上的保护信号时隙，从而完成保护倒换作用，保护倒换时间小于 30 ms。例如，S1/P2 的业务信号奇时隙可转移到 S2/P1 上的保护信号偶时隙，即把所有的业务信号置于一根光纤上传输，并且在 A，B，C，D 这四个站点都要进行这种时隙交换。当故障排除后，倒换开关返回原来位置。

双纤双向复用段保护环在组网中使用得较多，主要用于 622 Mbit/s 和 2.5 Gbit/s 系统，也是适用于业务分散的网络。

当前组网中常见的自愈环只有二纤单向通道保护环和二纤双向复用段保护环两种，表 5.3 将二者进行比较。

表 5.3　两种自愈环的比较

项　目	单向通道环	二纤复用段环
节点数	k	k
线路速率	STM-N	STM-N
环传输容量	STM-N	$k/2$STM-N
APS 协议	不用	用
倒换时间	<30 ms	50～200 ms
节点成本	低	中
系统复杂性	简单	复杂
主要应用场合	接入网、中继网（集中型业务）	中断网、长途网（分散型业务）

除了自愈环外，在网状网中，节点若采用 DXC 设备，利用其快速交叉连接能力可以迅速找到替代路由恢复业务。

5.8.3　SDH 的组网应用介绍

1. T 形网

T 形网的作用是将低速支路的业务通过网元 A 分支/插入到干线高速系统上去。将干线上

设为 STM-16 系统，支线上设为 STM-4 系统，T 形网的作用是将支路的业务 STM-4 通过网元
A 上/下到干线 STM-16 系统上去，此时支线接在网元 A 的支路上，支线业务作为网元 A 的
低速支路信号，通过网元 A 进行分插。如图 5.51 所示。

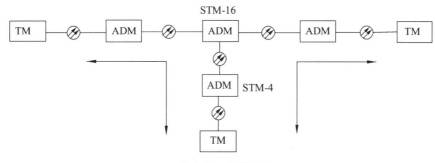

图 5.51　T 形网

2. 环带链

它适用于光接入网。环形网的自愈能力强。链的速率低于环的速率。环带链由环网和链
网两种基本拓扑形式组成，链接在网元 A 处，链的 STM-4 业务作为网元 A 的低速支路业务，
并通过网元 A 的分/插功能上/下环。STM-4 业务在链上无保护，上环会享受环的保护功能。
例如：网元 C 和网元 D 互通业务，A—B 光缆段断，链上业务传输中断，A—C 光缆段断，
通过环的保护功能，网元 C 和网元 D 的业务不会中断。如图 5.52 所示。

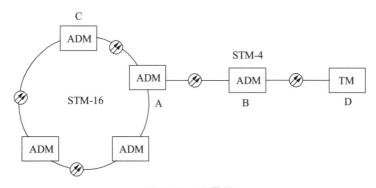

图 5.52　环带链

3. 双节点环

两个环形网络通过 A、B 节点相连，网络的保护能力得以提高。两 STM-16 环通过 A、B
两网元的支路部分连接在一起，两环中任何两网元都可通过 A、B 之间的支路互通业务，且
可选路由多，系统冗余度高。两环间互通的业务都要经过 A、B 两网元的低速支路传输，存
在一个低速支路的安全保障问题。如图 5.53 所示。

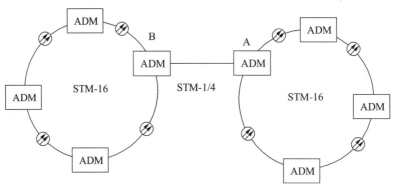

图 5.53 双节点环

4. 相切环

相切环能提供更多的路由，加大系统可靠性与冗余性。图中三个环相切于公共节点网元 A，网元 A 可以是 DXC，也可用 ADM 等效（环Ⅱ、环Ⅲ均为网元 A 的低速支路）。这种组网方式可使环间业务任意互通，具有比通过支路跨接环网更大的业务疏导能力，业务可选路由更多，系统冗余度更高。不过这种组网存在重要节点（网元 A）的安全保护问题。如图 5.54 所示。

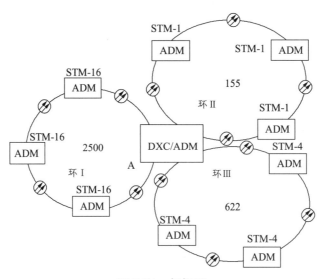

图 5.54 相切环

5. 相交环

为备份重要节点及提供更多的可选路由，加大系统的冗余度，可将相切环扩展为相交环，如图 5.55 所示。相交环能够提供更多的路由，加大系统可靠性与冗余性。

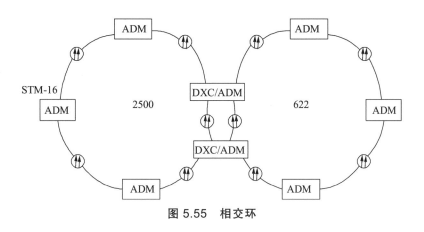

图 5.55　相交环

6. 枢纽网

枢纽网的网络结构如图 5.56 所示。网元 A 作为枢纽点可在支路侧接入各个 STM-1 或 STM-4 的链路或环，通过网元 A 的交叉连接功能，提供支路业务上/下主干线，以及支路间业务互通。支路间业务的互通经过网元 A 的分/插，可避免支路间铺设直通路由和设备，也不需要占用主干网上的资源。

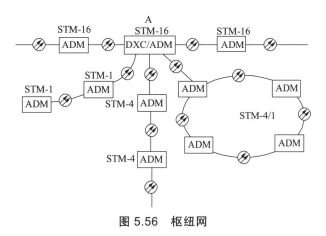

图 5.56　枢纽网

5.9　SDH 光接口参数

1. 光接口的标准化

光接口是同步光缆数字线路系统最具特色的部分，由于它实现了标准化，使得不同网元可以经光路直接相连，节约了不必要的光/电转换，避免了信号因此而带来的损伤（例如脉冲变形等），节约了网络运行成本。

按照应用场合的不同，可将光接口分为三类：局内通信光接口、短距离局间通信光接口和长距离局间通信光接口。不同的应用场合用不同的代码表示。

2. 常用光纤的类型

ITU-T 规范了三种常用光纤：符合 G.652 规范的光纤、符合 G.653 规范的光纤、符合规范 G.655 的光纤。其中 G.652 光纤指在 1 310 nm 波长窗口色散性能最佳，又称之为色散未移位的光纤（也就是 0 色散窗口在 1 310 nm 波长处），它可应用于 1 310 nm 和 1 550 nm 两个波长区；G.653 光纤指 1 550 nm 波长窗口色散性能最佳的单模光纤，又称之为色散移位的单模光纤，它通过改变光纤内部的折射率分布，将零色散点从 1 310 nm 迁移到 1 550 nm 波长处，使 1 550 nm 波长窗口色散和损耗都较低，它主要应用于 1 550 nm 工作波长区；G.654 光纤称之为 1 550 nm 波长窗口损耗最小光纤，它的 0 色散点仍在 1 310 nm 波长处，它主要工作于 1 550 nm 窗口，主要应用于需要很长再生段传输距离的海底光纤通信。G.655 光纤主要用于波分系统，可以抑制波分系统中出现的"四波混频"。

3. 光接口的分类

① 局内通信：互连距离小于 2 km，用字母 I 表示；

② 短距离局间通信：互连距离近似 15 km，用字母 S 表示；

③ 长距离局间通信：用字母 L 表示，40 km 内用 1 310 nm 窗口，80 km 内用 1 550 nm 窗口；

④ 甚长距离局间通信：用字母 V 表示，1 550 nm 窗口；

⑤ 超长距离局间通信：用字母 U 表示，1 550 nm 窗口。

4. 光接口应用代码

第一位大写字母表示通信距离，字母后第一部分数字表示 STM 等级，第二部分数字表示光纤类型和工作波长。"1"表示使用 G.652 光纤，工作波长为 1 310 nm。"2"表示使用 G.652 光纤工作波长为 1 550 nm。"3"表示使用 G.653，光纤工作波长为 1 550 nm。如表 5.4 所示。例如：L-16.2 表示 STM-16 等级的长距离局间通信，使用 G.652 光纤工作波长为 1 550 nm。

表 5.4 光接口应用代码

应　　用		局内通信	短距离局间通信		长距离局间通信		
光源标称波称/nm		1 310	1 310	1 550	1 310	1 550	
光纤类型		G.652	G.652	G.652	G.652	G.652 G.654	G.653
目标传输距离/km		≤2	~15（STM-64 为 20）		~40	~80	
STM 等级	STM-1	I-1	S-1.1	S-1.2	L-1.1	L-1.2	L-1.3
	STM-4	I-4	S-4.1	S-4.2	L-4.1	L-4.2	L-4.3
	STM-16	I-16	S-16.1	S-16.2	L-16.1	L-16.2	L-16.3
	STM-64	I-64	S-64.1	S-64.2	L-64.1	L-64.2	L-64.3

5. SDH 光接口参数

1）光接口参数

SDH 网络系统的光接口位置如图 5.57 所示。

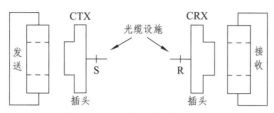

图 5.57　光接口位置示意图

图中 S 是光发送机（TX）的活动连接器（CTX）后的参考点，R 是光接收机（RX）的活动连接器（CRX）前的参考点，光接口的参数可以分为三大类：参考点 S 处的发送机光参数、参考点 R 处的接收机光参数和 S—R 点之间的光参数。在规范参数的指标时，均规范为最坏值，即在极端的（最坏的）光通道衰减和色散条件下，仍然要满足每个再生段（光缆段）的误码率不大于 1×10^{-10} 的要求。

2）平均发送光功率

它是在 S 参考点处所测得的发送机发送的伪随机信号序列的平均光功率。例如，表 5.5 给出了 STM-1 光接口的平均发送光功率的指标要求。

表 5.5　平均发送光功率

光接口等级	光接口类型	标准参数/dBm	典型值/dBm
STM-1	I-1	$-19 \sim -14$	-17
	S-1.1	$-15 \sim -8$	-11
	L-1.1	$-5 \sim 0$	-4
	L-1.2	$-5 \sim 0$	-4

3）接收灵敏度

接收灵敏度定义为 R 点处为达到 1×10^{-10} 的 *BER* 值所需要的平均接收功率的最小值。一般开始使用时、正常温度条件下的接收机与寿命终了时与处于最恶劣温度条件下的接收机相比，灵敏度余度一般为 $2 \sim 4$ dB。一般情况下，对设备灵敏度的实测值要比指标最小要求值（最坏值）大 3 dB 左右（灵敏度余度）。表 5.6 给出了 STM-1 光接口的接收灵敏度指标要求。

表 5.6　光接收灵敏度

光接口等级	光接口类型	标准参数/dBm	典型值/dBm
STM-1	I-1	< -25	-29
	S-1.1	< -28	-37
	L-1.1	< -34	-37
	L-1.2	< -34	-37

4）接收过载功率

它定义为在 R 点处为达到 1×10^{-10} 的 *BER* 值所需要的平均接收光功率的最大值。因为，当接收光功率高于接收灵敏度时，由于信噪比的改善使 *BER* 变小，但随着光接收功率的继续增加，接收机进入非线性工作区，反而会使 *BER* 下降，如图 5.58 所示。

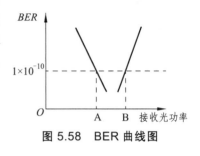

图 5.58 BER 曲线图

图中 A 点处的光功率是接收灵敏度，B 点处的光功率是接收过载功率，A—B 之间的范围是接收机可正常工作的动态范围。表 5.7 给出了 STM-1 光接口的接收过载功率指标要求。

表 5.7 接收过载功率

光接口等级	光接口类型	标准参数/dBm	典型值/dBm
STM-1	I-1	> -14	-13
	S-1.1	> -8	-5
	L-1.1	> -10	-5
	L-1.2	> -10	-5

5.10 SDH 网同步

数字通信网中要解决的首要问题是网同步问题，因为要保证发端在发送数字脉冲信号时将脉冲放在特定时间位置上（即特定的时隙中），而收端要能在特定的时间位置处将该脉冲提取解读，以保证收发两端的正常通信，而这种保证收发两端能正确地在某一特定时间位置上提取发送信息的功能则是由收发两端的定时时钟来实现的。因此，网同步的目的是使网中各节点的时钟频率和相位都限制在预先确定的容差范围内，以免由于数字传输系统中收发定位的不准确导致传输性能的劣化（误码、抖动）。

为了支撑数字通信网，需要一个给各种数字通信设备提供高准确度的定时基准的支撑网-数字同步网，简称同步网。同步网由节点时钟和同步链路组成。节点时钟和同步链路可以使用 SDH 设备。

5.10.1 SDH 网同步方式

解决数字网同步有两种方法：伪同步和主从同步。伪同步是指数字交换网中各数字交换局在时钟上相互独立，毫无关联，而各数字交换局的时钟都具有极高的精度和稳定度，一般用铯原子钟。由于时钟精度高，网内各局的时钟虽不完全相同（频率和相位），但误差很小，接近同步，于是称之为伪同步。主从同步指网内设一时钟主局，配有高精度时钟，网内各局均受控于该主局（即跟踪主局时钟，以主局时钟为定时基准），并且逐级下控，直到网络中的末端网元——终端局。一般伪同步方式用于国际数字网中，也就是一个国家与另一个国家的数字网之间采取这样的同步方式，例如中国和美国的国际局均各有一个铯时钟，二者采用伪同步方式。主从同步方式一般用于一个国家、地区内部的数字网，它的特点是国家或地区只有一个主局时钟，网上其他网元均以此主局时钟为基准来进行本网元的定时。主从同步和伪同步的原理如图 5.59 所示。

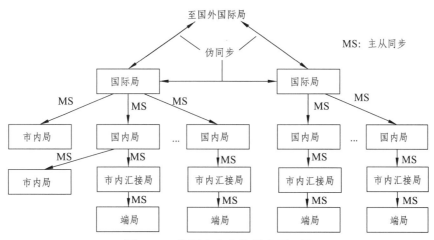

图 5.59　伪同步和主从同步原理图

为了增加主从定时系统的可靠性，可在网内设一个副时钟，采用等级主从控制方式。两个时钟均采用铯时钟，在正常时主时钟起网络定时基准作用，副时钟亦以主时钟的时钟为基准。当主时钟发生故障时，改由副时钟给网络提供定时基准，当主时钟恢复后，再切换回由主时钟提供网络基准定时。

我国采用的同步方式是等级主从同步方式，其中主时钟在北京，副时钟在武汉。在采用主从同步时，上一级网元的定时信号通过一定的路由——同步链路或附在线路信号上从线路传输到下一级网元。该级网元提取此时钟信号，通过本身的锁相振荡器跟踪锁定此时钟，并产生以此时钟为基准的本网元所用的本地时钟信号，同时通过同步链路或通过传输线路（即将时钟信息附在线路信号中传输）向下级网元传输，供其跟踪、锁定。若本站收不到从上一级网元传来的基准时钟，那么本网元通过本身的内置锁相振荡器提供本网元使用的本地时钟并向下一级网元传送时钟信号。

数字网的同步方式除伪同步和主从同步外，还有相互同步、外基准注入、异步同步（即低精度的准同步）等。下面讲一下外基准注入同步方式。

外基准注入方式起备份网络上重要节点的时钟的作用，以避免当网络重要节点主时钟基准丢失，而本身内置时钟的质量又不够高，以至于大范围影响网元正常工作的情况。外基准注入方法是利用 GPS（卫星全球定位系统），在网元重要节点局安装 GPS 接收机，提供高精度定时，形成地区级基准时钟（LPR），该地区其他的下级网元在主时钟基准丢失后仍采用主从同步方式跟踪这个 GPS 提供的基准时钟。

5.10.2　主从同步网中从时钟的工作模式

主从同步的数字网中，从站（下级站）的时钟通常有三种工作模式。

1. 正常工作模式——跟踪锁定上级时钟模式

此时从站跟踪锁定的时钟基准是从上一级站传来的，可能是网中的主时钟，也可能是上一级网元内置时钟源下发的时钟，也可是本地区的 GPS 时钟。

与从时钟工作的其他两种模式相比较，此种从时钟的工作模式精度最高。

2. 保持模式

当所有定时基准丢失后，从时钟进入保持模式，此时从站时钟源利用定时基准信号丢失前所存储的最后频率信息作为其定时基准而工作。也就是说从时钟有"记忆"功能，通过"记忆"功能提供与原定时基准较相符的定时信号，以保证从时钟频率在长时间内与基准时钟频率只有很小的频率偏差。但是由于振荡器的固有振荡频率会慢慢地漂移，故此种工作方式提供的较高精度时钟不能持续很久。此种工作模式的时钟精度仅次于正常工作模式的时钟精度。

3. 自由运行模式——自由振荡模式

当从时钟丢失所有外部基准定时的时候，也失去了定时基准记忆或处于保持模式太长，从时钟内部振荡器就会工作于自由振荡方式，此种模式的时钟精度最低。

5.10.3　SDH 网的时钟等级

SDH 网的主从同步时钟可按精度分为四个类型（级别），分别对应不同的使用范围：作为全网定时基准的主时钟；作为转接局的从时钟；作为端局（本地局）的从时钟；作为 SDH 设备的时钟（即 SDH 设备的内置时钟）。ITU-T 将各级别时钟进行规范（对各级时钟精度进行了规范），时钟质量级别由高到低分列于下：

- 基准主时钟——满足 G.811 规范。
- 转接局时钟——满足 G.812 规范（中间局转接时钟）。
- 端局时钟——满足 G.813 规范（本地局时钟）。
- SDH 网络单元时钟——满足 G.813 规范（SDH 网元内置时钟）。

在正常工作模式下，传到相应局的各类时钟的性能主要取决于同步传输链路的性能和定时提取电路的性能。在网元工作处于保护模式或自由运行模式时，网元所使用的各类时钟的性能，主要取决于产生各类时钟的时钟源的性能（时钟源相应的位于不同的网元节点处），因此，高级别的时钟须采用高性能的时钟源。

5.10.4 SDH 网络常见的定时方式

SDH 网络是整个数字网的一部分，它的定时基准应是这个数字网的统一的定时基准。通常，某一地区的 SDH 网络以该地区高级别局的转接时钟为基准定时源，这个基准时钟可能是该局跟踪的网络主时钟、GPS 提供的地区时钟基准（LPR）或是本局的内置时钟源提供的时钟（保持模式或自由运行模式）。那么这个 SDH 网是怎样跟踪这个基准时钟来保持网络同步的呢？首先，在该 SDH 网中要有一个 SDH 网元时钟主站，这里所谓的时钟主站是指该 SDH 网络中的时钟主站，网上其他网元的时钟以此网元时钟为基准，也就是说其他网元跟踪该主站网元的时钟，那么这个主站的时钟是何处而来的？因为 SDH 网是数字网的一部分，网上同步时钟应为该地区的时钟基准时，该 SDH 网上的主站一般设在本地区时钟级别较高的局，SDH 主站所用的时钟就是该转接局时钟。我们在讲设备逻辑组成时，讲过设备有 SETPI 功能块，该功能块的作用就是提供设备时钟的输入/输出口。主站 SDH 网元的 SETS 功能块通过该时钟输入口提取转接局时钟，以此作为本站和 SDH 网络的定时基准。

若局时钟不从 SETPI 功能块提供的时钟输入口输入 SDH 主站网元，那么此 SDH 网元可从本局上/下的 PDH 业务中提取时钟信息（依靠 PPI 功能块的功能）作为本 SDH 网络的定时基准。

此 SDH 网上其他 SDH 网元是如何跟踪这个主站 SDH 网时钟呢？可通过两种方法，一种是通过 SETPI 提供的时钟输出口将本网元时钟输出给其他 SDH 网元。因为 SETPI 提供的接口是 PDH 接口，一般不采用这种方式（指针调整事件较多）。最常用的方法是将本 SDH 主站的时钟放于 SDH 网上传输的 STM-N 信号中，其他 SDH 网元通过设备的 SPI 功能块来提取 STM-N 信号中的时钟信息，并进行跟踪锁定，这与主从同步方式相一致。

总之，SDH 设备在网中的不同应用配置，可以有下述 5 种不同的定时工作方式。

1. 外同步输入定时

SDH 设备时钟的定时基准由外部定时源供给。

2. 通过定时

SDH 设备输出的 STM-N 信号的发送时钟从同方向终结的 STM-N 接收信号中提取，通常再生器采用通过定时方式。

3. 环路定时

SDH 设备输出的 STM-N 信号的发送时钟从相应的 STM-N 接收信号中提取。这种简单的定时方式适用于没有外同步接口的星状网边缘网元配置。

4. 线路定时

SDH 设备所有输出的 STM-N（东）和 STM-N（西）信号的发送时钟都将同步于从某一特定的接收 STM-N 信号中提取的定时信号。通常没有条件采用外同步定时方式的 ADM 采用这种方式。

5. 内部定时

SDH 设备都有内部定时源，当所有外同步源都丢失时，可使用内部定时方式。

5.10.5 在数字网中传送时钟基准应注意几个问题

（1）在同步时钟传送时不应存在环路。如图 5.60 所示。

若 NE2 跟踪 NE1 的时钟，NE3 跟踪 NE2，NE1 跟踪 NE3 的时钟，这时同步时钟的传送链路组成了一个环路，这时若某一网元时钟劣化，就会使整个环路上网元的同步性能连锁性的劣化。

（2）尽量减少定时传递链路长度避免由于链路太长影响传输的时钟信号质量。

图 5.60　网络图

（3）从站时钟要从高一级设备或同一级设备获得基准。

（4）应从分散路由获得主、备用时钟基准，以防止当主用时钟传递链路中断后，导致时钟基准丢失的情况。

（5）选择可用性高的传输系统来传递时钟基准。

5.11　SDH 网络管理系统

SDH 的一个显著特点是在帧结构中安排了丰富的开销比特，从而使其网络的监控和管理能力大大增强。SDH 管理网是电信管理网（TMN）的一个子网，因而，它的体系结构继承和遵从了 TMN 的结构。在 SDH 管理网中，为了提供一定的标准化方法来保证网管设计和定义的模块化特征，保证协议和过程的可扩展性，保证各厂家的产品能够实现纵向与横向的兼容性，采用了开放系统互连（OSI）的网络管理体系结构。

5.11.1 SDH 网络管理的基本概念

SDH 管理网（SMN）负责管理 SDH 网元（NE），它又可细分成一系列的 SDH 管理子网（SMS）。

SDH 的网络管理可以划分为 5 层，从下至上分别为网元层（NEL）、网元管理层（EML）、网络管理层（NML）、业务管理层（SML）和商务管理层（BML）。

1. 网元层

网元层是最基本的管理层，它本身具有一定的管理功能，对待定的管理区域，网元管理器设置在一个网元中会带来很大的灵活性。网元层的基本功能应包含单板的配置、故障、性能等管理功能。在某些情况下可以实现分布管理，此时单个网元具有很强的管理功能，从而对网络响应各种事件的速度极为有益，尤其是为了达到保护目的而进行的通路恢复情况更是如此。

2. 网元管理层

网元管理层应提供诸如配置管理、故障管理、性能管理、安全管理和计费管理等功能。还应提供一些附加的管理软件包以支持进行资源及维护分析功能。

3. 网络管理层

网络管理层负责对所辖区域进行监视和控制，应具备 TMN 所要求的主要管理应用功能，并能对多数不同厂家的单元管理器进行协调和通信。

4. 业务管理层

负责处理合同事项，在提供和中止服务、计费、业务质量、故障报告方面提供与用户基本的联系点，并与网元管理层、商务管理层及业务提供者进行交互式联络。另外还应保存所统计的数据。

5. 商务管理层

负责总的计划和运营者之间达成的协议。

SDH 网管主要的操作运行接口包括 Q3、Qx 和 F 接口。

5.11.2　网元管理

网元管理的网络结构如图 5.61 所示。SDH 网管系统利用帧结构中丰富的开销字节，实施对 SDH 设备和 SDH 传送网的各项管理，在网元（NE）一级的 SDH 管理系统功能如下所述。

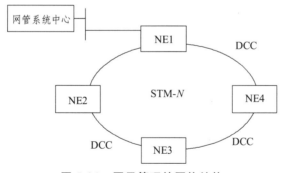

图 5.61　网元管理的网络结构

1. 故障管理功能

故障管理子系统的任务是将数据转换成信息。该系统从网元接受故障和告警数据，并将其转换为网络性能报告，主要包括告警监视、告警历史管理以及测试管理等内容。SDH 网管系统的故障管理功能对设备的运营不良状况提出警示和故障定位。

具体功能如下：

实时告警监视：对 SDH 网元的状态进行监视：如信号丢失、发送机失效、帧失步、误码越限、告警指示信号、接收光功率过低、定时信号丢失或劣化、单元机盘故障、电源故障等。

告警显示：应具有可闻、可视的告警显示，并有告警级别等显示。

故障定位：以图形或文本显示方式进行故障定位，如定位到局站、机架、子架、单元盘、功能块。

告警日志生成：生成、存储、输出告警报告（级别、时间、告警源）。

告警过滤和屏蔽功能：

过滤：可有选择地显示或不显示某些告警；屏蔽：可屏蔽（禁止）上报某些告警。

2. 性能管理功能

性能管理子系统的任务是将数据转换成信息。该系统从网元接受故障和告警数据，并将其转换为网络性能报告，主要包括收集数据、存储数据、门限管理以及统计事件等内容。

主要功能是性能数据的收集如误码率、保护倒换事件与时间等。

数据采集方式：15 分钟与 24 小时计数器；

性能报告：把各种性能数据整理后形成报告。有定期上报、请求上报、越限自动上报等形式。

3. 配置管理功能

简单地说，配置管理的任务就是快速、准确地将信息转换为数据，由网络管理系统内的软件快速、准确地将选路要求（信息）转换为性能指令（数据），这些指令在适当的时候由相应的网元加以实现（如 ADM 或 DXC）。其功能主要包括设备工作状态的设定和控制、设备工作参数的设定和检索、连接管理以及开销字节的设置和检索等方面。

主要功能包括指配功能：如网元类型、接口、通道、交叉、时钟等的配置；网元管理：如各种配置数据、时钟等的网元状态监控，端口配置、通道类型、交叉矩阵等的查询。

4. 安全管理功能

安全管理功能主要包括使用者权限、网络资源、DCC 通道及其他数据通信网的安全管理等。操作者的级别和权限一般分四级：管理用户、维护用户、操作用户、监视用户。每级仅限在规定范围操作。登录管理：进入系统前必须输入用户名、口令等，待系统确认后方可进入。访问控制：一是防止越权非法操作；二是可按管理域进行管理。操作日志管理：操作日志包括操作人员的身份、登录的时间与地点、操作类型、操作结果等。

5. 综合管理功能

综合管理功能主要包括人机界面管理、报表生成和打印管理、管理软件的下载及重载管理等。计费信息的提供、计费信息的输出

以上简介了网元管理层的主要功能。网元管理的网络结构如图 5.61 所示。

网络管理层的功能是在其基础上有所拓展，功能也更为强大。由于目前 SDH 网管系统属于分布式处理系统，因此，已实现的大部分网络都是依靠不同层次的管理部件协同工作来实现管理。

5.12　MSTP 简介

MSTP（Multi-Service Transfer Platform）（基于 SDH 的多业务传送平台）是指基于 SDH 平台同时实现 TDM、ATM、以太网等业务的接入、处理和传送，提供统一网管的多业务节点。

基于 SDH 的多业务传送节点除应具有标准 SDH 传送节点所具有的功能外，还具有以下主要功能特征。

（1）具有 TDM 业务、ATM 业务或以太网业务的接入功能；

（2）具有 TDM 业务、ATM 业务或以太网业务的传送功能包括点到点的透明传送功能；

（3）具有 ATM 业务或以太网业务的带宽统计复用功能；

（4）具有 ATM 业务或以太网业务映射到 SDH 虚容器的指配功能。

MSTP 可以将传统的 SDH 复用器、数字交叉链接器（DXC）、WDM 终端、网络二层交换机和 IP 边缘路由器等多个独立的设备集成为一个网络设备，即基于 SDH 技术的多业务传送平台（MSTP），进行统一控制和管理。基于 SDH 的 MSTP 最适合作为网络边缘的融合节点支持混合型业务，特别是以 TDM 业务为主的混合业务。它不仅适合缺乏网络基础设施的新运营商，应用于局间或 POP 间，还适合于大企事业用户驻地。而且即便对于已敷设了大量 SDH 网的运营公司，以 SDH 为基础的多业务平台可以更有效地支持分组数据业务，有助于实现从电路交换网向分组网的过渡。这就要求 SDH 必须从传送网转变为传送网和业务网一体化的多业务平台，即融合的多业务节点。MSTP 的实现基础是充分利用 SDH 技术对传输业务数据流提供保护恢复能力和较小的延时性能，并对网络业务支撑层加以改造，以适应多业务应用，实现对二层、三层的数据智能支持。即将传送节点与各种业务节点融合在一起，构成业务层和传送层一体化的 SDH 业务节点，称为融合的网络节点或多业务节点。MSTP 结构示意图如图 5.62 所示。

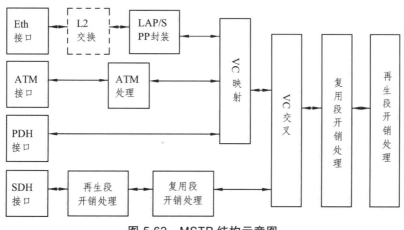

图 5.62　MSTP 结构示意图

本章小结

SDH 体制有一套标准的信息结构等级，即有一套标准的速率等级。基本的信号传输结构等级是同步传输模块——STM-1，相应的速率是 155 Mbit/s。高阶的数字信号系列 622 Mbit/s（STM-4）、2.5 Gbit/s（STM-16）等，可通过将低速率等级的信息模块（例如 STM-1）通过字节间插同步复接而成。

STM-*N* 的帧是以字节（8 bit）为单位的矩形块状帧结构。

SDH 信号帧传输的原则是：帧结构中的字节（8 bit）从左到右，从上到下一个字节一个字节（一个比特一个比特）的传输，传完一行再传下一行，传完一帧再传下一帧。

ITU-T 规定对于任何级别的 STM 等级，帧频是 8 000 帧/秒，也就是帧长或帧周期为恒定的 125 μs。

STM-*N* 的帧结构由 3 部分组成：段开销，包括再生段开销（RSOH）和复用段开销（MSOH）；管理单元指针（AU-PTR）；信息净负荷（payload）。

SDH 的复用包括两种情况：一种是低阶的 SDH 信号复用成高阶 SDH 信号；另一种是低速支路信号（例如 2 Mbit/s、34 Mbit/s、140 Mbit/s）复用成 SDH 信号 STM-*N*。

对 SDH 功能模块的选用构成了不同的应用网元，包括 TM、ADM、DXC 和 REG 等。

SDH 的拓扑结构有链形网、星形网、树形网、环形网和网孔形网。

网络自愈是指当业务信道损坏导致业务中断时，网络会自动将业务切换到备用业务信道，使业务能在较短的时间（ITU-T 规定为 50 ms 以内）得以恢复正常传输。常用的保护倒换的方式有通道保护环和复用段保护环。

SDH 的网络管理系统对 SDH 设备进行运营维护管理。主要包括性能管理、故障管理、配置管理、安全管理和综合管理。

光纤接口标准化目的是实现兼容。SDH 光通信系统的设计应符合接口规范要求。

复习思考题

一、填空题

1. 光纤大容量数字传输目前都采用同步时分复用（TDM）技术，复用又分为若干等级，因而先后有两种传输体制：＿＿＿＿系列（　　　）和＿＿＿＿系列（　　　）。

2. SDH 是一种传输的＿＿＿＿＿，它规范了数字信号的＿＿＿＿＿、＿＿＿＿＿、＿＿＿＿＿、＿＿＿＿等特性。

3. PDH 的系列速率为＿＿＿＿＿＿＿，SDH 的系列速率为＿＿＿＿＿＿＿＿。

4. 一个 STM-*N* 帧有＿＿＿＿＿行，每行由＿＿＿＿＿个字节组成。每帧共有＿＿＿＿＿个字节，每字节为＿＿＿＿＿比特。帧周期为＿＿＿＿＿，即每秒传输＿＿＿＿＿帧，对于 STM1 而言，传输速率为＿＿＿＿＿bit/s，发送顺序为＿＿＿＿＿。

5. STM-*N* 帧中再生段 DCC 的传输速率为＿＿＿＿＿＿＿；复用段 DCC 的传输速率为＿＿＿＿＿＿。

6. 若设备只用 E2 通公务电话，则再生器＿＿＿＿＿＿（选能或不能）通公务电话。理由是＿＿＿＿＿。

7. 设备能根据 S1 字节来判断＿＿＿＿＿＿。S1 的值越小，表示＿＿＿＿＿＿。

8. J1 为＿＿＿＿＿＿，被用来＿＿＿＿＿。C2 用来＿＿＿＿＿＿。

9. K1、K2 字节用于＿＿＿＿＿＿，DCC 用于＿＿＿＿＿＿＿。

10. B1 监测到有误码后，在本端有＿＿＿＿＿＿＿＿性能事件上报网管并显示相应的误块数。

11. B2 监测到有误码后，在本端有＿＿＿＿＿＿性能事件上报网管并显示相应的误块数，并通过＿＿＿＿＿＿字节将误码块数会传给发送端，同时在发送端的性能事件＿＿＿＿＿＿中显示相应的误块数。

12. B3 对＿＿＿＿＿＿进行 BIP-8 校验，若监测出有误码，在本端有＿＿＿＿＿＿性能事件上报网管并显示相应的误块数，并通过＿＿＿＿＿＿字节将误码块数会传给发送端，同时在发送端的相应的 VC-4 通道的性能事件＿＿＿＿＿＿＿＿中显示相应的误块数。

13. H4 作为 TU-12 的复帧指示字节，就是指示＿＿＿＿＿＿＿＿＿＿＿＿＿。

14. VC-12 中的 LP-POH 监控的是＿＿＿＿＿＿＿＿＿＿＿的传输性能。

15. V5 为通道状态和信号标记字节，其头两位用作 BIP-2 误码监测，若监测出有误码块，则在本端性能事件＿＿＿＿＿＿＿＿＿＿＿中显示相应的误块数，同时由 V5 的＿＿＿＿＿回传发送端，发送端在相应低阶通道的性能事件＿＿＿＿＿＿＿＿＿＿＿＿＿中显示相应的误块数。

16. V5 的第 4 位为＿＿＿＿＿＿；第 5～7 位为＿＿＿＿＿＿，相当于高阶通道开销中的＿＿＿＿＿＿字节功能；其第 8 位为＿＿＿＿＿＿。

17. 第 37 时隙在 VC4 中的位置为第＿＿＿＿个 TUG3，第＿＿＿＿个 TUG2，第＿＿＿＿个 TU12。

18. 对于 AU 的指针调整，＿＿＿＿＿＿为负调整位置，＿＿＿＿＿＿为正调整位置。＿＿＿＿＿＿个字节为一个调整单位。

19. AU 指针产生规则规定，经过一次指针调整后，至少要经过＿＿＿＿＿＿＿才能继续进行调整。

20. 码速正调整是＿＿＿＿＿＿信号速率，码速负调整是＿＿＿＿＿＿信号速率。

21. TU-12 指针包含 3 个字节。＿＿＿＿＿＿为指针值，＿＿＿＿＿＿负调整位置，＿＿＿＿＿＿为正调整位置。

22. TU-12 指针的调整单位是＿＿＿＿＿＿个字节，可知的指针范围为＿＿＿＿＿＿。

23. 从光路下 2 M 业务要经过下列功能模块（按顺序）：＿＿＿＿＿＿＿＿＿＿。

24. SDH 的光线路码型为＿＿＿＿＿＿＿＿。

25. 在主从同步数字网中，从站时钟通常有三种工作模式：＿＿＿＿、＿＿＿＿、＿＿＿＿。

26. SDH 网元的时钟源有＿＿＿＿＿＿＿、＿＿＿＿＿＿、＿＿＿＿＿＿。

27. BITS 的中文名称为＿＿＿＿＿＿＿。

28. 误码可分为随机误码和突发误码两种，前者是＿＿＿＿产生的误码，后者是＿＿＿＿产生的误码。

29. SDH 常见的物理拓扑有_____、星形、树形、_____和_____。

30. MSTP 是基于 SDH 平台同时传输 TDM、_____、_____ 等业务的接入、处理和传送，提供统一网管的多业务系统。

31. SDH 的低阶虚容器 VC-12 用来装载 PDH 的_____信号。

32. SDH 光传输设备的传输距离主要由_____、_____等因素决定。

33. 写出下列传输技术的中文名称：MSTP_____，OTN_____。

34. SDH/MSTP 的网元类型有 TM、REG、_____和 _____。

35. STM-N 帧结构可分为三个主要区域，它们分别是段开销、_____和_____区域。

36. 在 SDH 各种复用单元类型中，能够作为独立的实体在通道中任一点取出或插入，进行同步复用或交叉连接处理的是_____。

37. 在我国采用的 3-7-3 的 SDH 复用结构中，一个 VC-4 最大可传送_____个 2.048 Mbit/s 信号。

二、名词解释

1. 异步复用方式

2. 字节间插复用

3. 异步映射

4. 定位

5. 再生段和复用段

6. DXCm/n

7. 通道保护环和复用段保护环

8. 1＋1 和 1：1 保护

9. 接收过载功率

10. 最大 −20 dB 带宽

11. 消光比

12. 主从同步和伪同步

13. 误块秒和严重误块秒

14. 不可用时间和可用时间

15. 背景误块

16. 抖动和漂移

17. 光功率代价

三、简述题

1. 针对 PDH 的哪些弱点发展出 SDH？试比较 SDH 与 PDH 系统。

2. 为什么 PDH 从高速信号中分出低速信号要一级一级进行，而 SDH 信号能直接从高速信号中分出低速信号？

3. SDH 的帧结构如何？STM-n 的块状帧在线路上是怎样进行传输的？传完一帧 STM-N 信号需要多长的时间？

4. 简述 N 个 STM-1 帧复用成一个 STM-n 帧的过程。

5. SDH 中各开销字节的含义？

6. STM-N 的复用方式是什么？STM-1 最多能接入多少个 2 M？

7. 在 SOH 中，为什么 STM-1 和 STM-4 的 B1 字节数相同（都只有一个），而 STM-4 的 B2 数（12 个 B2）是 STM-1（3 个 B2）的 4 倍？

8. SDH 信号在光路上传输时要经过扰码，主要是为了什么？是否对 STM-N 信号的所有字节都进行扰码？为什么？

9. 指针调整的作用有哪些？

10. 在 STM-1 帧内，AU-PTR 如何指出 VC4 的开头？如何理解 VC-4 在净荷里是浮动的？请以指针值来说明。

11. 简述 AU 指针正调整的过程。

12. 简述两纤单向通道保护环的原理。

13. 简述两纤双向复用段保护环的原理。

14. 能否组成 155 系统的两纤双向复用段保护环？为什么？

15. 从最大业务容量、复杂性和兼容性的角度来比较两纤单向通道保护环和两纤双向复用段保护环。

16. 在 SDH 网中如何传送定时信息？能否利用其信息（业务）通道来传送定时信息？为什么？

17. 同步数字体系（SDH）信号中，最基本、最重要的模块信号是什么？

18. SDH 一路话音的速率是多少？占用多少个字节？

19. 将低速支路信号复用成 STM-N 信号时经过哪几个步骤？

20. SDH 的基本网元包括哪些？

21. 什么叫自愈网？SDH 自愈环结构分为哪两大类？

22. 某网络拓扑结构如图 5.63 所示，试述其结构类型和网元类型？

图 5.63

23. SDH 的光线路码型？

24. 什么是 MSTP？MSTP 有哪些主要功能？

25. SDH 的低阶虚容器 VC-12 用来是装载什么信号的？

26. 在 SDH 网中可独立进行传输、复用、交叉连接的实体是什么？

27. 如果光接口类型为 L-1.2，它表示该光板的波长是哪个窗口？

28. 每个再生段（光缆段）的误码率指标要求是多少？

29. 为什么需要 AU-PTR 和 TU-PTR 两个指针？

30. 2 Mbit/s 的信号映射进 155 Mbit/s 的过程。

31. 误码性能可以用哪些指标来衡量？

32. 自愈环的种类有哪些？简述常用自愈环的几种结构。

33. SDH 的网元有哪几种？它们的作用分别是什么？

34. B1、B2、B3 的区别是什么？

35. 光接口的分类都有哪些？

36. 说出 NNI、NE、SDH、VC、AUG、TUG、PTR、STM 的含义。

第6章　波分复用技术（WDM）

6.1　波分复用技术基本概念

　　复用技术是指通过对通信信号的变换处理，使原有的通信线路得到充分的利用。在模拟载波通信系统中，为了充分利用电缆的带宽资源，提高系统的传输容量，通常利用频分复用的方法，即在同一根电缆中同时传输若干个信道的信号，接收端根据各载波频率的不同，利用带通滤波器滤出每一个信道的信号。在 PDH 和 SDH 光纤通信系统中，采用时分复用技术提高系统容量并使多个用户共用一个光载波进行通信。通信系统的容量是衡量其有效性的指标。传统方式增加容量的方法是增加光纤数量或增加时分复用的速率，但 SDH 电复用速率由于器件原因发展受限。

　　采用波分复用技术（WDM），主要是为了提高纤芯的利用率。所谓波分复用技术就是把具有不同标称波长的几路或几十路的光信号复用到一根光纤中进行传送。波分复用技术充分利用了现有的光缆线路，在发送端采用复用器使一根光纤中可以同时传输多个波长的光波。在接收端采用解复用器（等效于光带通滤波器）将各信号光载波分开。应用波分复用技术，大量不同的波长信道信号同时在一根光纤中传输，使通信容量成倍或数十倍、数百倍地增长，满足日益增长的信息传输的需要。

6.1.1　波分复用系统的发展

　　波分复用技术经历了如下几个发展阶段：

　　① 最早的波分复用技术（WDM）是 1 310 nm 和 1 550 nm 的两波分复用，波长间隔为一般数十纳米。

　　② 稀疏波分复用系统（CWDM）载波通道间距较宽，因此一根光纤上只能复用 2～16 个左右波长的光信号。稀疏波分复用系统一般工作在从 1 260 nm 到 1 620 nm 的波段，间隔为 20 nm，可复用 16 个信道，其中 1 400 nm 波段由于损耗较大，CWDM 调制激光采用非冷却激光，而 DWDM 采用的是冷却激光，整个 CWDM 系统成本只有 DWDM 的 30%。

　　③ 随着 1 550 窗口的 EDFA 的商用化，新的 WDM 系统只用 1 550 窗口，这些 WDM 系统的相邻波长间隔比较窄（<1.6 nm），为了区别于传统的 WDM 系统，把波长间隔较小的 8 个波、16 个波、32 个波乃至更多个波长的复用，称之为密集波分复用系统，即 DWDM 系统。现在波分复用技术（WDM）通常专指密集波分复用技术（DWDM）。DWDM 传送容量不受限于信号速率，具有极大的可扩展性，在现有的平台上可以轻松实现扩容，更好地满

足未来业务增长的需求。随着科技的进步，现代的技术已经能够实现波长间隔为纳米级的复用，甚至可以实现波长间隔为零点几个纳米级的复用，只是在器件的技术要求上更加严格而已。

DWDM 传输的多路光信号可以是不同速率、不同类型的业务（如 SDH 2.5 G，10 G，Gig E，10 Gig E 以及将来任意扩展的业务），使之比传统的电复用技术更能够胜任多业务传送。

6.1.2　DWDM 技术的特点

1. 超大容量

目前使用的普通光纤可传输的带宽是很宽的，但其利用率还很低。使用 DWDM 技术可以使一根光纤的传输容量比单波长传输容量增加许多倍。

2. 对数据率"透明"

由于 DWDM 系统按光波长的不同进行复用和解复用，而与信号的速率和电调制方式无关，即对数据是"透明"的。因此可以传输特性完全不同的信号，完成各种电信号的综合和分离，包括数字信号和模拟信号，以及 PDH 信号和 SDH 信号的综合和分离。

3. 系统升级时能最大限度地保护已有投资

在网络扩充和发展中，无需对光缆线路进行改造，只需更换光发射机和光接收机即可实现，是理想的扩容手段，也是引入宽带业务（例如 CATV、HDTV 和 B-ISDN 等）的方便手段，而且利用增加一个附加波长即可引入任意想要的新业务或新容量。

4. 高度的组网灵活性、经济性和可靠性

利用 DWDM 技术构成的新型通信网络比用传统的电时分复用技术组成的网络结构要大大简化，而且网络层次分明，各种业务的调度只需调整相应光信号的波长即可实现。由于网络结构简化、层次分明以及业务调度方便，由此而带来的网络的灵活性、经济性和可靠性是显而易见的。

5. 可兼容全光交换

在未来可望实现的全光网络中，各种电信业务的上/下、交叉连接等都是在光路上通过对光信号波长的改变和调整来实现的。因此，DWDM 技术将是实现全光网的关键技术之一，而且 DWDM 系统能与未来的全光网兼容，将来可能会在已经建成的 DWDM 系统的基础上实现透明的、具有高度生存性的全光网络。

6.1.3　DWDM 器件

DWDM 系统中使用的 DWDM 器件的性能满足 ITU-T G.671 及相关建议的要求。

DWDM 器件有多种制造方法，制造的器件各有特点，目前已广泛商用的 DWDM 器件有四类：干涉滤光器型、光纤耦合器型、光栅型、列阵波导光栅（AWG）型。

依据器件的作用 DWDM 器件有如下几类：

1. 波长转换单元 OTU

波长转换单元 OTU 的作用是将复用终端的光信号波长转换为 DWDM 系统的标准工作波长。

对外它提供 G.957 光接口以接入常规的 SDH 设备，使 DWDM 系统具有开放性，对内则提供符合 G.692 的光接口，满足 DWDM 的一些特殊要求，如图 6.1（a）所示。OUT 按其在 WDM 传输系统的位置分为发送 OUT、作为再生中继器的 OUT 和接收端 OUT。

2. 合波单元 OM

合波单元即光波长复用器将多路的光波信号合为一路送入一根光纤中。如图 6.1（b）所示。

3. 分波单元 OD

分波单元即光波长分用器将光纤中传输的多波长信号依据波长进行分路。如图 6.1（c）所示。

4. 上下波单元 OADM

上下波单元类似于 SDH 的 ADM 设备。它可以从一根光纤中分出多个不同波长的光波信号，也可以将多波长光信号送入一根光纤中传输。如图 6.1（d）所示。

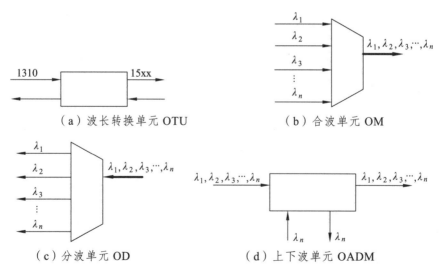

（a）波长转换单元 OTU　　　　　　　（b）合波单元 OM

（c）分波单元 OD　　　　　　　（d）上下波单元 OADM

图 6.1　DWDM 器件

DWDM 系统性能好坏的关键是 DWDM 器件，对器件的要求是复用信道数量足够、插入损耗小、串音衰耗大和通带范围宽等。从原理上讲，合波器与分波器是相同的，只需要改变输入、输出的方向。

6.1.4　光波长区的分配

光纤有两个长波长的低损耗窗口，1 310 nm 窗口和 1 550 nm 窗口，均可用于光信号传输，根据光纤和 EDFA 的特性目前 WDM 系统皆工作在 1 550 nm 窗口。因为光纤在 1 550 nm 波长窗口的损耗小，EDFA 在此波长窗口具有良好的增益平坦度。

1 550 波长区分三个波段：

S 波段：短波长波段 1 460 ~ 1 528 nm；

C 波段：常规波段 1 530 ~ 1 565 nm；

L 波段：长波长波段 1 565 ~ 1 625 nm。

WDM 的绝对频率参考为：193.1 THz，对应波长 1 552.52 nm。标称中心频率指的是光波分复用系统中每个通路对应的中心波长。基于 C 波段的 16、32 或 40 波 WDM 系统采用 100 GHz 通道间隔，基于 C 波段的 80 波 WDM 系统以及 1.6 Tb/s（C 波段 80 波，L 波段 80 波）系统采用 50 GHz 通道间隔。通道的等间隔是在频率上的等间隔，而不是在波长上保持均匀间隔。

6.2　DWDM 系统的构成

DWDM 系统的构成及光谱示意图如图 6.2 所示。发送端的光发射机发出波长不同而精度和稳定度满足一定要求的光信号，经过光波长复用器复用在一起送入掺铒光纤功率放大器(掺铒光纤放大器主要用来弥补合波器引起的功率损失和提高光信号的发送功率)，再将放大后的多路光信号送入光纤传输，中间可以根据情况决定有或没有光线路放大器，到达接收端经光前置放大器（主要用于提高接收灵敏度，以便延长传输距离）放大以后，送入光波长分波器分解出原来的各路光信号。

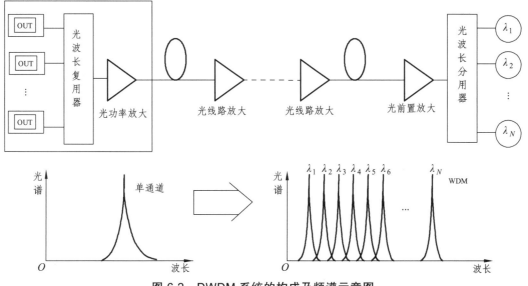

图 6.2　DWDM 系统的构成及频谱示意图

6.3 DWDM 设备工作方式

6.3.1 双纤双向传输

所谓双纤双向传输是指一根光纤只完成一个方向光信号的传输，反向光信号的传输由另一根光纤来完成。同一波长在两个方向上可以重复利用。如图 6.3 所示。

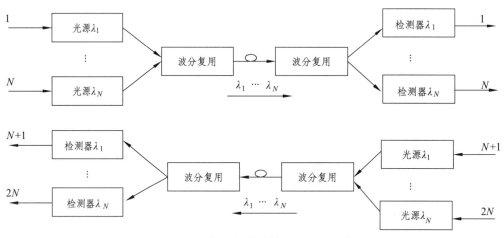

图 6.3 双纤双向传输的 DWDM 系统

这种 DWDM 系统可以充分利用光纤的巨大带宽资源，使一根光纤的传输容量扩大几倍至几十倍。在长途网中，可以根据实际业务量的需要逐步增加波长来实现扩容，十分灵活。

6.3.2 单纤双向传输

所谓单纤双向传输是指在一根光纤中实现两个方向光信号的同时传输，两个方向光信号应安排在不同波长上。如图 6.4 所示。

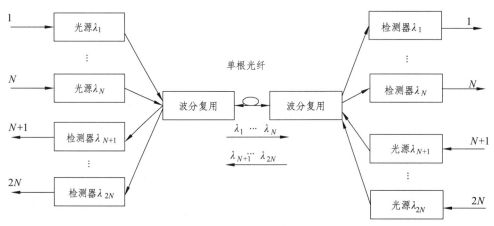

图 6.4 单纤双向传输的 DWDM 系统

6.3.3　光信号分出和插入

通过光分插复用器（OADM）可以实现各波长的光信号在中间站的分出与插入，即完成上/下光路，利用这种方式可以完成 DWDM 系统的环形组网。目前 OADM 只能够做成固定波长上/下的器件（见图 6.5），使该种工作方式的灵活性受到了限制。

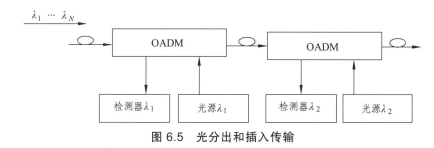

图 6.5　光分出和插入传输

6.4　DWDM 的主要技术

波分复用的关键技术大致有三部分：合波/分波器、光放大器和光源器件。

合波/分波器实际上是光学滤波器，其作用是对各复用光通路信号进行复用和解复用。对它们的基本要求是：插入损耗低、隔离度高、具有良好的带通特性、温度稳定性好、复用通路多和具有较高的分辨率。

光放大器的作用是对复用后的光信号进行直接放大，以解决 WDM 系统超长距离传输问题。光放大器具有很高的增益、很宽的带宽和较低的噪声系数，使 DWDM 系统的传输距离满足常规要求。

DWDM 系统的超长距离传输对光源器件提出了较高的要求，为了保证系统正常工作，各个波道不会相互干扰，要求系统波长的偏差在 ± 0.08 nm 范围内，还要求光源器件的发光波长非常稳定，系统应具有波长稳定措施。超长距离的传输使得色散的影响占据主导地位。为了实现超长距离传输，必须减少和避免啁啾声现象，因此，DWDM 系统使用的光源器件改用外调制方法，即所谓外调制光源。

6.5　DWDM 的几种网络单元类型

DWDM 设备一般按用途可分为光终端复用设备 OTM、光线路放大设备 OLA、光分插复用设备 OADM、电中继设备 REG 几种类型。现以 OptiX BWS 320G 系统的 16/32 波设备为例，分别讲述各种网络单元类型在网络中所起的作用。

1. 光终端单元（OTM）

（1）在发送方向，OTM 把波长为 $\lambda_1 \sim \lambda_{16}$（或 λ_{32}）的 STM-16 信号经波长转换板（TWC）

进行波长转换，再经合波器（M16/M32）复用成 DWDM 主信道，然后对其经过光放大板（WBA）进行光放大，并在监控信道接入板（SCA）附加上波长为 λ_s 的光监控信道（由 SC1 送出的 TM）至 T0 输出。

（2）在接收方向，OTM 先把光监控信道经监控信道接入板（SCA）取出送至 SC1，然后对 DWDM 主信道经光放大板（WPA）进行光放大，经分波器（D16/D32）解复用成 16（或 32）个波长的光信号，经波长转换板（RWC）进行波长转换得到 STM-16 信号。

OTM 的信号流向如图 6.6 所示。

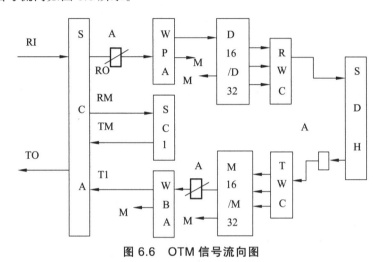

图 6.6　OTM 信号流向图

图 6.6 中 TWC 和 RWC 为波长转换板，WPA 和 WBA 为光放板；SC1 为监控信号处理板；SCA 为监控信道接入板；A 为可调衰减器。

2. 光放大单元（OLA）

光放大单元（OLA）是 OptiX BWS 320G 系统的光中继设备。它在每个传输方向配有一个光线路放大器。每个传输方向的 OLA 先取出光监控信道（OSC）并处理，再将主信道进行放大，然后将主信道与光监控信道合路并送入光纤线路。OLA 的信号流向如图 6.7 所示。

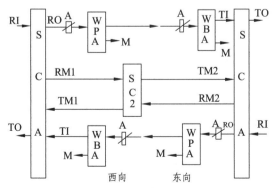

图 6.7　OLA 信号流向图

整个设备安装在一个子架内。图中每个方向都采用一对 WPA + WBA 的方式来进行光线路放大，也可用单一 WLA 或 WBA 的方式来进行单向的光线路放大。

光放大器的作用：对复用后的光信号进行放大，使 WDM 系统能进行超长距离传输。

光放大器从物理位置分为：功率放大器（BA）、预放大器（PA）、线路放大器（OLA）

光放大器从工作原理分为：掺铒光纤放大器 EDFA、拉曼 SRA 光纤放大器、半导体激光放大器 SOA 等。

3. 光分插复用单元（OADM）

OptiX BWS 320G 系统的光分插复用（OADM）可采用两种方式，即一块单板采用静态上/下波长的 OADM 和两个 OTM 采用背靠背的方式组成一个可上/下波长的 OADM 设备。

1）OptiX BWS 320G 系统静态光分插复用设备

OptiX BWS 320G 系统的光分插复用设备可采用一块单板实行静态上/下波长，每个 OADM 设备可进行 1 ~ 8 个波长的分插复用，以适合于各种工程的实际需要。OADM 设备接收线路的光信号后，先提取监控信道，再用 WPA 将主光通道预放大，通过 MR2 单元把含有 16 或 32 路 STM-16 的光信号按波长取下一定数量后送出设备，要插入的波长经 MR2 单元直接插入主信道，再经功率放大后插入本地光监控信道，向远端传输。在本站下业务的信道，需经 RWC 与 SDH 设备相连，在本站上业务的信道，需经 TWC 与 SDH 设备相连。

以 MR2 为例，其信号流向如图 6.8 所示。

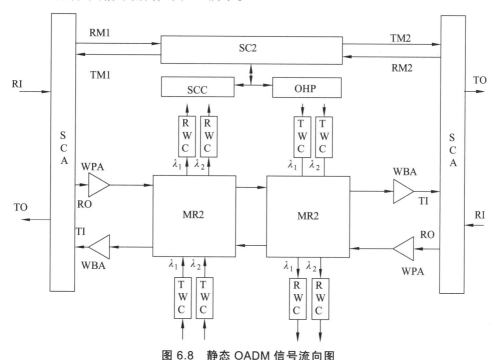

图 6.8　静态 OADM 信号流向图

2）两个 OTM 背靠背组成的光分插复用设备

用两个 OTM 背靠背的方式组成一个可上/下波长的 OADM 设备。这种方式较之用一块单板进行波长上下的静态 OADM 要灵活，可任意上/下 1~16 个或 32 个波长。更易于组网。如果某一路信号不在本站上下，可以从 D16/D32 的输出口直接接入同一波长的 TWC 再进入另一方向的 M16/M32 板。

4. 电中继单元（REG）

对于需要进行再生段级联的工程，要用到电中继设备（REG）。电中继设备无业务上下，只是为了延伸色散受限传输距离。

6.6 光监控信道/通路（OSC）

OSC 光监控信道是 DWDM 系统工作状态的信息载体。在 DWDM 系统中，OSC 是一个相对独立的子系统，传送光信道层、光复用段层和光传输段层的维护和管理信息，提供公务联络及使用者通路，同时它还可以提供其他附加功能。光监控信道波长为 1 510 nm，光监控通路的信号速率为 2 Mbit/s，其物理接口应符合 G.703 的要求，帧结构和比特率应符合 G.704 的规定。承载光监控信道（OSC）传送网管、公务和监控信息，实际用于监控信息传送的速率为 1 920 kbit/s。

OSC 主要包括的子系统功能为：OSC 信道接收和发送、时钟恢复和再生、接收外部时钟信号、OSC 信道故障检测和处理及性能监测、CMI 编解码、OSC 帧定位和组帧处理、监控信息处理。性能的监测（B1、J0、OPM、光放监测），可由业务接入终端完成。模拟量监测功能和 B1 误码监测功能，提供不中断业务的多路光通道性能监测（包括各信道波长、光功率、光信噪比），适时监测光传送段和光通道性能质量，提供故障定位的有效手段。具有监测放大器的输入光功率、输出光功率、PUMP 驱动电流、PUMP 制冷电流、PUMP 温度和 PUMP 背向光功率的功能。具有监测多方向的波数、各信道的波长、光功率和光信噪比等性能，监测的波长精度可大于 0.05 nm、光功率精度可大于 0.5 dBm、信噪比精度可大于 0.5 dB。

总之，OSC 是能够实现监视、控制和管理 DWDM 设备的通道，包括对 EDFA 的状态进行监控，实现公务联络。它独立于主光通道，工作波长为 1 510 nm。接收机灵敏度：−48 dBm。

信号码型为 CMI，信号发送功率在 0 ~ −7 dBm。

6.7 DWDM 的应用形式

DWDM 从结构上分通常有两种：开放式 DWDM 和集成式 DWDM。

开放式 DWDM 系统的特点是对复用终端光接口没有特别的要求，只要求这些接口符合 ITU-T G.957 建议的光接口标准。在合波器前端及分波器的后端，加波长转换单元 OTU，将当前通常使用的 G.957 接口波长转换为 G.692 标准的波长光接口。不同终端设备的光信号转换成不同的符合 ITU-T 建议的 G.692 标准的光源波长，然后进行合波。这样，开放式系统采用波长转换技术，使任意满足 G.957 建议要求的光信号能运用光—电—光的方法，通过波长变换之后转换至满足 G.692 要求的规范波长光信号，再通过波分复用，从而在 DWDM 系统上传输。

集成式 DWDM 系统没有采用波长转换技术，它要求复用终端的光信号的波长符合 DWDM 系统的 G.692 标准的光源，不同的复用终端设备发送不同的符合 ITU-T 建议的波长，这样它们在接入合波器时就能占据不同的通道，从而完成合波。

根据工程的需要可以选用不同的应用形式。在实际应用中，开放式 DWDM 和集成式 DWDM 可以混合使用。

6.8　DWDM 网络的一般组成

DWDM 系统最基本的组网方式为点到点方式、链形组网方式、环形组网方式，由这三种方式可组合出其他较复杂的网络形式。与 STM-16 设备组合，可组成十分复杂的光传输网络。

（1）点到点组网如图 6.9 所示。

图 6.9　WDM 的点到点组网示意图

（2）链形组网如图 6.10 所示。

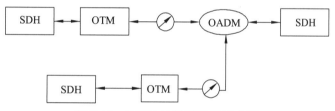

图 6.10　WDM 的链形组网示意图

（3）环形组网。

在本地网特别是都市网的应用中，用户根据需要可以由 DWDM 的光分插复用设备构成环形网。环形网一般都是由 SDH 自己进行通道环或复用段保护，DWDM 设备没有必要提供另外的保护，但也可以根据用户需要进行波长保护。环形组网如图 6.11 所示。

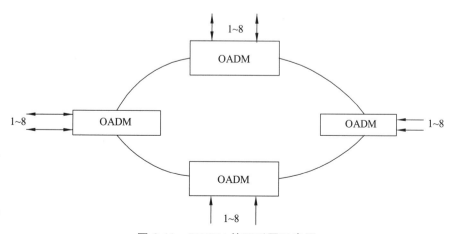

图 6.11　DWDM 的环形网示意图

采用 DWDM 的光传输网络要求具有高可靠性。在传输网中，网络管理信息是通过监控信道传送的，通常监控信道与主信道采用统一物理通道，这样在主信道失效时，监控信道也往往同时失效，所以必须提供网络管理信息的备份通道。

在环形组网中，当某段传输失效（如光缆损坏等）时，网络管理信息可以自动改由环形另一方向的监控信道传送，这时不影响对整个网络的管理。如图 6.12 所示为环形组网时网络管理信息通道的自动备份方式。

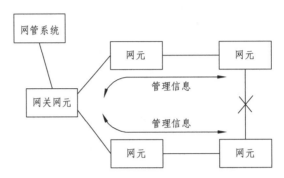

图 6.12　环形组网时网络管理信息通道备份示意图（某段传输失效时）

但是，当某光纤段中某站点两端都失效时，或者是在点对点和链形组网中某段传输失效时，网络管理信息通道将失效。这样网络管理者就不能获取失效站点的监控信息，也不能对失效站点进行操作。为防止这种情况出现，网络管理信息应该选择使用备份通道。网元可以通过数据通信网，提供备份网络管理信息通道。

在需要进行保护的两个网元之间，通过路由器接入数据通信网，建立网络管理信息备份通道。在网络正常时，网络管理信息通过主管理信道传送，如图 6.13 所示。

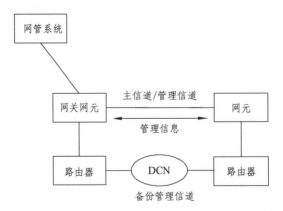

图 6.13　网络管理信息通道备份示意图（正常时）

当主信道发生故障时，网元自动切换到备份通道上传送管理信息，保证网络管理系统对整个网络的监控和操作。整个切换过程是不需要人工干预自动进行的。网络管理信道备份示意如图 6.14 所示。

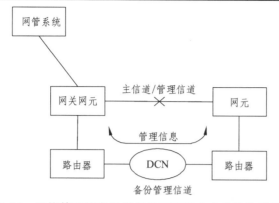

图 6.14　网络管理信息通道备份示意图（主信道失效时）

值得注意的是：在网络规划中，备份管理信道和主信道应选择不同的路径，这样才能起到备份的作用。

OptiX BWS 320G 系统为不同的 DWDM 网络之间、DWDM 和 SDH 之间的管理信息通道互连提供多种数据接口支持（如：RS-232、以太网口），使不同的传输设备实现统一的网管。如图 6.15 所示为不同传输设备之间的管理信息通道互通示意图。

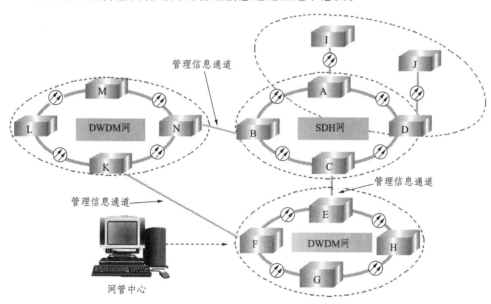

图 6.15　不同传输设备之间的网络互通

1. DWDM 技术是利用单模光纤的带宽和低损耗的特性，采用多个波长作为载波，允许各载波信道在一条光纤内同时传输。与通用的单信道系统相比，密集波分复用（DWDM）技术不仅极大地提高了系统的通信容量，充分利用了光纤的带宽，而且具有扩容简单和性能可靠等优点。

2. DWDM 技术具有如下优点：超大容量；对数据透明；系统升级时能最大限度地保护已有投资；高度的组网灵活性和可靠性；可兼容全光交换。

3. DWDM 设备的工作方式有双纤单向和单纤双向两种。它的应用形式有开放式和集成式两种。

4. 在 DWDM 系统中，合波器和分波器是其关键性器件。DWDM 设备一般按用途可分为光终端复用设备（OTM）、光线路放大设备（OLA）、光分插复用设备（OADM）和电中继设备（REG）几种类型。

5. DWDM 的组网形式有点对点、链形、环形。

6. DWDM 的光监控信道实现对 DWDM 系统的监测和管理。

7. DWDM 技术最高可提供 160 波的复用。

复习思考题

一、填空题

1. WDM 全光通信网是在现有的传送网上加入光层，在光上进行_____和_____，目的是减轻电结点的压力。

2. 在波分系统中，经常提到的 DWDM 的中文意思是_____。

3. DWDM 系统是指波长间隔相对较小，波长复用相对密集，各信道共用_____，在传输过程中共享光纤放大器的高容量 WDM 系统。

4. DWDM 系统的工作方式主要有双纤单向传输和_____。

5. DWDM 系统在应用形式上，根据是否使用 OTU，划分为_____式应用和_____式应用。

6. 在目前使用 C 波段的 DWDM 系统中，相邻通道的中心频率间隔是_____GHz，按照波长来看，间隔约为_____nm。

7. 在各种单模光纤中，相对来说最适合用于 DWDM 系统的是_____光纤。

8. 1 310 nm 和 1 550 nm 传输窗口都是低损耗窗口，在 DWDM 系统中，只选用 1 550 nm 传输窗口的主要原因是_____。

9. DWDM 系统中单波光功率不能大于 5 dBm，主要考虑的是_____。

10. 用光功率计测试 Sn 点（OTU 的输出点）光功率，液晶屏上显示"0.5 mW"，工程师按下"dBm"键，显示结果是_____。

11. DWDM 系统对光源的特殊要求是_____和_____。

12. 波分复用原理是采用_____在发送端将不同规定波长的信号光载波合并起来，并送入一根光纤传输；在接收侧，再由_____将这些不同信号的光载波分开。

13. G.652 光纤有两个应用窗口，即 1 310 nm 和 1 550 nm，前者每千米的典型衰耗值为 0.34 dB，后者为_____。

14. G.655 在 1 530～1 565 nm 光纤的典型参数为：衰减<_____dB/km，色散系数在 1～6 ps/nm·km。

15. 光纤通信中激光器间接调制，是在光源的输出通路上外加调制器对光波进行调制，此调制器实际起到一个_____的作用。

16. 恒定光源是一个连续发送固定波长和功率的（高稳定）光源。

17. DWDM 系统中 λ_1 中心波长是 1 548.51 nm，中心频率是_____。

18. 光纤 WDM 中的光纤通信 140 Mbit/s PDH 系统，TDM 数字技术，每路电话_____ kbit/s。

19. 光纤 WDM 中的光纤通信 2.5Gbit/s SDH 系统，TDM 数字技术，每路电话_____ kbit/s。

20. G.652 光纤可以将 2.5 Gbit/s 速率的信号无电再生中继传输至少_____千米左右。

21. DWDM 系统的无电再生中继长度从单个 SDH 系统传输的 50～60 km 增加到了 500～ _____km。

22. 在 DWDM 系统中，我国规定的光监控通路的波长是_____、工作速率是_____。

23. 波分复用技术采用无源光器件，将 $n \times \lambda$ 路的光波长信号 STM-16/STM-64 汇集到一根光纤里，各波长的光信号在_____上相互叠加，在_____上是分开的。

二、判断题

1. 按各信道间的波长间隔的不同，WDM 可分为密集波分复用和稀疏波分复用。（　　　）

2. 在光纤通信系统中可以采用光的频分复用的方法来提高系统的传输容量。（　　　）

3. 一根光纤只完成一个方向光信号的传输，反向光信号的传输由另一根光纤来完成，因此，同一波长在两个方向上不可以重复利用。（　　　）

4. 在一根光纤中实现两个方向光信号的同时传输，两个方向的光信号应安排在相同波长上。（　　　）

5. 单纤双向传输不允许单根光纤携带全双工通路。（　　　）

6. 光波是一种高频电磁波，不同波长（频率）的光波复用在一起进行传输，彼此之间相互作用，将产生四波混频（FWM）。（　　　）

7. DWDM 系统的工作波长较为密集，一般波长间隔为几个纳米到零点几个纳米。（　　　）

8. 对光源进行强度调制的方法有两类，即直接调制和间接调制。（　　　）

9. 放大器是一种需要经过光/电/光的变换而直接对光信号进行放大的有源器件。（　　　）

三、简答题

1. 光纤 WDM 与同轴电缆 FDM 技术不同点有哪些？

2. DWDM 技术的含义是什么？

3. DWDM 的优点有哪些？

4. 简述光纤通信中激光器直接调制的定义、用途和特点。

5. 阐述 DWDM 的系统结构及其特点。

6. DWDM 系统由哪些设备构成？

7. DWDM 的组网形式有哪几种？

8. DWDM 系统对光源的要求？

9. DWDM 系统的光监控通道波长是多少？

10. DWDM 系统能承载哪些业务？

11. DWDM 系统的工作波长范围？ 频道间隔是多少？

12. 按功能分类 DWDM 器件的主要类型有哪些？

13. 对合波/分波器的主要要求有哪些？

14. 电缆通信、微波通信和光纤通信的载波有何区别？

第7章　光传输设备的管理与维护

传输网在整个电信网络中是一个基础网，发挥的作用是传送各个业务网的信号，使每个业务网的不同节点、不同业务网之间互相连接在一起，形成一个四通八达的网络，为用户提供各种业务。

传输网提供 2 M、8 M、34 M、140 M、155 M、622 M、2.5 G 和 10 G 等速率的通道，各业务网通过传输网传送信号时，也必须以相应的接口与传输网对接，常用的有 2 M、155 M、2.5 G 等速率接口，这些接口可以是电口，也可以是光口。

传输设备把这些相同速率或不同速率的多条通道复用成高速率的信号，通过传输媒质传送到对端局，然后解复用还原给相应的业务网。根据传输媒质的不同，传输可分为光通信、微波通信等等；根据复用方式的不同，传输又可分为模拟（频分）通信、数字（时分）通信，其中数字（时分）通信又分为 PDH、SDH 两种，目前骨干传输网络基本采用 SDH 光通信，而 PDH 光通信传输设备在接入层还有使用。传输业务的维护范围如图 7.1 所示。

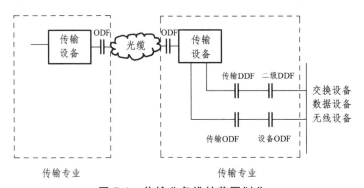

图 7.1　传输业务维护范围划分

7.1　SDH 传输设备的组成和功能

7.1.1　传输设备的组成

常见的骨干 SDH 传输设备一般以子框为基本物理单元，子框安装在机架中，机架为子框提供电源、告警、风扇等公用模块，而子框根据里面的配置不同可分为复用单元、线路单元。随着设备集成度的提高，同一个子框里可以把复用单元、线路单元放在一起，配成一个或多个传输系统。从逻辑上讲，一个传输系统可分为支路单元、线路单元、主控单元、时钟单元、告警单元等部分，其中支路单元接用户业务，线路单元接光缆线路，而主控单元、时钟单元、告警单元则提供公用功能。

PDH 设备也同样具有上述逻辑单元，但因其容量小，所以可做成集成度很高的设备或单盘。PDH 光端机目前常用来做大用户接入，常见的有 8 M 小光端机和 34 M 小光端机，分别提供 4 个 2 M 通道和 16 个 2 M 通道，也可提供各种通信接口，型号多种多样。

配套的传输设备还有 DDF 架和 ODF 架。

DDF 架用于用户中继与传输电路间的跳接。一般来说，正面单元接传输设备提供的支路通道，背面单元接用户中继（如交换中继），两者之间通过跳线连接后即可开放业务。DDF 架自身故障和跳线故障一般会引起支路信号丢失、支路误码、告警指示（AIS）、对告等告警。

ODF 架用于传输线路单元与光缆外线之间的跳接、光纤转接。光纤通过 ODF 架上面的法兰盘对接。如对接不良，会引起无光、线路误码、帧失步、告警指示（AIS）、对告等告警。

7.1.2 SDH/MSTP 传输设备的功能

1. 系统结构

SDH/MSTP 传输设备可接入各种级别的业务，具有交叉连接矩阵和多系统的配置能力，能够方便地实现传输网络的业务调度和带宽管理。某 SDH 设备的面板布置图如图 7.2 所示。

网元控制板 1	支路接口板 2	支路接口板 3	线路处理板 4	光接口板 5 6	线路处理板 7	交叉板 8	交叉板 9	线路处理板 10	光接口板 11 12	线路处理板 13	支路接口板 14	支路接口板 15	电源时钟板 16
开销处理板 21	支路接口板 22	支路接口板 23	线路处理板 24	光接口板 25 26	线路处理板 27			线路处理板 28	光接口板 29 30	线路处理板 31	支路接口板 32	支路接口板 33	电源时钟板 34

图 7.2 某 SDH 设备面板示意图

2. 各主要板的功能

1）网元控制板

网元控制板，完成网元控制管理及通信相关功能。它是整个系统主要监控中心。它提供网元控制功能，具备实时处理和通信的能力。

网元管理功能包括：完成本端网元的初始配置；对外提供 F 和 Qx 等接口；接收和分析网管命令；通过 S 接口向各单板下发操作指令；采集各个单板的运行信息并向网管上报；控制设备的告警输出；监测外部输入告警；强制各单板复位。

提供的接口和功能如下：

① S 接口。

S 接口是网元控制板与系统时钟板、勤务板、光接口板、交叉板和各种电支路板等单板通信的接口。通过 S 接口给各单板管理控制处理器（MCU）下达配置命令，并采集各单板的性能和告警信息。

② ECC 通道。

ECC 是 SDH 网元之间交流信息的通道，利用段开销中的 DCC 作为 ECC 的物理通道。

③ Qx 接口。

它是网元和子网管理控制中心的（SMCC）通信接口。通过 Qx 接口可向 SMCC 上报本网元及所在子网的告警和性能，并接收 SMCC 给本网元及所在子网下达的各种命令。

④ f 接口。

f 接口是网元与本地管理终端直接的通信接口，一般为工程维护人员使用，通过 f 接口可以为网元控制板配置初始数据，也可以连接本地网元的监视终端，满足 RS232 的电气特性。

⑤ 外部告警输入接口。

该接口可接入告警输入开关量，开关量对应的告警状态可以通过网管进行设定。

⑥ 单板复位。

为本端网元的所有 MCU 提供复位信号，SMCC 可以通过网元控制板硬件复位 MCU。

2）交叉板

它提供业务信息、开销信息的交叉连接功能，是群路和支路净负荷的汇集地，完成业务信号的交叉以及保护、倒换等功能。

交叉板的主要功能是对群路板和支路板的信号进行 AU-4、TU-3 或 TU-12 级别的交叉连接，同时利用交叉矩阵实现保护、倒换。

交叉板可提供多种空分交叉矩阵和时分交叉矩阵组合，适用于不同的网元等级和业务的系统组网。

3）电源时钟板

它提供设备电源和时钟功能。电源部分为系统提供直流电源，并提供电源的过/欠压保护、电流过载保护等。

时钟部分的主要功能是实现网络的定时同步。它提供整个系统的工作时钟。可以从线路、支路单元或者外部定时源获取定时信号，并且可以输出定时信号作为其他设备的输入时钟源。

SDH 网的同步方式大致有四种：全同步、伪同步、准同步、异步。

全同步方式：全网皆同步于唯一的基准主时钟（PRC），其同步精度高，但实施困难，一般考虑分级控制的方案，即可用等级主从同步方式来实现。

伪同步方式：全网划分为几个分网，各分网的主时钟符合 G.811 规定；分网中的从时钟分别同步于分网的主时钟，因此，各分网时钟相互独立，但误差极小而接近于同步。

准同步方式：当外定时基准丢失后，节点时钟进入保持模式，网络同步质量不高。

异步方式：各节点时钟出现较大偏差，不能维持正常业务，将发送告警信号。

目前广泛采用的是等级主从同步方式。

4）线路处理板及光接口板

它提供 SDH 群路信号处理功能。

光线路板，遵循 ITU-T 规定的 SDH 复用结构，分别实现 VC-4 到 STM-1 和 STM-4 之间的开销处理和净负荷传递，完成 AU-4 指针处理。光线路板由线路光/电转换、电/光转换、时钟电路、开销处理、MCU 等单元组成。

光接口板，为设备提供标准的光接口，完成收光和发光功能。

5）支路接口板

它提供不同速率 SDH/PDH 业务的上下。提供 T1（1.5 Mbit/s）、E1（2 Mbit/s）-E3（34 Mbit/s）、T3（45 Mbit/s）等 PDH 电接口系列。

例如 2 Mbit/s 信号经 VC-12 映射、TU-12 定位，最终复用到 VC-4 结构并送入光线路板，及完成逆过程，将交叉板送来的 VC-4 信号解复用成 2 Mbit/s 信号。电支路板可以完成 VC-12/VC-3/VC-4 级别的通道保护。

6）以太网业务处理板及接口板

它实现本地以太网业务的上下等。支持交叉网线和平行网线，可以支持光接口，实现长距离接入。

7）ATM 业务处理板及接口板

它实现本地 ATM 业务的上下。

8）放大板

它用于配合线路板实现长距离传输。

9）开销处理板

它处理多方向段开销的交换和公务的实现。还提供若干数据通信接口，如 F1、RS-232、RS-422 接口等。

3. 系统信号流程

1）系统控制总线

系统控制总线是各单元之间的通信通道，各单元之间可通过它进行通信。

2）定时信号

系统定时信号是由同步定时单元送给各个单元定时时钟，其他各个单元模块以定时单元送来的时钟为基准工作，从而保证正常的通信过程。

3）业务信号流程

PDH 支路单元接入的各种业务信号，经过映射处理，变成 VC-4 信号送给交叉单元，通过交叉单元的分配调度，送给 SDH 接口单元，再复用成 STM-16/STM-4/STM-1 信号送入光缆；而来自光缆线路系统的信号经过 SDH 接口单元分接、开销处理后，也变成 VC-4 信号，通过交叉连接单元，完成业务分配，再流向 SDH 接口单元完成光路业务的交叉，或者流向 PDH 单元，经过信号处理、接口适配之后，变成各种支路信号输出。

4）SDH 开销信号

SDH 接口单元从 STM-16/STM-4/STM-1 信号中提取出开销字节，将公务信息及 DCC 等维护信息统一送给主控单元处理，实现各网元间公务及 DCC 信息的互通。网管系统就是在 DCC 的基础上实现对全网网元的管理。

5）系统告警流程

① 系统时钟告警流程：定时单元可跟踪外部时钟源，也可以跟踪线路或支路时钟源，如果时钟源抖动过大或时钟源丢失，定时单元会立即向主控告警，同时切换时钟源。

② 系统业务告警流程：在 SDH 帧结构中有着丰富的开销字节，所以 SDH 系统具有很强的在线告警和误码监测的能力，利于实现故障定位。

SDH 接口单元将接收的 SDH 信号中的开销信息提取出来，进行告警分析并上报给主控，同时还会产生某些输出告警信息；在发送时将本接口单元产生的告警信息和主控发送的告警信息一起送到输出的 SDH 信号的开销中去。

PDH 接口单元分析接收的 PDH 的告警信息并上报到主控，另外还分析从交叉单元送来的 TU 级业务是否有告警并上报给主控。

7.2   网络管理系统

下面以 T2000 网络管理系统为例介绍 SDH 的网络管理系统，以了解网管系统的特点、功能和使用方法。

7.2.1   T2000 网管的特点

统一管理多种设备和业务；子网级网管系统，支持强大的端到端电路管理；多种开放接口：CORBA、MML、TL1；支持 Windows 和 Unix 平台；Client\Server 结构；Java 界面，iLOG 风格，操作统一。

CORBA 接口是业界通用的标准接口之一。通过 CORBA 接口，不同厂家的网元级网管和网络级网管之间可以任意互连、执行管理功能。MML 接口是网元级网管和网络级网管的接口之一，提供信息上报、查询和管理各种操作的功能。T2000 和 T2100 通信采用 MML 接口。TL1 接口是网元级网管和网络级网管的接口之一，提供信息上报、查询和管理各种操作的功能。如图 7.3 所示。

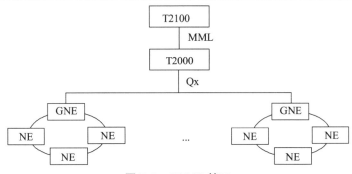

图 7.3　T2000 接口

T2000 的客户端实现 TMN 中的工作站功能供用户操作、管理传送网络。T2000 的服务器端实现 TMN 中的操作系统功能，保存网络数据、提供对传送网络的各种管理功能。

7.2.2　常用功能模块

T2000 常用功能模块分为：系统状态监控；配置模块（网元管理器，配置数据管理）；网络模块（保护子网，路径，时钟）；数据备份（数据库备份，MO 备份，脚本备份，数据转储）；故障模块（告警，性能）；安全模块（网管用户，网元用户）。

1. 系统状态监控

1）网管进程监控

它是通过 sysmonitor 客户端可以对网管各进程，服务器资源以及数据库资源进行监控。

2）数据库信息监控

网管的正常运行是与数据库状态分不开的，数据库信息监控保证各数据库有足够的剩余空间，避免数据库空间满导致网管运行问题。

3）系统资源信息监控

Sysmonitor 可以对系统资源进行查看，如果 CPU 或内存占用过多，则可能出现网管运行缓慢，效率降低的现象。

4）硬盘信息监控

如果硬盘空间不足，可能导致网管数据丢失等一系列异常现象，所以日常维护时要经常查看硬盘剩余空间，及时清除垃圾文件，保证网管正常运行。

5）阈值设定

为了方便日常维护，sysmonitor 提供了设定阈值功能，一旦监控信息超过了设定的阈值，在 T2000 网管上便会有相应的网管告警上报。

2. 配置模块

T2000 使用网元管理器来对网元进行管理配置。网元管理器可以实现大多数单站配置功能，如逻辑系统配置，业务配置，TPS 保护，时钟配置等，另外，还可以设置网元级别的告警属性，性能上报，通信参数和安全控制。在网元管理器中选择不同的单板，还可以针对不同的单板特性进行设置。

配置数据管理是指对网元侧数据与网管、网元层数据进行操作，达到对网元进行配置或对网管数据进行更新的目的。

3. 网络模块

T2000 是子网级网管，除了单站功能外，还具有较强大的网络功能。在 T2000 的保护视图中，可以进行保护子网设置，将多个单站的逻辑系统，保护组组成保护子网，进行统一管理；在 T2000 的路径管理功能中，将单站上的交叉形成路径，方便统一维护与故障定位；在时钟视图中，可以对整个网络的时钟跟踪关系进行直观的监视。

保护子网是网管网络层的重要概念，是指具有完整自保护功能的网络结构（环型/链型）。保护子网的状态直接影响到设备上业务的流向。日常维护中经常需要查看保护子网状态来确认设备运行是否正常。

4. 数据备份

网管数据备份，是指将网管上的所有数据备份到服务器的硬盘上，以便在网管故障或是误操作的情况下可以从备份的数据中恢复。

5. 故障模块

1）告　警

在网络管理软件中，告警无疑是最重要的功能之一。用户使用网管时首先想到的是能够实时地掌握网络的运行状况，同时有故障发生时可以在第一时间内定位到发生源，以便快速解决问题，从而保障整个网络运行的稳定性。

下面介绍几个有关告警的概念：

告警级别：T2000 网管系统中将告警分为四个级别，即紧急告警、主要告警、次要告警、提示告警。用户可根据实际需要进行定义。

告警自动上报：在网元上设置了允许告警的自动上报，则设备侧告警产生后立即上报给网管。对一些不必要的告警可以设置为不自动上报，以减少大量的告警信息对网管性能产生影响。

告警屏蔽：对网元或网元的某块单板，可以设置所有告警的屏蔽状态。如果某告警被设为屏蔽状态，相应的网元或单板将不再监视该告警。

在故障模块中可以对当前告警进行浏览，对网元告警属性进行设置；查看网管当前告警和网管历史告警等。

2）性能监视

T2000 提供 SDH 和 WDM 性能浏览功能。可以对网元的当前或历史性能进行查看。例如可以测试光功率，制冷电流，偏置电流、工作温度等性能；可以浏览网元当前的或历史的性能数据、性能越限记录、不可用时间，对网络的性能进行中长期预测。

6. 安全模块

1）网管安全管理

除了 admin 用户，所有需要操作网管的用户，都需要在网管上创建属于自己的账户，即网管用户。根据网络维护需要可创建多个网管用户，并为用户分配不同的权限以方便管理。创建网管用户后需要给每个用户分配不同的权限，实现网管设备的分权分域管理。

2）网元安全管理

它可实现网元用户管理，当前用户切换，以及网元接入控制等功能。

7.3　SDH 设备维护

7.3.1　维护人员的工作职责

维护人员应按照维护规程的要求，做好日常、周期性的维护工作。当有突发性事故发生时，也必须遵循维护规程中常规执行，并立刻向主管部门或各主管人员上报，必要时应立即请求其他部门配合，做到在最短时间内排除故障。同时做好每次维护后的记录，并定期归档。不得随意修改网管数据，不得随意更换机盘，或软件；凡作了机盘、软件更换或修改数据的都应做好记录，以便于以后维护用。认真填写每日、月、季度、年的维护记录表。

维护人员应遵守设备安全使用要则：强功率激光对人体特别对眼睛有害，不得将光发送器的尾纤端面或其上面的活动连接器的端面对着眼睛；不得用手触摸机盘上的元器件、布线及插头座中的金属导体；维修机盘必须触及时应采取静电防护措施；机房地面不得使用地毯或其他容易产生静电的材料。在安装光纤通信设备时，须注意对强电和雷电的防护，尤其应注意光缆在设备终接时，必须采取有效措施，以免将强电或雷电引入设备。设备中的光纤活动连接器不得随意打开，维修设备必须打开时，须采取保护措施，以免连接器的端面被污染。

网络管理用的计算机是专用设备，不得挪作他用。在进行设备维护和对设备接口指标测试时，仪表的地必须与设备的地良好地接在一起，否则可能会损坏信号接口的相关元器件。

机房一定要保持清洁，注意防尘。

维护人员应全面了解 SDH 传输系统的工作原理、设备的型号以及各种设备上机盘的主要功能；熟悉网管操作；熟悉系统的组网情况；熟悉系统的各种告警和监控参量，正确理解其含义。通过网管系统能及时发现告警和处理设备故障，通过网管系统将故障定位到站、架、框、盘。

维护人员应利用网管系统定期对 SDH 设备 B1、B2、B3 性能数据进行查看，掌握 SDH 系统传输质量。应按照维护规程要求，定期对网管系统收集的性能数据进行分析，即时发现传输劣化趋势。

为保证即时发现系统故障，应屏蔽或清除未开通业务的支路口及其他原因产生的无效告警。定期对告警历史信息及性能历史信息进行收集并打印输出或存盘，进行分析后方可清除。

为排除光传输设备的故障，最关键的一步是根据网管和设备告警的具体情况，将故障点准确地定位到单站。故障定位的一般原则是"先外部，后传输；先单站，后单板；先线路，后支路；先高级，后低级"。故障定位的常用方法是检查光缆、电缆是否连接正确，网管系统是否正常，排除传输设备外的故障；检查各站点业务配置是否正确，排除配置错误的可能性；通过设备性能监视功能来分析故障的原因；通过环回，将故障最终定位到单站；通过本站自环测试来定位故障点；通过更换单元盘等部件来定位故障点。

7.3.2　SDH 设备的维护

1. 日常维护的常用方法

1）观察法

观察法是维护人员在遇到故障时最先使用的方法。通过告警现象来判断故障。

2）指示灯状态分析

设备单板的指示灯反映了设备的运行状态。通过查看单板和用户终端设备的指示灯状态，快速定位故障部位并大致判断故障原因。

3）告警日志分析

它是通过查看网管终端显示出的当前告警和历史告警日志，判断系统是否正常运行，发生故障后定位故障。故障排除后，当前的告警信息应该消除。

4）互换法

当不能定位故障部位时，用备用部件替换发生故障的部件，以此判断和定位故障部位。

5）112 外线测试

它是通过 112 测试系统测量用户外线的电压、电容等参数，从而判断用户外线的状况。

6）在线测试

它是通过线路测试仪测试用户线端口、线路来判断故障。

7）ping

对于业务网络和网管网路的故障，通常采用<ping>各节点 IP 地址的方法定位故障。

8）拔插法

对最初发现某种电路板故障时可以通过插拔电路板的方法，排除因接触不良或处理器异常的故障。

9）隔离法

当系统部分故障时，可以将与其相关的设备分离或甩开，来判断是否为相互影响造成的故障。

10）自检法

当系统或电路板重新上电自检时，通过自检来判断故障。设备在重新上电自检时，可以根据面板指示灯判断电路板是否自身存在问题。

2. 日常维护的操作方法

1）环　回

环回是使信息从网元的发端口发送出去再从自己的收端口接收回来的操作。这种方法可以在分离通信链路的情况下逐级确认网元的故障点，检查节点和传输线路的工作状态。快速准确地定位故障点网元，甚至故障点单板，可以方便设备的开通和调试。环回的方法有硬件环回和软件环回。环回信号可以是电信号或光信号。2 M 环回示意图如图 7.4 所示。

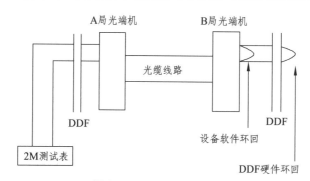

图 7.4　2 M 环回示意图

2）光功率测试

发送光功率测试：将光功率计的接收光波长设置为与被测光板的发送光波长相同。将尾纤的一端连接到所要测试光板的发光口，将尾纤的另一端连接到光功率计的测试输入口，待光功率稳定后，读出光功率值，即为该板的发送光功率。

接收光功率测试：将光功率计的接收光波长设置为与被测光波长相同。在本站选择连接相邻站发光口的尾纤，此尾纤正常时连接在本站光板的收光口上。将此尾纤连接到光功率计的测试输入口，待光功率稳定后，读出光功率值，即为该光板的实际接收光功率。

3）误码率测试

使用误码仪测试：使用误码仪进行测试时，有在线测试和离线测试两种方法。误码的测试点为设备提供给用户的业务接入点，如 2 Mbit/s、34 bit/s、140 bit/s、155 bit/s 等物理接口。

网管软件测试：通过网管执行"维护-诊断-插入误码"命令，可在光线路或支路上强制插入误码，如果插入成功，将在连接的对端应查询到相应的误码性能值。插入误码操作可以用来判断通道的状况。

4）倒换设置

通过网管可以设定倒换状态，外部倒换操作包括"清除"、"保护锁闭"、"强制倒换"、"人工倒换"。优先级别从高到低的排列为：清除-保护锁闭-强制倒换-人工倒换。

各种倒换操作的意义如下：

清除——指清除所有外部倒换控制命令。

保护锁闭——指拒绝对保护段/通道的接入。

强制倒换——指除非有一个相等或者更高优先级别的倒换指令在生效，否则不论倒换段/通道是否有故障，系统都将倒换到工作/保护段/通道。

人工倒换——指除非有一个相等或者更高优先级别的倒换指令在生效。

5）单板复位

单板复位操作包括硬件复位（RESET 开关）和软件复位。

软件复位是通过网管软件，可以执行对单板的复位操作，网管中的复位操作分硬复位和软复位两种。硬复位指对单板内所有芯片进行复位，软复位指仅对单板内的应用程序进行复位。

3. 设备日常维护内容

1）设备告警声音检查

利用网管软件进行"告警反转"操作，检查告警声音。

2）机柜指示灯观察

观察机柜顶部的指示灯。设备正常工作时，机柜指示灯应该只有绿灯亮。

3）单板指示灯观察

观察单板的指示灯状态。在观察机柜指示灯后，还需进一步观察设备各单板的告警指示灯，了解设备的运行状态。

4）公务电话检查

各站点间能够打通公务电话，通话语音清晰无杂音。

5）业务检查—误码测试

误码测试是对整个传输网长期稳定运行的一项测试，在例行维护中，应在不影响运行业务的情况下，定期检测业务通道，以此来判断业务通道的性能是否正常。所有业务通道应无误码。

4. 网管维护操作

1）用户管理

网管操作人员应能用指定的用户名登录网管，并具有指定的操作权限。网管操作人员能定期更改登录口令。

2）拓扑图监视

在网管软件的客户端操作窗口中，查看导航树、拓扑图中的网元图标。网元图标应凸出，网元图标上没有"X"符号和告警标识。光连接正常时，连线为实线。光连接断开时，连线为虚线。

3）告警监视

在网管软件的客户端操作窗口中，打开监视窗，实时监视所有网元的告警信息，查询网元的当前告警或历史告警信息。网元应无当前告警信息，无未确认的历史告警信息。

4）查询系统配置

在网管软件的客户端操作窗口中，查询当前网络的配置信息；查询网络当前配置数据；查询网元的倒换信息。当前网络配置、网元配置与实际组网相符，无倒换事件。

5）查询用户操作日志

在网管软件的客户端操作窗口中，查询用户操作日志。应无非法用户登录，无影响系统运行、业务功能的用户操作。

6）备份数据

在网管软件的客户端操作窗口中，执行数据备份操作。

7.3.3　故障处理

1. 故障处理原则

1）先定位外部，后定位传输

在定位故障时，应先排除外部的可能因素，如供电电源故障（设备掉电、供电电压过低等），光纤故障（光纤性能劣化、损耗过高等）。

2）先定位单站，后定位单板

在定位故障时，应准确地定位出是哪个站的问题，然后再具体定位到故障单板。

3）先高速部分，后低速部分

高速信号的告警会引起低速信号的告警，因此在故障定位时，应先排除高速部分的故障。

4）先分析高级别告警，后分析低级别告警

在分析告警时，应首先分析高级别的告警，如紧急告警、主要告警；再分析低级别的告警，如次要告警、提示告警。

2. 故障处理方法

故障处理的常用方法可简单的总结为："一分析，二环回，三换板"。当故障发生时，首先通过对告警、性能事件、业务流向的分析，初步判断故障点的范围。然后通过逐段环回，排除外部故障或将故障定位到单个网元，直至单板，排除故障。

1）告警与性能分析法

通过传输设备机柜和单板的运行灯、告警灯的状态，了解设备当前的运行情况。

通过网管查询传输系统当前或历史发生的告警和性能事件数据，全面准确地获取设备的故障信息，如当前存在哪些告警，上报告警的单板有哪些，告警发生时间，历史告警，性能事件具体数值等。

2）环回法

如前所述，环回法是日常维护的常用方法，也是故障定位的一种有效方法。该方法的特点是定位故障可以不依赖于对大量告警和性能数据的深入分析。

3）仪表测试法

常用的仪表有 2 M 误码仪、SDH 分析仪、光功率计和万用表等。

若怀疑电源电压有问题，利用万用表进行测试；光板激光器发光有问题，可以利用功率计进行测试；2 M 通道有问题，可结合环回法利用 2 M 误码仪进行测试。

4）更改配置法

更改配置法所更改的内容可以包括：时隙配置、板位配置、单板参数配置等。该方法使用于故障定位到单板后，排除由于配置错误导致的故障。

5）替换法

使用一个工作正常的物件去替换一个被怀疑工作不正常的物件，可以是一段线缆、一个设备或一块单板、一个法兰盘等。

6）经验处理法

在一些特殊情况下，由于瞬间供电异常、外部有强烈的电磁干扰，致使设备的某些单板进入异常工作状态，此时的故障现象（如业务中断、通信中断等），可能伴随着相应的告警，也可能没有任何告警，检查各单板的配置数据也是完全正常的。在这种情况下，通过复位单板、单站重启、重新下发配置或将业务切换到备用通道等手段，可有效排除故障，恢复业务。但是，这种方法不能彻底查清故障原因，一般不建议采用。

3. 故障处理举例

1）通信类故障处理方法

故障原因：传输设备侧或交换机侧的故障导致通信业务的中断或者大量误码产生。

处理流程：发生故障后，启动备用通道保证现有通信业务的正常进行。在交换设备和传输设备连接的 DDF 架上通过硬件环回的方式准确定界和定性故障，确定究竟是传输侧故障还是交换侧故障。如果定位在传输侧，进行传输故障的分类。判断种类后，按照相应的故障处理流程排除故障。

2）业务中断故障处理方法

故障原因：供电电源故障；光纤、电缆故障；由于误操作，设置了光路或支路通道的环回；由于误操作，更改、删除了配置数据；单板失效或性能劣化。

处理流程：通过测试法定位出故障网元后，可通过观察设备指示灯的运行情况，分析设备故障。同时分析网管的告警和性能，根据故障反映出来得到告警和性能定位故障单板并加以更换。这一过程可结合使用拔插法和和替换法。

常见故障及分析：

（1）业务不通，同时网管上报光信号丢失告警。检查光纤情况，检查光纤的槽位是否接错。检查光线路板的收光功率，测试是否收发光不正常，调整光接口，观察告警是否消失。检查上一点的光线路板收发光情况，测试是否收发光不正常，调整光接口，观察告警是否消失。如经过以上检查后，告警仍未消失，按照业务中断故障处理流程将光线路板自环检测定位故障点并解决故障。

（2）业务不通，同时无任何告警。检查业务不通的站点之间是否被做环回，如果光线路板之间存在环回，取消环回并正确连接即可。如果没有环回存在，按照业务中断故障处理流程将光线路板自环检测定位故障点。

确定故障光线路板，判断该板收发故障。因为，当某块光线路板收不到光信号，同时自己也检测不到故障时，该光线路板可能不会告警，对端光线路板也无远端接收故障告警。

（3）光板发光功率正常，但业务中断。检查与此两点间的光缆。检查对端光板的光缆是否插好，灵敏度是否正常。检查时隙配置，并确认下发到 NCP 的配置与网管配置一致。

3）误码类故障处理方法

误码的处理要根据严重程度选择处理时间，如较为严重，则需立即处理；如不严重，则可保持现状，等到业务量少时（如傍晚）再处理。

故障定位所采用的诊断手段，要遵循安全第一的原则。尽量缩小影响范围，尽量缩短影响时间。

故障原因：光纤接头不清洁或连接不正确；光纤性能劣化、损耗过高；设备接地不好；设备附近有强烈干扰源；设备散热不好，工作温度过高；交叉板与线路板、支路板配合不好；时钟同步性能不好；单板失效或性能不好等。

定位故障点：误码字节包括 B1、B2、B3 和 V5 字节，其性能级别 B1>B2>B3>V5，对于网管上报的性能应首先处理高级别性能，如果高级别性能处理后还有低级别性能上报，再处理低级别的性能。查询故障网元的性能，如果网管上有 B1/B2 的性能，说明光路不好。

检查故障网元的性能：如果网管上没有 B1/B2，只有 B3 的性能，说明高阶通道不好，问题可能在交叉板或支路板上，可以通过网管的交叉板控制操作来倒换交叉板定位故障单板。另外 B1、B2、B3 也与时钟板有关。如果网管上只有 V5 的性能，表示低阶通道不好，说明支路板故障。可以通过改配时隙到临近网元下支路的办法或 AU 环回的办法，来定位是本端还是对端支路板故障。

处理流程：采用测试法，环回挂表，对误码的发源地进行定位。如果是线路板误码，分析线路板误码性能事件，排除线路误码。如果是支路板误码，分析支路板误码性能事件，排除支路误码。若只有支路误码，则可能是支路板或交叉板的问题，应更换支路板或交叉板。

4. 告警指示含义

RS-LOS（SPI-LOS）：信号丢失，输入无光功率、接收光功率过低、信号劣化于 10^{-3}。
RS-OOF：帧失步，搜索不到 A1、A2 字节，一帧错一个字节就检测一个 OOF 告警。
RS-LOF：帧丢失，OOF 持续 3 ms 以上就会发生 LOF。
HP-SLM：高阶通道信号标签失配，C2 应该收到的和实际所收到的不一致。

RS_TIM：再生段踪迹字节失配，J0 字节配置的数据与实际收到的数据不一致。

MS-FERF（MS-RDI）：复用段远端失效指示告警。

HP-FERF（HP-RDI）：高阶远端失效指示告警。

HP_TIM：高阶通道踪迹字节失配，J1 字节配置的数据与实际接收的数据不一致。

MS_SD：复用段信号劣化，由 B2 检测。

AU-LOP、HP-LOP：管理单元指针丢失、高阶通道指针丢失。

MS-RDI：复用段远端信号劣化指示，对端检测到 MS-RDI，MS-EXC，由 K2（b6 ~ b8）回发过来。

HP_LOM：高阶通道复帧丢失。

BRIDGE：桥接告警。

SWTR：桥接等待恢复。

SPI_LOS：sdh 物理接口信号丢失。

HP_AIS：高阶通道告警指示。

AU_AIS_T：发送信号指针 AIS。

AU_LOP_T：发送信号指针丢失。

HP-RDI：高阶通道远端信号劣化指示，收到 HP-SLM。

HP-UNEQ：高阶通道未装载，C2 = 00H 超过 5 帧。

SWR：倒收告警。

TU-AIS：支路单元告警指示信号，整个 TU 为全 "1"（包括 TU 指针）。

TU-LOP：支路单元指针丢失，连续 8 帧收到无效指针或 DNF（即新指针）。

LP-RDI：支路单元远端劣化指示，接收到 TU-AIS 或 LP-SLM、LP-TIM。

LP-TIM：支路单元踪迹字节失配，由 J2 检测。

LP-SLM：支路单元信号标签失配。

5. 常见告警原因和故障处理方法

1）2.5G 光接收信号丢失（LOS）

告警原因：外部光缆线路故障、尾纤、耦合器件故障、耦合程度不够或者收发关系错误、本端光板上收光模块故障、对端光板上光发模块故障、本端光板接收到不同速率等级的光

处理方法：处理光缆线路 更换尾纤或者耦合器件、保证耦合良好，改正收发关系、更换本端光板、更换对端光板、核实连接光路的速率等级，并连接正确的光路。

2）140 M 电信号丢失（LOS）

告警原因：140 M 线接反、140 M 线断、140 M 口有问题、140 M 口外接设备有问题。

处理方法：调换 140 M 线、调整 140 M 线、更换 EP4 板、维修与 140 M 口相连的设备。

3）2 M 电信号丢失（LOS）

告警原因：2 M 线接反、2 M 线断、2 M 口有问题、2 M 口外接设备有问题。

处理方法：调换 2 M 线、调整 2 M 线、更换 EP1 板、维修与 2 M 口相连的设备。

4）帧丢失（LOF）

告警原因：外部光缆线路故障、尾纤、耦合器件故障、耦合程度不够或者收发关系错误。本端光板故障、对端光板故障、本端光板接收到不同速率等级的光。时钟板故障、后背板故障。

处理方法：处理光缆线路、更换尾纤或者耦合器件、保证耦合良好，改正收发关系；更换本端光板、更换对端光板、核实连接光路的速率等级，并连接正确的光路；更换时钟板、更换后背板。

5）TU12 通道告警指示信号、不可用时间开始

告警原因：时隙配置错误、本端或者对端 2 M 电支路板的个别支路有问题。交叉板故障、电源时钟板（PWCK）故障。

处理方法：检查时隙配置、更换 EP1 板、主备用切换，复位交叉板、更换交叉板、主备用切换，调高电源板电压。

本章小结

光传输网是通信网中的重要传输通道。光传输设备主要包括 ODF 架、DDF 架、SDH 设备及 SDH 网管等。从逻辑上讲，一个传输系统可分为支路单元、线路单元、主控单元、时钟单元、告警单元等部分，其中支路单元接用户业务，线路单元接光缆线路，而主控单元、时钟单元、告警单元则提供公用功能。

1. DDF 架用于用户中继与传输电路间的跳接。ODF 架用于传输线路单元与光缆外线之间的跳接、光纤转接。

2. 网络管理系统用于监控 SDH 的工作状态，对网元进行管理配置；对保护子网进行配置；数据备份、故障管理及安全管理等。

3. T2000 常用功能模块分为：系统状态监控、配置模块、网络模块、数据备份、故障模块、安全模块等。

4. 在 SDH 设备的维护工作中，要求维护人员应按照维护规程的要求，做好日常、周期性的维护工作。当有突发性事故发生时及时上报，在最短时间内排除故障，并做好维护记录；不得随意修改网管数据，不得随意更换机盘或软件；认真填写每日、月、季度、年的维护记录表。

5. SDH 设备的日常维护的常用方法有：观察法、指示灯状态分析、告警日志分析、互换法、112 外线测试、在线测试、ping、拔插法、自检法、隔离法等。

6. SDH 设备日常维护操作方法有：环回、光功率测试、误码率测试、倒换设置、单板复位等。

7. 设备日常维护内容包括：设备告警声音检查；单板、机柜指示灯观察；业务检查—误码测试；公务电话检查等。

8. SDH 设备故障处理原则是：先定位外部，后定位传输；先定位单站，后定位单板；先高速部分，后低速部分；先分析高级别告警，后分析低级别告警。

9. 故障处理方法是：告警与性能分析法、环回法、仪表测试法、更改配置法、替换法、经验处理法等。

10. SDH 设备常见故障有：通信类故障、误码类故障、业务中断故障等。

1. 光传输设备主要有哪些？

2. 光传输设备的作用是什么？

3. SDH 设备维护的基本内容是什么？

4. 为了迅速准确地判断故障和处理故障，对维护人员的要求是什么？

5. 光传输设备中 ODF 架、DDF 架的作用是什么？

6. SDH 设备有哪些主要的单板？并说明各单板的作用。

7. 试述 SDH 系统的业务信号流程。

8. 试述 SDH 系统业务告警流程。

9. T2000 常用功能模块分为哪几种？

10. SDH 设备日常维护的常用方法有哪些？

11. 简述 SDH 设备日常维护的内容。

12. SDH 网络维护人员的网管维护操作内容有哪些？

13. SDH 设备的故障处理原则是什么？

14. 简述 SDH 设备的故障处理方法？

15. 举例分析故障类型和处理的方法。

16. 阐述 SDH 网络管理中故障管理功能。

17. 阐述 SDH 网络管理中性能管理功能

第 8 章　光缆线路的维护

光缆线路是光传输系统的重要组成部分。光缆的维护目的是使光缆能够长期高质量稳定地传输光信号。光缆的良好状态保证了光传输系统安全可靠的运行。光缆线路的维护工作包括光缆的接续、光缆线路的测试和维护抢修。

8.1　光缆线路维护用仪表

光缆线路维护所需仪表有：光纤熔接机、光时域反射仪（OTDR）、光纤切割刀、稳定光源、光功率计和光信号识别器等。

1. 定期测试必备仪表

1）稳定光源

稳定光源有 LD 和 LED 两种。LD 光源输出功率高，光谱窄，能量比较集中，内部采用负反馈网络稳定输出，适用于长距离的传输测量。LED 光源同 LD 光源比较输出功率小，光谱宽，稳定度高，线性好，内部采用温度补偿调节输出，它适用于短距离测量。

2）光功率计

光功率计是光系统测量最基本的仪表之一，它可以用于光源的光功率测量、线路衰减、系统余量及接收灵敏度的测量等。

3）光时域反射仪（OTDR）

OTDR 是光缆维护中的常用仪表。其主要功能是测试光缆线路全程衰减。对其功能的基本要求是可进行单模和多模光纤的测试，具有存储功能、测量距离大、信号处理性能好、测试时间短等优点。

2. 故障抢修所需器材和仪表

1）光时域反射仪（OTDR）

要求如前所述，也可用便携式 OTDR，它适用于短段光缆或长段光缆故障点查找困难，在中间打开光缆接头使用。

2）抢修光缆

因为光缆都是用于大容量的传输系统，缩短故障的延时是十分重要的。为此研制了抢修光缆。它是以 25 m 左右的软光缆作为抢修光缆的缆身，用光纤连接器作为抢修光缆与干线光缆的连接工具，具有轻便灵活、操作简单的特点。在光缆抢修中，先抢通主要光纤，后接通次要光纤，性能可以达到保证正常使用。

3）光纤熔接机

光纤熔接机是以电脑控制纤芯对准，是接续损耗比较小的接续工具。与熔接机配套使用的有光纤切割刀。

4）光信号识别器

它利用光纤微弯泄露出的光经检测器到光功率计，最后由光功率计显示光纤中是否有光传输。它用于光纤对号上，查找光纤故障很方便。

5）其他有关仪表

便携式光纤电话可以用于维护双方联络时使用电话，将光纤直接接在电话机上就可以通话了，它适合于抢修故障时使用。

3. 光缆线路用维护仪表的选择

1）光时域反射仪

光缆线路维护中，光时域反射仪是最为关键的仪表之一。由于使用条件和使用要求的不同，对仪表的性能要求是不一样的。有用于测试出厂光纤性能的，用于测试光缆工程施工性能的。而用于维护的 OTDR 应当是要求最高的。它应该具备性能最好、工作上稳定可靠及功能多的特点。因为光缆线路的性能变化，测试数据存储比较分析等都要靠 OTDR 来完成。

对 OTDR 的要求是：动态范围大，能包括线路维护增加衰减的余量；分辨率高，查找故障准确；动态范围和分辨率从使用要求上来看是相互矛盾的。应选择用窄脉冲宽度能测较大的动态范围的仪表。

2）熔接机

维护中要求熔接机的主要性能如下：

熔接成功率高，成功率不高会造成接头盒光纤长短相差太大，不易盘留，产生附加衰减；熔接损耗要小，新增加的接头的衰减包括在线路设计的富余量中，为保证光缆衰减有一定的富余量，每次维修的接续的接头损耗要小；可靠性高，光纤熔接机的使用寿命长，性能稳定；最低工作温度满足要求，工作温度在 – 10 ~ 50 ℃。

8.2　光缆线路接续

1. 准备工作

光缆是保证光纤通信系统正常运行的重要设施。而光缆接续是光缆维护中的关键工序。光缆接续质量和速度的提高可以缩短光缆故障的抢修时间，延长光缆的使用寿命，保障铁路运输信息传输通道的畅通。

首先，要熟记光缆接续流程，分解接续步骤。认识光缆结构和光纤色谱，熟悉接续的器材和工具仪表。正确选用接头盒和熟练使用工具仪表。

1）光缆接续程序

光缆接续程序如图 8.1 所示。

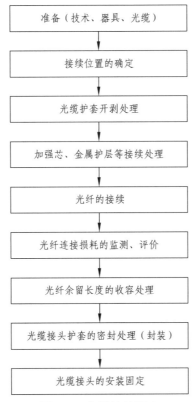

图 8.1　光缆接续程序

2）光缆结构与色谱的认识

熟悉光缆结构，光纤色谱与光纤编号对应；熟悉光缆结构以便正确地进行开缆操作；建立光纤色谱与光纤编号对照表，明确光纤的接续关系，并熟记光纤色谱与编号。

光缆光纤的色序：蓝、橙、绿、棕、灰、白、红、黑、黄、紫、粉红、天蓝 12 种颜色。

某 48 芯光缆色谱对照表如表 8.1 所示。GYTA-53 8 芯光缆色谱对照表如表 8.2 所示。

表 8.1　48 芯光纤色谱与芯号对照表

光纤色谱		蓝	橙	绿	棕	灰	白	红	黑	黄	紫	粉红	天蓝
光缆束管	蓝	1	2	3	4	5	6	7	8	9	10	11	12
	橙	13	14	15	16	17	18	19	20	21	22	23	24
	绿	25	26	27	28	29	30	31	32	33	34	35	36
	棕	37	38	39	40	41	42	43	44	45	46	47	48

表 8.2　GYTA-53 8 芯光缆色谱对照表

束管	光纤色谱	光纤号
蓝色	蓝	1
	橙	2
	绿	3
	棕	4
橙色	蓝	5
	橙	6
	绿	7
	棕	8

3）光缆接头盒的作用与选用

光缆接头盒是相邻光缆间提供光学、密封和机械强度连续性的接续保护装置。主要适用于各种结构光缆的架空、管道、直埋等敷设方式的直通和分支连接。盒体采用进口增强塑料制成，其强度高，耐腐蚀，密封可靠，施工方便，广泛用于光纤通信系统。用于两根或多根光缆之间的保护性连接、光纤分配，完成长途光缆、配线光缆与入户光缆在室外的连接。

对接头盒的选用有以下要求：应选择有入网证的接头盒；直埋光缆和管道光缆接头盒应有水密性；接头盒应具有一定的机械强度；接头盒的直径应能满足光纤盘留时弯曲半径的要求。为了工程上的维修需要，光纤在接头盒中要有余留，一般一端留有不小于 600 mm。余纤都要收入盒中，而且要求弯曲半径不小于 40 mm，弯曲半径过小会增加接头损耗。要求光纤在盒中不受挤压，减少扭曲，避免光纤因静态疲劳而断裂。要求盘留的光纤在盘留槽内自由活动，不受牵扯，盘留槽的大小长度差应小于 150 mm。不要盘小圈，要有 100 mm 的伸缩，不应有微弯和拉紧状态；具有可拆卸功能，可以重复使用；应能防化学腐蚀和电腐蚀；应有能使加强芯和金属护套连通或断开的条件；接头盒应有引出地线的条件。

4）熔接工具及测试工具准备（见表 8.3）

表 8.3　光缆接续用工具

序号	工具名称	件数	用　　途
1	双口光纤剥皮钳	1 把	剥离光纤涂覆层/紧包层
2	组合旋具	1 套	安装光缆接续盒/终端盒
3	5 m 卷尺	1 把	量开剥光缆长度
4	美工刀	1 把	开剥光缆辅助工具
5	光缆加强芯剪断钳	1 把	剪断光缆加强芯
6	横向开缆刀	1 把	横向开剥光缆
7	纵向开缆刀	1 把	纵向开剥光缆
8	镊子	1 把	盘光纤
9	尾纤剪刀	1 把	剪光纤纤维

续表 8.3

序号	工具名称	件数	用　途
10	老虎钳	1 把	剪断光缆中钢丝
11	尖嘴钳	1 把	接续用辅助工具
12	活动扳手	1 把	接续用辅助工具
13	酒精泵瓶	1 个	清洁光纤
14	记号笔	1 只	标记光纤号
15	手电筒	1 把	夜晚施工照明用
16	斜口钳	1 把	辅助施工工具
17	松套剥线钳	1 把	松开保护套
18	棉棒	1 包	清洁微型槽
19	砂纸	1 张	光缆护层打磨
20	光纤熔接机	1 台	光纤连接（熔接）
21	电源	1 台	熔接机供电

光缆接续施工要求接续质量由光时域反射仪（OTDR）进行跟踪测试。

2. 光缆开剥和预盘留

（1）自光缆端头 1.5 m 处开剥光缆，套上挡圈。应用专用开剥刀横向切割聚乙烯内护层及 LAP 层一周，去除该护层。注意切割深度，不得伤及光纤松套管。

（2）割去缆线总缠绕线、包带，将纺纶线拢在一起剪断，加强芯留长 100 mm。

（3）将光纤松套管、加强芯上的油膏及脏物擦干净，擦的方向应从铝塑综合护层切断处向外顺擦，以防松套管折断。用 100%工业酒精或专用清洗剂擦洗，严禁用汽油等易燃物擦洗。

（4）在距离塑料综合护套切断处 450 mm 处，用松套管切割刀横向切割，将松套管在切割划痕处轻轻的拆断后抽出，切忌伤及光纤。松套管外端应做好入缆标记。

（5）清除光纤上的油膏。

（6）接续盒拆封。

清洁接续盒，拧下周边的所有紧固螺钉。经拧下的螺钉拧入接头盒四角的空螺孔内，分离上下壳体与夹层笼屉，清除自粘胶带（条），并连同光缆支架部件移出盒外。

3. 光缆金属加强芯的固定连接

（1）用管轧头将光缆固定在光缆固定支架的勾架上，进行光缆的盒内压缆固定，缆的开剥点与光缆固定支架平齐或稍露。

（2）将金属加强芯穿入光缆支架部件中的金属加强芯固定螺栓孔内，金属加强芯露出 5 cm，多余部分剪去，然后拧紧固定螺栓。

（3）将光纤接续盒固定在金属支架上。

4. 光纤熔接

（1）接头盒内光纤余长应不少于 60 cm。

（2）将进入光纤接续盘固定槽的光纤松套管放在一起，松套管应平顺勿扭绞，并用尼龙带穿入光纤接续盘中的固定槽后扣紧松套管，余长 2 mm。

（3）光纤松套管在光纤接续盘内固定后，将光纤沿光纤接续盘内缘以最大的弯曲半径盘三圈，将多余的芯剪去。

（4）进行光纤接续预盘留，根据光纤弯曲半径和维护要求，光纤在收容盒内的盘留应预先进行设计，称为预盘留。

在每一根光纤上套一根光纤热缩保护管。将光纤穿过热缩管，此时用手指稍用力捏住加强芯一侧热缩管，可防止热缩管内易熔管和加强芯被拉出。

（5）按熔接机的操作步骤逐一完成光纤熔接。

① 去除光纤涂覆层：用专用钳去除光纤涂覆层，长为 30 ~ 40 mm，注意不要损伤光纤。

② 清洁裸光纤：用棉球蘸适量酒精擦除。将棉花撕成层面平整的方形小块，沾少许酒精（以两手指相捏，无酒精溢出为宜），折成 V 形，夹住已剥离涂覆层的光纤，顺光纤轴向擦拭 3 ~ 4 次，直到发出"吱吱"声为止。一块棉花擦 2 ~ 3 根光纤后要及时更换。

③ 光纤端面的切割：用光纤自动切割刀制作光纤端面。

把清洗好的光纤放入 V 形槽，纤芯与涂覆层交界处置于切割刀尺 14 mm 位置；移动刀片，做好切割准备；端面切割。

切割光纤时要严格按照切割刀的操作顺序进行，动作要轻，不可用力过猛。制备好的端面应垂直于光纤轴、端面平整无损伤、边缘整齐、无缺损、无毛刺。

注意碎光纤头放到收集盒中，确保操作安全。

① 将制备好端面的光纤放入熔接机的 V 形槽内，关闭防尘盖按下"开始"键，熔接机便自动进行清洁、光纤校准、端面检查、间隙预留、预熔、光纤推进、放电、连接损耗判断、张力测试等操作。通过显示屏可目测端面的制备状况和熔接质量，要求接头损耗小，接头整齐。

② 打开防尘罩，取出光纤，盖上防尘罩。

③ 将热缩管置于光纤接头处，注意两端均匀整齐，放入加热槽中，按下加热键。加热结束取出加热好的热缩管，粘贴编号。

按上述方法依次熔接光纤。

熔接机的显示接续损耗为参考值。实际的工程施工中应边熔接边在局端用 OTDR 进行监测（有条件时双向平均法测试），并做好记录。熔接盒封装完毕应复测，竣工资料的损耗测试值应为封装完毕的复测数值。

OTDR 监测有远端、近端、远端环回三种方式。

光纤熔接应符合指标要求，一般接头损耗平均值应小于 0.08 dB，施工中应控制在 0.07 dB以内。接头时出现负值接头都认为是成功的接头不再重接。熔接接头损耗结果应做好记录。接头损耗结果应取两个方向测得结果的代数平均值。

熔接好的光纤经 OTDR 监测合格后应用热收缩保护管进行热缩保护加强，冷却后放入盘的卡槽中按编号顺序排列整齐并固定，在热缩管上粘上编号纸。

（6）光纤余纤盘留与接头盒的安装。

接头盒封装前应清洁接续盒并在最上层容纤盘的盖板上粘贴施工资料卡。

5. 光纤收容

1）余纤收容

分别将热缩管固定在光纤收容盘同侧热缩管固定槽中，要求整齐且每个热缩管中的加强芯均朝下，在收容平面上以最大的弯曲半径，采用单一圆圈或"∞"字盘绕，光纤弯曲半径应不小于 40 mm。

2）密封带缠包

盒体密封区域清洁无污，缆身打毛后去污，两挡圈放入接头盒的指定位置，缆口密封带缠包，接头盒入缆口，边槽中加自粘密封胶带。要求密封带缠包尺寸位置正确，操作时保持清洁无污。在无光缆引入的盒体端口放入缠好的密封带堵头。

3）盒体安装

扣上接头盒盖，注意上下要对齐，放入紧固螺栓，用板子紧固螺栓，注意对角交替均匀拧紧所有外部紧固螺栓。上盒后整齐美观，接头盒螺丝紧固，无缝隙，盒体的密封性好。

6. 光缆传输线路的指标要求

1）光纤衰减常数

1 310 nm 波段　最大≤0.36 dB/km，平均≤0.35 dB/km；1 550 nm 波段　最大≤0.25 dB/km，平均≤0.22 dB/km。

2）光纤色散系数

1 310 nm 波段≤3.5 ps/km·nm（1 285 ~ 1 330 nm）；1 550 nm 波段≤20 ps/km·nm（1 525 ~ 1 575 nm）。

3）接续损耗

接续损耗为光纤熔接、固定、盘纤后，光缆密封盒紧固后，用 OTDR 从两个方向实测损耗的平均值。要求光缆线路中光纤熔接点满足：1 310 nm 波段　单个接续点接续损耗：0.1 dB（含）以下≥70%。

4）光缆线路测试

光缆线路测试包括光缆绝缘测试、光缆线路全程衰减测试。

光缆绝缘测试即光缆外护套对地绝缘电阻测试、光缆外护套对加强芯的绝缘电阻测试。

光缆绝缘测试用兆欧表测量。

8.3　光缆线路全程衰减测试

在工程上和维护中一般用光时域反射仪（OTDR）。

1. 光时域反射仪的电路原理及功能

光时域反射仪的电路原理框图如图 8.2 所示。

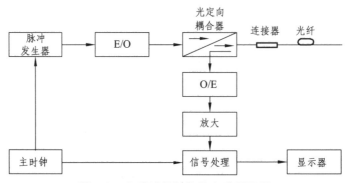

图 8.2 光时域反射仪的电路原理图

OTDR 利用其激光光源（E/O）通过光定向耦合器向被测光纤发送一光脉冲，光脉冲在光纤本身及各特征点上由于菲涅尔反射和瑞利散射，会有光信号返回 OTDR，反射回的光信号又通过定向耦合到 OTDR 的接收器（O/E），转换成电信号，在显示屏上显示出结果曲线。OTDR 为光时域反射仪，是 Optical Time-domain Reflectometer 的缩写。

OTDR 被广泛应用于光纤光缆工程的测量、施工、维护及验收工作中，是光纤系统中使用频度最高的现场仪器，被人称为光通信中的"万用表"。用它可以观察整个光纤线路，定位端点和断点、定位接头点、故障点；测试接头损耗、测试端到端损耗、测试反射损耗；建立事件点与参考点的相对位置、建立光纤数据文件、数据归档。

2. OTDR 的性能参数

OTDR 的性能参数直接影响光纤的测量结果。它一般包括 OTDR 的动态范围、盲区、距离精确度、OTDR 接收电路设计和光纤的回波损耗、反射损耗。下面主要介绍 OTDR 的动态范围和盲区的概念。

1）动态范围

定义：把初始背向散射电平与噪声电平的差值（dB）定义为动态范围。如图 8.3 所示。

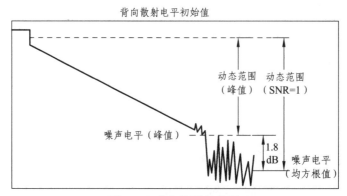

图 8.3 动态范围示意图

动态范围的作用：动态范围可决定最大测量长度。

动态范围的表示方法有两种：峰-峰值（又称峰值动态范围）和信噪比（$SNR = 1$）。

该指标决定了 OTDR 能够分析的最大光损耗值，即决定了 OTDR 可以测量的最大光纤长度。

动态范围越大，OTDR 可以分析的距离越远。

2）盲　区

盲区是由光纤线路上的反射类型事件引起的（接头或活动连接器等）。当反射的强光进入 OTDR 后，光电探测电路会在某一段时间（即一段距离）内处于饱和状态。在光纤线路上，不能够"看到"反射事件之后的一段光纤或该区域内所发生的事件，所以被称为盲区。

盲区分事件盲区和衰减盲区。

事件盲区描述的是能够分辩开的两个反射事件的最短距离。如果一个反射事件在事件盲区之外，则该事件可以被定位，距离可以计算出来。

衰减盲区是指菲涅耳反射峰起始点到反射恢复到正常光纤反射水平的距离。如果一个反射或非反射事件在衰减盲区之外，则该事件可以被定位，损耗也可以测量。测试单盘光纤时，为减少始端的盲区效应的影响，在 OTDR 与被测光纤之间接入一段 1～2 km 的伪光纤。在伪纤与被测光纤间用熔接法连接，这样就将始端因活接头造成的盲区放在伪纤之中，对被测光纤不受影响。

8.4　运用 OTDR 光时域反射仪测量光纤光缆的方法

1. 条件设置

应根据所测光纤或光缆的长度、特性以及对测量的不同要求，合理地选择量程、脉宽、衰减、折射率和光缆修正系数。

1）波长选择（λ）

因不同的波长对应不同的光纤特性（包括衰减、微弯等），测试波长一般遵循与系统传输通信波长相对应的原则，即系统开放 1 550 波长，则测试波长为 1 550 nm。

2）脉宽（Pulse Width）

脉宽越长，动态测量范围越大，测量距离越长，但在 OTDR 曲线波形中产生盲区更大；短脉冲注入光平低，但可减小盲区。脉宽周期通常以 ns 来表示。

3）量程选择

量程选择（OTDR 测量范围）是指 OTDR 获取数据取样的最大距离。最佳测量范围为待测光纤长度的 1.5～2 倍。

4）平均时间

由于背向散射光信号极其微弱，一般采用统计平均的方法来提高信噪比，平均时间越长，信噪比越高。例如，3 min 的获得取将比 1 min 的获得取提高 0.8 dB 的动态，但超过 10 min 的获得取时间对信噪比的改善并不大，一般平均时间不超过 3 min。

5）光纤参数

光纤参数的设置包括折射率 n。折射率参数与距离测量有关，该参数通常由光纤生产厂家给出。其默认值为 1.460 00，可在 1.000 00 ~ 1.999 99 范围内变化。

参数设置好后，OTDR 即可发送光脉冲并接收由光纤链路散射和反射回来的光，对光电探测器的输出取样，得到 OTDR 曲线，对曲线进行分析即可了解光纤质量。

光时域反射仪（OTDR）可执行下面的测量：对每个事件测试距离，损耗，反射；对每个光纤段测试段长，段损耗 dB 或损耗系数 dB/km，段回波损耗；对整个终端系统测试链路长度，链路损耗 dB，链路回波损耗。

6）衰减调整

根据光纤信号的大小，调节 ATT，将程控放大器衰减调到最佳值。

7）光缆修正系数调整

其默认值为 1.000 0，可在 0.800 0 ~ 1.000 0 范围内变化。由于光纤在成缆时存在弯曲纽绕现象，其实测长度比在光缆中的对应位置要长些，为了光缆的故障点精确定位，应根据光缆厂家给定的成缆系数以及铺设光缆的实际情况进行适当的修正。

2. 测量选择

测量选择主要是根据测量要求对测得的波形进行分析所使用的方法。

1）项目选择

在测试的光纤中如果存在断点、连接点以及熔接点，如何知道断点、连接点的菲尼尔反射大小，熔接点的熔接损耗大小以及所测光纤段的平均衰耗呢？此时就可通过项目选择选择来测出这些值的大小。

按对应"平均损耗"的菜单键，就可以测出任意两标志点之间的距离、损耗及两标志点的平均损耗。

按对应"连接损耗"的菜单键，则可以设置四个标志点，前两标志点置于第一段光纤上，后两标志点置于第二段光纤上，此时在屏幕相应位置将显示两段光纤的平均损耗以及连接损耗。如果两段光纤的衰减常数不同，则第二个标志点应置于第一段光线的末端，否则将影响测连接损耗的精度。

按对应"反射损耗"的菜单键，可测出菲尼尔反射峰大小。把第一个标志点置于菲涅尔反射峰的起始点，第二个标志点置于峰顶即可测出该点的反射损耗，但不能使菲涅尔反射峰出现非线性限幅，否则测得的值不准。

2）事件阈值

当对测得的波形进行自动搜索事件点时所设定的损耗阈值，事件阈值范围为 0.005 ~ 5.000 dB。其默认值为 0.005 dB。

3）波形分析

当按"波形分析键"菜单键时，则仪器将根据给定的事件阈值对测得的波形进行事件点自动搜索。如搜索到事件点，则在显示屏相应位置用标记显示出来，并生成事件表。

4）事件表

如果对波形进行过"波形分析"或自动测试，那么此时可按对应"事件表"的菜单键调用事件表，了解所搜索到的事件点位置，性质及损耗大小，也可用打印机打印出来。

3. 文件操作

1）存　储

存储是 OTDR 测试的一个重要步骤。首先，建立文件名，将每次测试结果都进行相应的保存，便于今后对照分析出现的测试结果变化情况，分析故障点和故障现象。

2）读　取

按对应"读取"的菜单键，则在显示屏上用列表方式直接显示所存的文件名、字节数及存盘时间。选择到要读取的波形文件名上，按"读取确认"键，所存储的信息将在显示屏上显示出来。

3）删　除

按对应"删除"的菜单键，则分页显示所存的文件，利用"上翻页"、"下翻页"菜单键找到要删除文件所在的页，选择到要删除的波形文件名上，再按"删除确认"键，则所存储的信息将被删除。注意：每次删除操作只能删除一个文件。

4）比　较

只有在同一量程下的两波形才能比较。这个功能在光缆线路维护中十分有用。在光缆维护中可以将当前测试波形与存储的正常波形进行比较。检查线路是否有故障和故障隐患。

当出现两幅比较的波形时，可按水平或垂直方向的扩展，压缩功能键进行适当的扩展和压缩，以分析两波形的差别。

4. 用光时域反射仪测试光纤线路背向散射曲线

用 OTDR 进行光纤测量可分为三步：参数设置、数据获取和曲线分析。

1）参数设置

测试用光源的波长、光纤折射率、光缆修正系数、量程、脉宽和衰减及平均次数等参数设置。

首先进行波长选择，根据光纤的工作波长选择测试波长；根据所测光纤的估计长度和测试要求，预置量程、脉宽和衰减值。脉宽选择的原则是宽脉宽发射光功率大，测的距离远，信噪比好，但测距空间分辨率低。而窄脉宽信噪比差，测距空间分辨率高。因此，一般测短距离光纤选窄脉宽，测长距离则选宽脉宽。减小衰减值可提高信噪比，但衰减过小，则所测的波形可能出现平顶（非线性限幅），故应当避免。

2）测试光纤光缆的连接

首先，应确认"START/STOP"键灯处于"STOP"状态，此时键灯灭，光输出口没有光输出。光脉冲是不可见的，虽然它相当弱，不致损伤人体，但也应防止光脉冲射入人眼。

光连接器是精密的光器件，注意防止灰尘及其他外部杂物的污染。用无水酒精棉擦拭OTDR 的光输出适配器和光纤连接器，将光输出盒盖板向左移动，将光纤连接器小心地插入光输出适配器，且适当旋紧，慢慢松回盖板。

3）预测式状态

按面板上的"START/STOP"键进入预测试状态。在预测试状态下，波形不断刷新，此时可以对量程、脉宽及衰减进行适当的调整，能直观地看到波形的变化情况。

4）平均处理

在预测试状态下，按"AVERAGE"键进行平均处理，当处理到预定的平均次数时，则进入停止状态，也可按"START/STOP"键进入停止状态。平均处理后显示屏上显示稳定的波形。

5. 测量光纤全程衰减和波形分析

1）光纤断点测量

将光标移至菲涅尔反射刚上升的前一点，显示屏上显示出故障点（或断点）与输入端的距离。如设参考点，则显示的是故障点（或断点）与参考点之间的距离。其值为DIST******km，如图 8.4 所示。

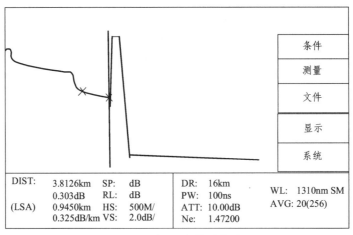

DIST:	3.8126km	SP:	dB	DR:	16km	WL:	1310nm SM
	0.303dB	RL:	dB	PW:	100ns	AVG:	20(256)
(LSA)	0.9450km	HS:	500M/	ATT:	10.00dB		
	0.325dB/km	VS:	2.0dB/	Ne:	1.47200		

图 8.4　光纤断点的测量波形

2）光纤两点间平均损耗测量

首先应在测量菜单的项目选择里选中测"平均损耗"状态，再将两标志点移至所要测的两点上，此时显示屏上即显示光纤两点间的距离、损耗及平均损耗，其结果显示如图 8.5所示。

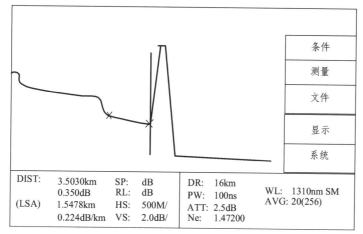

图 8.5　光纤两点间平均损耗测量图

3）熔接损耗测量

只有在"连接损耗"状态下才能测出两光纤的熔接损耗，此时需设置四个标志点。把前两个标志点置于第一段光纤测试波形线性部分，后两个标志点置于第二段光纤测试波形的线性部分，显示屏上即显示出两段光纤的平均损耗和熔接损耗。为避免标志点置入不当，可将垂直标度和水平标度进行适当扩展，其结果显示如图 8.6 所示。

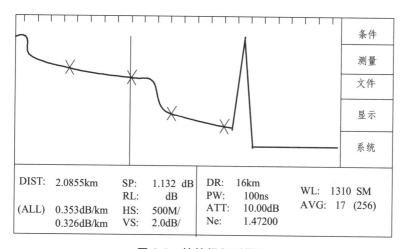

图 8.6　熔接损耗测量图

4）反射损耗测量

如所测光纤波形上有菲涅尔反射峰，可在测"反射损耗"状态下测出反射峰-峰值大小。在菲涅尔反射刚上升的前一点（散射信号处）置一标志点，再在反射峰顶（未饱和）置一标志点，即在"RL"处显示出反射损耗的大小，其结果显示如图 8.7 所示。

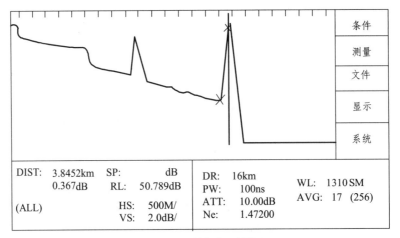

图 8.7　反射损耗测量图

5）数据存储

把测得的波形信息保存起来，用于波形回显和波形比较。对于同一个测试曲线的不同测试项目结果要分别进行保存，便于进行分析。

6）经验与技巧

① 光纤质量的简单判别：正常情况下，OTDR 测试的光纤曲线主体（单盘或几盘光缆）斜率基本一致，若某一段斜率较大，则表明此段衰减较大；若曲线主体为不规则形状，斜率起伏较大，弯曲或呈弧状，则表明光纤质量严重劣化，不符合通信要求。

② 波长的选择和单双向测试：1 550 波长测试距离更远，1 550 nm 比 1 310 nm 光纤对弯曲更敏感，1 550 nm 比 1 310 nm 单位长度衰减更小，1 310 nm 比 1 550 nm 测的熔接或连接器损耗更高。在实际的光缆维护工作中一般对两种波长都进行测试、比较。对于正增益现象和超过距离线路均须进行双向测试分析计算，才能获得良好的测试结论。

③ 接头清洁：光纤活接头接入 OTDR 前，必须认真清洗，包括 OTDR 的输出接头和被测活接头，否则插入损耗太大、测量不可靠、曲线多噪声甚至使测量不能进行，它还可能损坏 OTDR。避免用酒精以外的其他清洗剂或折射率匹配液，因为，它们可使光纤连接器内黏合剂溶解。

④ 折射率校正：就光纤长度测量而言，折射系数每 0.01 的偏差会引起 7 m/km 之多的误差，对于较长的光纤段，应采用光缆制造商提供的折射率值。

⑤ 鬼影的识别与处理：在 OTDR 曲线上的尖峰有时是由于离入射端较近且强的反射引起的回音，这种尖峰被称之为鬼影（幻峰）。

识别鬼影：曲线上鬼影处未引起明显损耗；沿曲线鬼影与始端的距离是强反射事件与始端距离的倍数，呈对称状。如图 8.8 所示。

消除鬼影：选择短脉冲宽度、在强反射前端（如 OTDR 输出端）中增加衰减。若引起鬼影的事件位于光纤终结，可"打小弯"以衰减反射回始端的光。

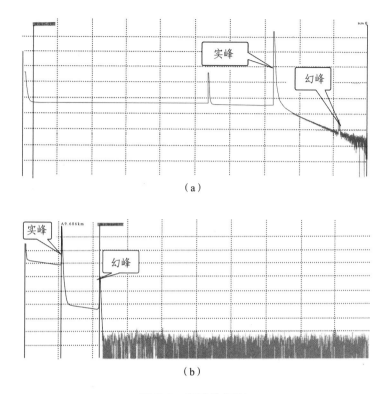

（a）

（b）

图 8.8　幻峰的识别

⑥ 正增益现象处理：在 OTDR 曲线上可能会产生正增益现象。正增益是由于在熔接点之后的光纤比熔接点之前的光纤产生更多的后向散光而形成的。如图 8.9 所示。

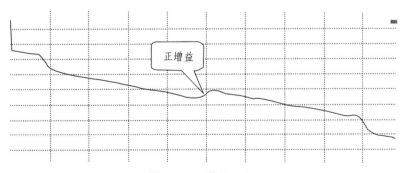

图 8.9　正增益现象

事实上，光纤在这一熔接点上是有熔接损耗的。常出现在不同模场直径或不同后向散射系数的光纤的熔接过程中，因此，需要在两个方向测量并对结果取平均值作为该熔接损耗。在实际的光缆维护中，也可采用≤0.08 dB 即为合格的简单原则。

⑦ 伪光纤的使用：在光纤实际测量中，在 OTDR 与待测光纤间加接一段伪光纤，使前端盲区落在伪光纤内，而待测光纤始端落在 OTDR 曲线的线性稳定区。光纤系统始端连接器插入损耗可通过 OTDR 加一段伪光纤来测量。如要测量首、尾两端连接器的插入损耗，可在每端都加一伪光纤。

⑧ 测试误差的主要因素。OTDR 测试仪表存在的固有偏差：由 OTDR 的测试原理可知，它是按一定的周期向被测光纤发送光脉冲，再按一定的速率将来自光纤的背向散射信号抽样、量化、编码后，存储并显示出来。OTDR 仪表本身由于抽样间隔而存在误差，这种固有偏差主要反映在距离分辨率上。OTDR 的距离分辨率正比于抽样频率。

测试仪表操作不当产生的误差：在光缆故障定位测试时，OTDR 仪表使用的正确性与障碍测试的准确性直接相关，仪表参数设定和准确性、仪表量程范围的选择不当或光标设置不准等都将导致测试结果产生误差。

设定仪表的折射率偏差产生的误差：不同类型和厂家的光纤的折射率是不同的。使用 OTDR 测试光纤长度时，必须先进行仪表参数设定，折射率的设定就是其中之一。当几段光缆的折射率不同时可采用分段设置的方法，以减少因折射率设置误差而造成的测试误差。

量程范围选择不当产生的误差：测试时选择的量程范围越大，测试结果的偏差就越大。

脉冲宽度选择不当产生的误差：在脉冲幅度相同的条件下，脉冲宽度越大，脉冲能量就越大，此时 OTDR 的动态范围也越大，相应盲区也就大。

平均化处理时间选择不当、光标位置放置不当产生的误差：光纤活动连接器、机械接头和光纤中的断裂都会引起损耗和反射，光纤末端的破裂端面由于末端端面的不规则性会产生各种菲涅尔反射峰或者不产生菲涅尔反射。如果光标设置不够准确，也会产生一定的误差。

反射式末端和非反射式末端的情况如图 8.10 所示。

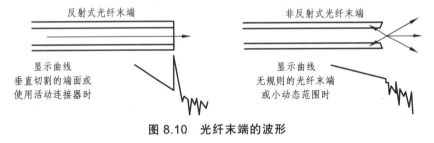

图 8.10　光纤末端的波形

8.5　光缆线路日常维护

光缆和其他光通信设备一样，存在使用寿命问题。它包括材料的自然老化，以及在制造过程中的缺陷（例如气泡、裂纹等）加速老化。同时，光缆的敷设环境也会影响寿命。例如，工作应力超过一定程度、环境温度的变化等，会使光缆产生静态疲劳，再加之不可预计的天灾人祸等，也会使光缆受到意外损伤。总之，无论是在施工建设期，还是投入运营后，光缆都可能发生故障。因此，有一个日常维护问题。日常维护的目的是为了保持光缆的良好工作状态，注意可能发生的故障隐患，不良的机械应力对光缆弯曲和微弯曲的影响，以避免和减少事故的发生，延长光缆的使用寿命。

1. 建立技术资料档案

建立技术资料档案是做好维护工作的首要任务。这些档案包括光缆线路建设初期的竣工技术资料、维护记录以及故障检修的资料等。

（1）光缆线路的竣工资料包括：线路敷设路由图，包括光缆接头位置，每段光缆的长度，人孔位置和距离等。光缆配盘，每盘光缆中光纤的配接和每根光纤的相关参数。各个通道的光纤损耗、接头损耗和总损耗及光缆链路的带宽数据。

各个通道的全程 OTDR 曲线，包括 A-B 和 B-A 两个方向的记录。

（2）光纤通道维护用明细表：为了使线路各个光纤通道的接头位置、距离、纤号等一目了然，一旦故障发生能迅速判断故障的位置，顺利修复，宜将竣工技术资料综合起来，绘制成光纤通道维护用明细图表。

图表包括光缆配盘号、光缆长度、光纤配接、光纤损耗、固定接头损耗、接头位置及光纤通道总损耗。对应的 OTDR 曲线。

（3）日常维护记录：定期巡视光缆线路是日常维护的重要内容。它包括：检查架空光缆的沿线挂钩、光缆垂度是否正常。拐弯处光缆弯曲半径是否改变，引上、引下保护管安装情况，光缆通过道口桥梁处的情况。查看光缆的外形有无变化，光缆预留箱是否有松动，沿途经过电力线、树枝等处有无隐患等。管道光缆应检查人孔内光缆在托架上的安放位置，接头点余留光缆的盘绕直径以及光缆外形有无变化，特别是光缆接头护套有无异常。若发现可疑惑异常情况应做好记录，并继续观察，找出异常原因。应尽量杜绝因天灾人祸可能带来的危害。

应定时测量光缆通路的损耗，检查是否正常并做好记录。每次测量都应与竣工记录以及以往的测量值比较。

维护工作日记、测试记录等数据、表格等应存档，妥善保存。

2. 日常测试

光缆线路日常测试与单盘光纤的室内测试有很大区别。光缆线路较长，要求测试仪器的动态范围要大。要求仪表对环境的适应性强。光纤传输特性的日常测试一般只测量光纤损耗，剪断法不适用于日常测试。一般的测量方法是插入法，有时也采用背向散射法。

8.6　光缆线路故障分析与处理

为使光通信系统正常工作，除精心设计、精心施工、正常维护外，一旦出现光缆故障要及时处理，确保线路畅通，尽量缩短故障时间。这是提高通信质量的一个重要环节。

1. 故障原因分析

光缆线路发生故障主要有两种表现形式：一种是全程损耗增加，另一种是完全中断。其原因归纳起来有以下几点：

1）弯曲或微弯曲损耗

这里指的是外因造成的光缆变形和弯曲引起的损耗。例如受到外力挤压、局部弯曲半径过小等，都会使光缆损耗增大。

2）因光缆本身质量引起损耗增加

光缆温度特性不好，当温度变化时，损耗增大，或制造光缆的材料因气温变化，造成光纤微弯曲，而损耗增加。另外，在光纤制造过程中，不可避免有杂质混入，这些杂质随时间的增长，其影响可能会增加。

3）光缆接头故障

光缆固定接头的可靠性受到保护工艺、保护方法、保护材料操作技巧以及当时的环境污染、气候等诸多因素的影响。架空光缆受环境条件的影响。这些都可能使接头部位发生故障。

4）外因引起的故障

这些故障一般发生在光缆的中间非接头部位。一般由于外界人为损坏和自然灾害所致。

2. 故障点的确定

1）故障段落的确定

光缆通信系统发生故障后，应通过测试，判断故障发生的段落，如果确定是光缆线路的故障再进一步确定故障点的位置。在给故障分段之前，首先要确定光纤活动连接器是否正常工作，是否进灰尘或被污染。

2）故障点的测试分析

准确分析测试曲线是采取预防措施的前提。一般来讲 OTDR 的测试情况能显示出以下四种情况：

① 屏幕上没有测试曲线及事件表没有事件，说明光纤故障点位置在 OTDR 测试盲区内，包括进站光缆与站内成端尾纤的固定接头和活动连接器的插件部分。

在这种情况下，首先用 OTDR 的最小量程和相对应的最窄脉宽再进行一次测试，如仍无曲线，表面光缆的断纤故障点就在测试点附近。

然后可串接一段（长度应大于 1 km）测试用伪纤，并减小 OTDR 光输出脉宽，以减小盲区范围，从而细致地分辨故障点。如显示长度与伪纤近似相等，可以肯定故障点为ODF 附近。

② 测试曲线的远端位置与光纤总长明显不符，表明此时后向散射曲线的远端点即为故障点。

如果测得的故障点位置在光缆接头附近，应首先判定为接头处断纤。接头处断纤时 OTDR 测试曲线如图 8.11（a）所示。图中测试曲线的末端 C 点有强烈的菲涅尔反射峰，这表示光缆的断纤点可能就在光缆接头盒内。

图 8.11（b）测试曲线末端 C 点有陡降的噪声信号。出现该现象的原因可能有两种：一种是断纤点可能在光缆的塑料束管内，这是由于束管中的填充油膏与光纤材料的折射率较小，测试光信号传输方向在此发生改变，辐射出光纤。另一种是光缆断纤处在接头盒内，因光缆接头盒的防潮性能较差，而使接头盒内大量进水，当测试光信号到达光纤断裂点时，传输能量急剧衰减，且由于水与光纤的折射率较为接近，传输信号同样变为噪声信号。

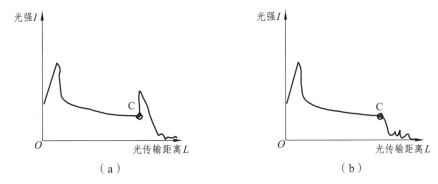

图 8.11　光纤故障点的识别

如果故障点明显偏离接头位置，表明光缆的故障点可能发生在其主干部分。这时应在粗略测试基础上，再进行精确测试，测试出故障点与测试端之间的距离。

③　测试曲线的中部无异常且远端点又与光缆总长相符时，应该注意观察测试曲线远端的波形。如图 8.12（a）所示，测试曲线远端 C 点有强烈的反射峰，这说明故障光纤的末端端面与光纤轴向垂直，此处即为光缆对端的成端处，而不是断点。如图 8.12（c）所示，测试曲线有较小的反射峰，呈现为一个小的突起，表明在光纤末端产生了裂缝。其原因可能是在光缆成端中，因剥离光纤涂覆层或后期开通中光纤受到了较大震动而出现微裂纹，随后微裂纹逐渐扩大，形成光纤缺陷，使损耗增大。

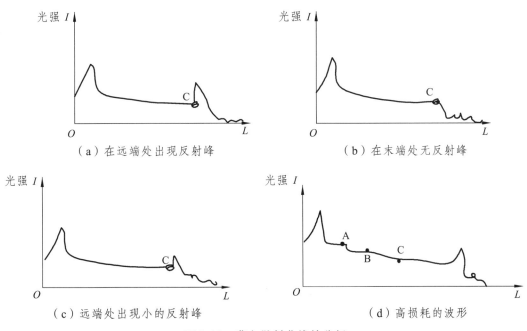

图 8.12　背向散射曲线的分析

④　测试曲线上出现高损耗点或高衰减段，如图 8.12（d）所示，A 点可能是高损耗点。图 8.12（d）BC 区段为光缆高衰减段。通常高损耗点一般与接头部位相对应，光波通过该区段光功率明显降低，高损耗点的出现表明该处的接头损耗大。

总之，提高光缆线路故障定位准确性的方法是：正确、熟练地掌握仪表的使用方法；进行正确的换算；建立准确完整的原始资料；保持障碍测试与资料上测试条件的一致性；灵活测试，综合分析。

3. 故障的修复

当光缆线路故障性质、故障位置确定后，应及时组织修复。但对发生在管道中间的单纤故障，可利用系统的备用光纤使系统正常工作。不急于处理单纤故障，以便进一步观察和分析故障原因。

1）光缆接头故障处理

由于这种故障正好发生在光缆的接头部位，而且往往是单根光纤接头问题，因此，它的修复一般可在不中断通信的情况下进行。具体方法如下：

（1）将接头附近的余留光缆小心松开，把接头盒或（或光缆护套）外部清洁后，置于工作台上。

（2）打开光缆接头盒，将盘绕的余留光纤轻轻散开，找出有故障的通道，注意核对该通道的配接光纤号，并注意其方向。

（3）在靠故障点最近的端局用 OTDR 对该通道光纤进行测试，此时在 OTDR 上显示一故障点形成的反射峰，找到断纤故障点。

（4）用熔接法重作固定接头。光时域反射仪显示恢复正常。对照原始记录曲线，该接头处的"台阶"应较接近，否则应重接。

（5）对新接头进行保护后，重新装入接头盒，然后，密封、紧固，放回原固定架。

（6）光时域计上无异常反应后，记下此时曲线，并存入技术档案。

（7）插入法对该通道进行全程损耗测试。无异常反应后即可接入系统，观察是否正常，若正常，则线路修复完毕。

2）"天窗"处理法

本法适用于非接头部位的故障处理。

架空光缆由于外界原因在同一点（非接头部位）损伤 1~2 根光纤时，可不必更换光缆，而采用开"天窗"的办法较为合适。因为它可以在不中断通信的情况下修复，同时缆内其他通道不增加接头。该方法也可用于管道光缆人孔中的同类故障。具体方法如下：

（1）根据测定的故障点，在怀疑区观察光缆外形，一般这类故障多有外伤痕，采用光时域计监测，在有伤痕或可疑部位通过"按摸"，根据时域计上的反应，最后确诊故障点。

（2）在故障点小心将光缆外护套剥开 60 cm 左右（注意不要损伤其他好的光纤），找出故障通道及光纤故障点。

（3）将光纤从两个方向轻轻拉回 60 cm 左右，以便熔接时，光纤能引至微调架上。

（4）将光纤在故障点断开，采用熔接法进行连接，用光时域计监测接头处"台阶"的大小。有条件时应测量光纤链路的总损耗，以满足系统的要求。

（5）对光纤接头加以保护。

（6）用光缆护套对光缆剥开部分进行保护。为了使剥开部位留长刚好为光缆护套的套管长度，先将缆内钢丝加强芯截去 30 cm，并用套管压接法将加强芯连接，然后将全部光纤盘放入光缆接头护套内，并做密封，加固处理，最后吊挂在架空铜绞线或合适的位置上。

（7）复测修复通道的全程损耗并将光时域反射曲线存档。

3）更换光缆处理法

不管是什么型式的光缆、在什么条件下应用，发生故障后都可以采用更换光缆处理。当发现故障位于非接头部位或出现高损耗区时，一种措施是更换整盘光缆，另一种措施是更换部分光缆（一般为人孔距离的长度）。第一种情况不增加通路的接头，一般是故障光缆原来盘长度不长，维护用光缆备件的长度能满足需求，或通道总损耗已接近边缘，不允许增加光缆接头。而后一种情况需要增加一个接头，但可以节省光缆。

架空光缆的更换方法较为灵活，需要增加的光缆接头可以放在线路的任何地方，不像管道光缆那样，接头盒必须放在人孔内。无论整段更换或部分更换，均应注意所更换的光缆特性，如损耗、温度特性、几何尺寸，模场直径（或数值孔径）等均应符合原来系统总体设计的要求。

4）其他修复方法

光缆故障情况较多，敷设路由有时也十分复杂，因此故障处理方法也应灵活机动、因地制宜。例如管道光缆故障点虽不在接头部位，却正好在某人孔处，此时就不必更换光缆，只需在该人孔故障点处连接修复即可。此时会使光缆增加一个接头，但如果损耗值在允许的范围内（一般设计时已留有一定的富余量，考虑到维修时因增加接头而增加的损耗值），此法还是可行的，它可以节省光缆，省时省力。

4. 光缆抢修

（1）长途通信光缆是铁路通信网的基本设施，是传输网的主要传输手段，是铁路通信各种业务的动脉，确保基础设施的安全性与可靠性，是维护部门的主要职责。

（2）维护单位在平时应做好一切抢修准备工作，对抢修人员和工具器材必须配齐，器材用后要及时补齐，不得拖延。遵循"先抢通、后修复"的原则，不分白天黑夜、不分天气好坏、不分维护界限，用最快的方法抢通传输系统，然后再尽快修复。光缆线路障碍未排除之前，查修不得中止。障碍修复后应分析总结障碍原因，避免同类故障的再次发生

（3）成立"光缆抢修领导小组"和"光缆抢修组"。"光缆抢修领导小组"负责光缆抢修组织领导工作。

（4）光缆抢修领导小组负责光缆线路有关资料的收集、整理，线路详细径路图的制定，负责抢修器材，仪表的配备和运用状态的检查，实行定置管理，制定抢修人员的培训计划，故障处理后及时同历史数据进行比较，修订光纤传输特性存档资料，确保存档材料的准确性。

（5）光缆抢修领导小组负责光缆中断故障情况上报，及时通知抢修人员并督促其行动，掌握抢修进度和交通工具等工作。

（6）光缆抢修组负责接到光缆中断的通知后，通知现场维护人员查找光缆中断点及抢修人员的调配，抢修材料、仪器、仪表的准备及运送，抢修完毕后将抢修经过及中断原因及时上报。

（7）光缆抢修组由接续人员负责仪器、仪表、接续材料的检查，确认无误后方可赶赴现场，接续过程中一定要保证接续质量，认真做好接续前后的测试工作，并将测试数据及时上报。

（8）现场维护人员要在测试人员判断的故障区段内定位光缆中断点，进行布放抢修光缆和敷设复旧光缆等各项准备工作。

8.7　光缆成端

光缆线路到达机房时，需要与光端机或中继器相连，这种连接称为光缆的成端。光缆的成端方式主要有终端盒成端方式、ODF 架成端方式两种。

干线光缆和较大的机房一般都采用 ODF 架成端方式。这种成端方式是将光缆的外护套、加强芯固定在 ODF 架上，将光纤与预置在 ODF 架上的尾纤进行熔接，在接续前应将尾纤逐一编号，与光缆线路和光端站一一对应，以免造成纤芯混乱。将成端后的尾纤连接头应按要求插入光分配（ODF）架的连接插座内，暂时不插入的连接头应按要求盖上保护帽，以免损伤和灰尘堵塞连接头，造成连接损耗增大或不通。

部分边远机房或接入网点，在机房内没有 ODF 架，可采取终端盒成端的方式。将光缆固定在终端盒上，与接头盒安装一样，把外线光纤与尾纤没有连接器的一端相熔接，把余纤收容在终端盒内的收容盘内，终端盒外留有一定长度的尾纤，以便与光端机相连。这种方式的特点是比较灵活机动，终端盒可以固定在墙上、走线架上等相对安全地方，经济实用。

光缆成端应符合以下技术要求：

（1）光缆进入机房前应留足够的长度（一般不少于 12 m）。

（2）采用终端盒方式成端时，终端盒应固定在安全、稳定的地方。

（3）成端接续要进行监测，接续损耗要在规定值之内。

（4）采用 ODF 架方式成端时，光缆的金属护套、加强芯等金属构件要安装牢固，光缆的所有金属构件要做终结处理，并与机房保护地线连接。

（5）从终端盒或 ODF 架内引出的尾纤要插入机架的法兰盘内，空余备用尾纤的连接器要带上塑料帽，防止落上灰尘。

（6）光缆成端后必须对尾纤进行编号，同一中继段两端机房的编号必须一致。无论施工还是维护，光纤编号不宜经常更改。尾纤编号和光缆色谱对照表应贴在 ODF 架的柜门或面板内侧。

本章小结

光缆的维护目的是使光缆能够长期高质量稳定地传输光信号。光缆的良好状态保证了光传输系统的安全可靠的运行。光缆线路的维护工作包括光缆线路的故障判断、光缆的接续、光缆线路的测试、故障修复和抢修等。

1. 光缆线路维护的仪表主要有光纤熔接机、光时域反射仪 OTDR、光功率计、光纤识别器等。

2. 要熟记光缆接续流程。认识光缆结构和光纤色谱，熟悉接续的器材和工具仪表。正确选用接头盒和熟练使用工具仪表。

3. 光缆的接续应严格按照操作流程进行。光缆接续主要有以下几个工作内容：光缆的开剥、加强芯的固定、光纤束管的固定、光纤预盘留、光纤接续、光纤接头保护和余纤收容及接头盒的安装。

4. 光缆线路的测试主要用光时域反射仪（OTDR）。运用该仪表可测试光纤断点测量、光纤两点间平均损耗测量、熔接损耗测量、反射损耗测量和光缆长度测量。测试的步骤是：设置测试参数、连接测试线路、测试背向散射曲线、分析测试结果、保存测试结果。

5. 光缆线路的故障的原因有弯曲或微弯曲损耗，因光缆本身质量引起损耗增加，光缆接头故障，外因引起的故障。

光缆线路的故障处理首先用光时域反射仪对光缆故障点位置进行分析正确判断然后依据故障性质进行光缆修复和光缆抢修工作。

6. 光缆线路到达机房时，需要与光端机或中继器相连，这种连接称为光缆的成端。光缆的成端方式主要有终端盒成端方式、ODF 架成端方式两种。

❋❖ 复习思考题

一、填空题

1. OTDR 显示屏上没有曲线，说明光纤故障点在＿＿＿＿＿＿＿＿。

2. 光缆线路障碍一般分为一般障碍、逾限障碍、＿＿＿＿＿＿＿＿和＿＿＿＿＿＿＿＿ 四种类型。

3. 长途线路的维护工作方针是预防为主、＿＿＿＿＿＿＿＿。

4. 用 OTDR 测试时，如果设定的折射率比实际的折射率偏大，则测试长度比实际长度＿＿＿＿＿＿＿＿。

5. 光缆线路"三防"指的是防强电、＿＿＿＿＿＿＿＿、＿＿＿＿＿＿＿＿。

6. 热可缩管由＿＿＿＿＿＿＿＿、＿＿＿＿＿＿＿＿和热可缩管三部分组成。

7. OTDR 上显示的后向散射曲线，其横坐标表示＿＿＿＿＿＿，其纵坐标表示＿＿＿＿＿＿。

8. 余纤收容盘是整个接头盒的核心，其作用是收容＿＿＿＿＿＿并固定＿＿＿＿＿＿。

9. 光缆接头盒的种类较多，从接续方式上分为直通接续接头盒和＿＿＿＿＿＿＿＿两种。

10. 光纤在接头部位留有一定长度的余纤，余纤有两个作用，一是＿＿＿＿＿＿＿＿，二是＿＿＿＿＿＿＿＿。

11. 光缆线路以进入传输机房的第一个连接器（ODF）为界，连接器（ODF）及其以内的维护属于＿＿＿＿＿＿＿＿，连接器（ODF）以外的维护属于＿＿＿＿＿＿＿＿。

12. 光缆线路维护的基本任务是：保证光缆线路设施完整良好，＿＿＿＿＿＿＿＿。

13. 幻峰是指在＿＿＿＿＿＿＿＿之后出现的光反射峰。

14. 光缆传输系统发生障碍后，传输站应首先判断是设备障碍还是＿＿＿＿＿＿＿＿。

15. 光缆线路的割接方式分为两大类：中断业务割接和_____。

16. 当光波在一长度为 10 km 的光纤中传输时，若输出端的光功率为输入光功率的一半，则光纤的损耗系数为_____。

17. 光时域反射仪是一种测量光纤的仪表，但是任何一条光纤线路中总有一些区间是光时域反射仪无法测量的，这种区间被称为_____。

18. 光缆接续时，光纤端面的制备（即切割光纤）非常重要，如果切割好得端面碰到外物或者放在空气中过久，会造成_____。

19. 可以测量光纤衰减、接头损耗、光纤长度等参数的仪器是_____。

20. 进局光缆与室内光传输设备的接口设备是_____。

21. 光缆线路障碍点的测试一般是在 OTDR 显示屏上出现的_____确定障碍点。

22. 当光缆障碍发生后，维护人员遵循_____原则进行抢修。

二、简答题

1. 叙述光缆接续的一般步骤。

2. 光纤端面的处理包括哪些过程？

3. 光时域反射仪（OTDR），又称后向散射仪或光脉冲测试器，它可对光纤进行哪些数据的测量？

4. 影响 OTDR 动态范围和盲区的因素有哪些？

5. 提高光缆线路故障定位准确性的方法有哪些？

6. 抢修光缆线路障碍的原则是什么？

7. 简述造成光缆线路障碍的原因。

8. 光缆线路维护的基本要求有哪些？

9. 简述 OTDR 测量光缆线路障碍点误差的原因。

10. 简述 OTDR 的主要功能和工作原理。

11. 画出光纤接续工艺流程图。

12. 试说明全色谱束管和全色谱光纤的色谱标识。

13. 什么是 OTDR 的衰减盲区和事件盲区？

14. 什么是 OTDR 幻峰？其产生原因是什么？

15. 简述光缆线路技术维护的项目有哪些？

16. 简述 ODF 架的成端方式。

17. 在用 OTDR 对光纤进行测试之前，应进行哪些参数的设置？

18. 在使用 OTDR 测试时，测试的波长设置窗口一般是多少？光纤平均损耗标准一般是多少？光纤接头损耗标准是多少？

19. 试述光纤熔接机的分类。

20. 设纤芯的折射率为 1.45，从后向散射曲线上得到入射光脉冲与障碍点反射光脉冲之间的时间为 20 μs，求障碍点离测试点的距离。若纤长和缆长的比值为 1.08，求光缆皮长。

21. 抢修光缆线路障碍的原则是什么？

第9章 光纤通信新技术

　　光纤通信技术作为在实际运用中的一种通信技术，已成为现代化通信非常重要的支柱。作为全球新一代信息技术革命的重要性之一，光纤通信技术已经成为当今信息社会中各种多样且复杂的信息的主要传输媒介，并深刻、广泛地改变了信息网架构的整体面貌。以现代信息社会通信基础的身份，向世人展现了其无限美好的发展前景。

　　光纤是通信网络的优良传输介质，光纤通信是以很高频率的光波作为载波、以光纤作为传输介质的通信，光纤通信的问世使高速率、大容量的通信成为可能，目前它已成为最主要的信息传输技术。

　　光纤通信技术（Optical Fiber Communications）从光通信中脱颖而出，已成为现代通信的主要支柱之一，在现代电信网中起着举足轻重的作用。光纤通信最新技术，其近年来发展速度之快、应用面之广是通信史上罕见的，也是世界新技术革命的重要标志和未来信息社会中各种信息的主要传输工具。本章主要对光纤通信最新技术做了一个简单的介绍，包括光纤新型材料、光纤拉曼放大技术、光波长稳定技术、光滤波技术、OTN 技术的发展。

9.1 光纤新型材料

　　光纤若按组成材料的不同，可分为：石英光纤，主要成分为二氧化硅；玻璃光纤，有多组玻璃组成；液芯光纤，在细管内充以某种传光的液体材料；塑料光纤，以塑料为传光的光纤。

　　石英玻璃光纤传输信号损失最小，最适合用来做长距离、大量的通信传输；塑料光纤虽然损失严重，长期可靠性差，但由于塑料光纤性能日益精进，塑料光纤价格便宜、末端容易加工等优势，也有一定的发展。

　　以 SiO_2 材料为主的光纤，工作波段在 0.8 ~ 1.6 μm，目前能达到的最低理论损耗在 1 550 nm 波长处为 0.16 dB/km，几乎接近石英光纤的最低损耗极限。如果继续加大工作波长，由于靠近红外线波段，将会受到红外线吸收的影响，这样衰减常数会进一步增大。针对此种情况，许多科学工作者在努力寻找超长波长（2 μm）窗口的光纤材料。这类材料主要有两种，非石英玻璃材料和结晶材料。因此，需要寻求新型材料光纤，以满足超大带宽、超低损耗、高码速的通信需求。

　　氟化物玻璃光纤是目前研究最多的超低损耗远红外光纤，它是以 ZrF4-BaF2、HfF4-BaF2 两系统为基体材料的多组分玻璃光纤，其最低损耗在 2.5 μm 附近为 10^{-3} dB/km，无中继距离可达到 10 万 km 以上。1989 年，日本 NTT 公司研制成功的 2.5 μm 氟化物玻璃光纤损耗只有

0.01 dB/km，目前 ZrF4 玻璃光纤在 2.3 μm 处的损耗达到外 0.7 dB/km，这离氟化物玻璃光纤的理论最低损耗 10^{-3} dB/km 相距很远，仍然有相当大的潜力可以挖掘。能否在该领域研制出更好的光纤，对于是否可以开辟超长波长的通信窗口具有深远的意义。

硫化物玻璃光纤具有较宽的红外透明区域（1.2~12 μm），有利于多信道的复用，而且硫化物玻璃光纤具有较宽的光学间隙，自由电子跃迁造成的能量吸收较少，温度对损耗的影响较小，其损耗水平在 6 μm 波长处为 0.2 dB/km，是非常有前途的光纤。而且，硫化物玻璃光纤具有很大的非线性系数，用它制作的非线性器件，可以有效地提高光开关的速率，开关速率可以达到数百 Gbit/s 以上。

重金属氧化物玻璃光纤具有优良的化学稳定性能和机械物理性能，但红外性质不如卤化物玻璃好，区域可透性差，散射也大，但若把卤化物玻璃与重金属氧化物玻璃的优点结合起来，制造成性能优良的卤-重金属氧化物玻璃光纤具有重要的意义。日本 Furukawa 电子公司利用 VAD 工艺制得的 GeO_2-Sb_2O_3 系统光纤，损耗在 2.05 μm 波长处达到了 13 dB/km，如果经过进一步脱 OH- 的工艺处理，可以达到 0.1 dB/km。

聚合物光纤自 19 世纪 60 年代美国杜邦公司首次发明以来，取得了很大的发展。1968 年杜邦公司研制的聚甲基丙烯酸甲酯（PMMA）阶跃型塑料光纤（SI POF），其损耗为 1 000 dB/km。1983 年，NTT 公司的全氘化 PMMA 塑料光纤在 650 nm 波长处的损耗降低到 20 dB/km。由于 C-F 键谐波吸收在可见光区域基本不存在，即使延伸到 1 500 nm 波长的范围内其强度也小于 1 dB/km。全氟化渐变型 PMMA 光纤损耗的理论极限在 1 300 nm 处为 0.25 dB/km，在 1 500 nm 处为 0.1 dB/km，有很大的潜力可挖。近年来，Y.KOIKE 等以 MMA 单体与 TFPMA（四氟丙基丙烯酸甲酯）为主要原材料，采用离心技术制成了渐变折射率聚合物预制棒，然后拉制成 GIPOF（渐变折射率聚合物光纤），具有极宽的带宽（>1 GHz·km），衰减在 688 nm 波长处为 56 dB/km，适合短距离通信。国内有人以 MMA 及 BB（溴苯）、BP（联苯）为主要原材料，采用 IGP 技术成功地制备了渐变型塑料光纤。日本 NTT 公司最近开发出氟化聚酰亚胺材料（FULPI），在近红外光内有较高的透射性，同时还具有折射率可调、耐热及耐湿的优点，解决了聚酰亚胺透光性差的问题，现已经用于光的传输。聚碳酸酯、聚苯乙烯的研究也在不断进行中，相信在不久的未来更好性能的聚合物光纤材料得到开发和利用。

涂覆材料，特殊的环境对光纤有特殊的要求，石英光纤的纤芯和包层材料具有很好的耐热性，耐热温度达到 400~500 ℃，所以光纤的使用温度取决于光纤的涂覆材料。目前，梯形硅氧烷聚合物（LSP）涂层的热固化温度达 400 ℃ 以上，在 600 ℃ 的光传输性能和机械性能仍然很好。采用冷的有机体在热的光纤表面进行非均匀成核热化学反应（HNTD），然后在光纤表面进行裂解生成碳黑，即碳涂覆光纤。碳涂覆光纤的表面致密性好，具有极低的扩散系数，而且可以消除光纤表面的微裂纹，解决了光纤的"疲劳"问题。

9.2　光纤拉曼放大技术

9.2.1　拉曼光纤放大器的应用背景

随着光纤通信技术的进一步发展，通信波段由 C 带（1 528~1 562 nm）向 L 带（1 570~

1 610 nm）和 S 带（1 485～1 520 nm）扩展。由于光纤制造技术的发展，可消除在 1.37 μm 附近的损耗高峰，因此通信波段有望扩展到从 1.2～1.7 μm 的宽广范围内。掺铒光纤放大器（EDFA）无法满足这样的波长范围，而拉曼光纤放大器却正好可以在此处发挥巨大作用。另外拉曼放大器因其分布式放大特点，不仅能够减弱光纤非线性的影响，还能够抑制信噪比的劣化，具有更大的增益带宽、灵活的增益谱区、温度稳定性好以及放大器自发辐射噪声低等优点。随着高功率二极管泵浦激光器和光纤光栅技术的发展，泵浦源问题也得到了较好的解决。拉曼光纤放大器逐渐引起了人们的重视，并逐渐在光放大器领域占据重要地位，成为光通信领域中的新热点。

9.2.2　光纤拉曼放大器的工作原理

如果信号与一个强泵浦光同时传输，并且其频率差位于泵浦光波的拉曼增益谱带宽之内，那么这个弱信号光可被该光纤放大，由于这种放大的物理机制是受激拉曼散射（SRS），所以称之为光纤拉曼放大器。

图 9.1 为一个频率为 ω_p 和 ω_s 的泵浦光和信号光通过耦合器输入光纤，当这两束光在光纤中一起传输时，泵浦光的能量通过受激拉曼散射效应转移给信号光，使信号光得到放大。其中信号可以同向输入，也可以反向输入，所以存在两种拉曼放大器，即同向拉曼放大器和反向拉曼放大器。

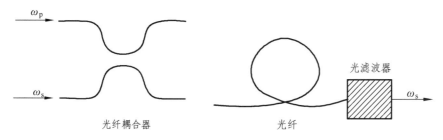

图 9.1　拉曼放大器的工作原理

9.2.3　光纤拉曼放大器的基本结构

近年来拉曼放大器得到进一步发展。图 9.2 为后向泵浦光纤拉曼放大器的基本结构。在输入端和输出端各有一个光隔离器，它是一种单向光传输器件，目的是消除各种反射光的干扰，使信号光单向传输。泵浦光源用于提供能量，光耦合器的作用是将信号光和泵浦光耦合进同一传输光纤中。光滤波器用来消除被放大的自发辐射光以降低放大器的噪声，提高系统的信噪比。此外，在 FRA 的输出端加长周期光纤光栅制成的增益平坦滤波器（GFF）还可以对放大器的宽带增益谱起到平坦的作用。

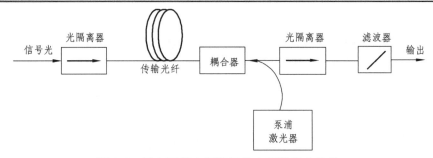

图 9.2　后向泵浦光纤拉曼放大器的基本结构

　　按照泵浦光传播的方向来分，光纤拉曼放大器可以分为前向泵浦、后向泵浦和双向泵浦等多种泵浦方式。图 9.2 所示为后向泵浦拉曼放大器的基本结构，图 9.3 和图 9.4 分别给出了双向泵浦和前向泵浦拉曼放大器的结构图。在前向泵浦结构中，泵浦光和信号光从同一端注入传输光纤，信号光和泵浦光的串扰较大，噪声性能较差。而后向泵浦可以抑制泵浦诱发的高频偏振和强度噪声，并能降低传输末端的泵浦光功率，有效地降低单元噪声以及由此引起的光纤非线性效应。对于普通单模光纤和色散位移光纤，后向泵浦带来的串扰要比前向泵浦低得多。因此，在实际应用中一般采用后向泵浦的方式。

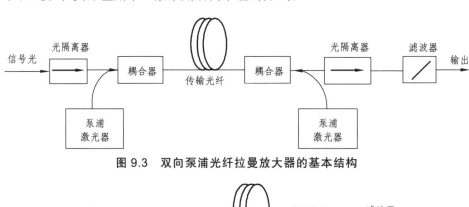

图 9.3　双向泵浦光纤拉曼放大器的基本结构

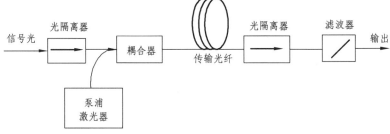

图 9.4　前向泵浦光纤拉曼放大器的基本结构

9.2.4　拉曼光纤放大器的特点

　　（1）增益波长由泵浦光波长决定。理论上可对光纤窗口内任一波长的信号光进行放大。这使得光纤拉曼放大器可以放大 EDFA 所不能放大的波段，使用过个泵源还可得到比 EDFA 宽得多的增益带宽（后者由于能级跃迁机制所限，增益带宽只有 80 nm），因此，对于开发光纤的整个低损耗区 1 270 ~ 1 670 具有无可替代的作用。

（2）增益频谱较宽。单波长泵浦可实现 40 nm 范围的有效增益，如果采用多个泵浦源，则可容易地实现宽带放大。可以通过调整各个泵浦的功率来动态调整信号增益平坦度。

（3）增益介质为传输光纤本身，因为放大是沿光纤分布而不是集中作用，光纤中各处的信号光功率都比较小，从而可降低非线性效应尤其是四波混频（FWM）效应的干扰，与 EDFA 相比优势相当明显，此特点使光纤拉曼放大器可以对光信号的放大构成分布式放大，实现长距离的无中继传输和远程泵浦，尤其适用于海底光缆通讯等不方便建立中继站的场合。

（4）拉曼光纤放大器的噪声指数（NF）比 EDFA 要低。二者配合使用，可以有效降低系统总噪声，提高系统信噪比，从而延长无中继传输距离及总传输距离。

（5）拉曼光纤放大器也存在一些缺点，比如：所需的泵浦光功率高，分立式要几瓦到几十瓦，分布式要几百毫瓦；作用距离长，分布式作用距离要几十至上百千米，只适合于长途干线网的低噪声放大；泵浦效率低，一般为 10% ~ 20%；增益不高，一般低于 15 dB；高功率泵浦输出很难精确控制；增益具有偏振相关特性；信道之间发生能量交换，引起串音。

9.2.5　拉曼光纤放大器的应用

基于拉曼光纤放大器具有以上特性，它主要有以下几方面的用途：

提高系统容量。提高系统容量主要是增加信道复用数，一方面，开辟新的传输窗口可以增加信道复用数。目前商用 EDFA 的工作波段在 1 525 ~ 1 625 nm，而可以利用的光纤频带还很宽。要开辟新的传输窗口，就需要有合适频带的光放大器，RFA 的全波段放大特性正好满足要求。另一方面，可通过减小信道间隔来增加信道复用数，但这样会引起四波混频、交叉相位调制作用增强，信道间串扰等，RFA 的低噪声特性可在一定程度上用来减小信道间隔。

系统升级。在接收机性能不变的前提下，增加系统的传输速率要保证接收端的误码率不变就必须增加接收端的信噪比。可采用与前置放大器相配合的 RFA 来提高信噪比，从而实现系统升级。

增加无中断传输距离。无中断传输距离主要由信噪比决定。在长距离传输系统中，由 EDFA 来放大，产生的自发辐射噪声积累起来，导致信噪比的下降，从而限制了无中继传输的距离。要保持高的信噪比，必须提高信号光的输入功率，这样会引起较强的非线性效应。而分布式 RFA 的噪声指数（NF）较小，故可用于长距离传输。

9.3　波长锁定技术

电信业务对通信容量提出了越来越高的要求，解决容量问题当前最主要的方法是采用光波分复用技术。然而在光纤通信的波分复用技术中，频率漂移会引起串扰，增加系统误码率。波长稳定技术是通过两个辅助电路，即自动功率控制电路和自动波长控制电路来控制光发送机的温度和输出功率，实现波长的稳定。仅靠调控光源温度和控制输出功率已经不能完全控制波长的稳定，所以目前光源组件开发中，采用有源控制技术波长锁定器来控制光源波长。

在密集波分复用系统中，随着传输通道数的增加，通道的间隔会不断减小，各通道的中心频率偏差显得极其重要，所以波长稳定显得尤为重要。

9.3.1 波长锁定控制原理

波长锁定器对可调制连续光源的波长进行控制的原理如图 9.5 所示。波长锁定器的输出电压随 LD 发射的光波长变化而变化，这一电压变化信息经适当处理可用来直接或间接控制 LD 发射的光波长，使其稳定在预定的波长上。采用这一技术可满足波长间隔为 100 GHz WDM 的需要，波长精度可达 ±1.25 GHz。

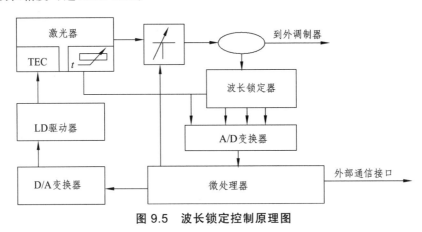

图 9.5 波长锁定控制原理图

9.3.2 波长锁定器分类

1. 采用介质膜滤波片的波长锁定器

图 9.6 为采用介质膜滤波片的波长锁定器的波长检测原理，输入光经过准直透镜后送入第一截止滤波器，然后通过带通滤波器，透射光进入探测器 PD1，反射光进入探测器 PD2，响应的电信号经公式 $\dfrac{PD2-PD1}{PD2+PD1}$ 运算，得到的结果将随波长偏移量的变化而变化。

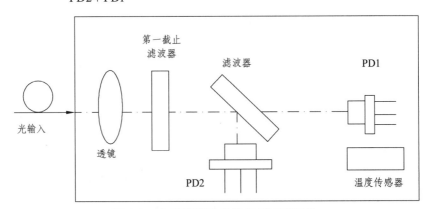

图 9.6 介质膜滤波片波长锁定器结构

2. 采用法布里-波罗标准具的波长锁定器

图 9.7 是该波长锁定器的原理框图，输入光先经过一分光器，一部分送入探测器 PD1，另一部分经 Etalon 标准后送入探测器 PD2，PD1 产生的电信号作为参考信号，PD2 产生的电信号是随光信号频率的变化而变化的。

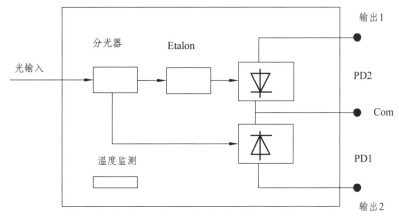

图 9.7　Etalon 波长锁定器框图

3. 集成式锁定器

以上两种锁定器工作原理不同，但都是外置的，需利用分光器分一部分信号光送入锁定器，由其产生控制波长稳定的反馈信号。由于有分光器引入，必然带来损耗，会影响输出功率，并降低稳定性。伴随技术进步，如图 9.8 所示，目前已经实现把激光器、马赫-策恩德调制器、波长锁定器件都集成在一起，波长锁定器件的输入直接利用激光器背向光，这就大大地降低了成本并提高了可靠性。

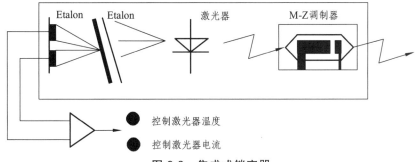

图 9.8　集成式锁定器

当系统信道间隔减小为 100 GHz，由于信道间隔 100 GHz 的光解复用器每信道的带宽有限，信道中心频率偏差要求小于 ±10 GHz。此时，EA 激光源处在临界状态，光源仍然可采用 EA 激光器，但随着器件的老化，对系统的稳定运行将有影响。所以，处于对系统可靠性考虑，除使用 EA 激光源之外，还应增加波长锁定技术。信道间隔 50 GHz 时，中心频率偏差要求小于 ±2.5 GHz，为满足系统要求必须在光源部分加波长锁定器，减小激光器中心波长偏移超出光解复用器带宽的矛盾。本文提出的观点仅供参考，对于不同的系统，还需根据系统的实际要求来考虑。

9.4　偏振模色散补偿技术

9.4.1　色散现象

　　当一束电磁波与电介质的束缚电子相互作用时，介质的响应通常与电磁波的频率有关，这种特性称为色散，它表明了介质折射率对电磁波频率的依赖关系。光波也是一种电磁波，当它在光纤中传输时，由于不同频率成分或不同模式成分的群速度不一致而导致传输信号发生畸变，从而影响系统性能，这种物理现象就称为光纤色散。由于信号的各频率成分或各模式成分的传输速度不同，在光纤中传输一段距离后，将相互散开，脉宽加宽。严重时，前后脉冲将互相重叠，形成码间干扰，增加误码率，影响了光纤的带宽，限制了光纤的传输容量。群速度即指光能在光纤中的传输速度，光纤色散又常称为群速度色散。因而由于产生群速度色散的机理不同，光纤中的色散可以分为材料色散、波导色散、模式色散和偏振模色散（PDM）等。

　　随着单信道传输速率的提高和模拟信号传输带宽的增加，以及光纤非线性的补偿和消除，之前在光纤通信系统中不太关注的偏振模色散问题变得突出。与光纤非线性一样，PMD 也能损害系统的传输性能，限制系统的传输速率与距离，被认为是限制高速光纤通信系统传输容量和距离的重要因素。

9.4.2　偏振模色散补偿技术分类

　　根据偏振模色散补偿所采用的机制不同，偏振模色散补偿方式可以分为三类：光补偿、光电补偿和电补偿；根据控制信号的提取方式不同，偏振模色散的补偿方式也可以分为前馈补偿和反馈补偿两种。下面将分别予以分析。

　　PMD 的光域补偿实际上是利用时间补偿器件抵消光纤通信过程中两个主偏振态之间的时延差，使得光纤中传输较快的脉冲延迟一定的时间，保持快慢脉冲的同步，其补偿过程如图 9.9 所示。光补偿的方案如图 9.10 所示，在光纤链路后面连接偏振调整（偏振控制器：PC）和双折射元件，可以是双折射光纤等器件，通过调节 PC 可以完成对 PMD 的补偿。

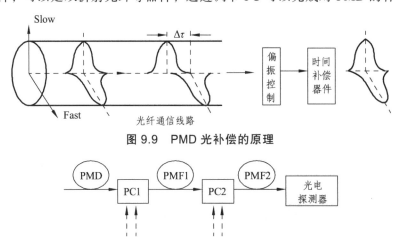

图 9.9　PMD 光补偿的原理

图 9.10　PMD 光补偿方案

　　PMD 补偿技术除光补偿方式外，还有电补偿、光电补偿。电域补偿是对光接收机接收下来的电信号进行电域上的均衡，电补偿器主要由两部分构成：横向滤波器和判决反馈均衡器，其中横向滤波器承担着减小 PMD 代价的任务，示意图如图 9.11 所示。光电补偿要求有两个或两个以上的光电探测器，其示意图如图 9.12 所示，快主态和慢主态的光经过一个偏振控制器（PC）和偏振分束器（PBS）分成两束，经过光电探测器后变为电域上的信号，通过调节电的时延线来补偿两路信号的时延。

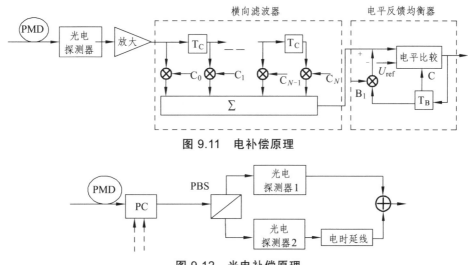

图 9.11　电补偿原理

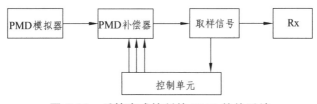

图 9.12　光电补偿原理

　　根据控制信号的提取方式不同，PMD 的补偿方式也可以分为前馈补偿和反馈补偿两种。反馈控制方式的 PMD 补偿结构如图 9.13 所示，在补偿器的后面提取反馈信号到控制单元，然后通过调节 PMD 补偿器的参数，使得取样信号达到最佳值，进而实现对 PMD 的补偿。在这种反馈控制的 PMD 补偿系统中，因为 PMD 补偿器的可调节参数比较多，所以通常需要一种搜索补偿算法，能够在很短时间内调节 PMD 补偿器使取样信号达到最佳值，故反馈信号以及搜索补偿算法的选取对整个系统的补偿效果是至关重要的。前馈控制方式的 PMD 补偿结构如图 9.14 所示。

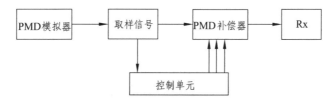

图 9.13　反馈方式控制的 PMD 补偿系统

图 9.14　前馈方式控制的 PMD 补偿系统

9.4.3 偏振模色散补偿的一般模型

PMD 补偿器的一般模型表示为图 9.15 的形式。由图可见，无论采用何种 PMD 补偿方法，都要解决三个主要问题：一是采用何种光路补偿单元（补偿器），二是如何提取反馈控制信号，三是控制算法如何实现。

PMD 补偿器一般由偏振控制器（PC）和偏振时延器件（$\Delta\tau$）两部分组成。根据偏振时延 $\Delta\tau$ 的不同又分为固定 DGD 补偿与可变 DGD 补偿两种类型。

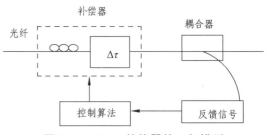

图 9.15　PMD 补偿器的一般模型

9.4.4 偏振模色散补偿方法的比较

PMD 的光域补偿有着电域补偿无法比拟的优越性，它有实时跟踪链路的 PMD 状态，对 PMD 进行动态补偿；同时具有速率透明、补偿范围宽等突出的优点。对于直接光域补偿来说，由于 PMD 的统计特性，理论上分布式平衡器的补偿方法是最合理的。但这种系统要调节几十个偏振控制器，系统过于复杂，很难在实际系统中进行应用；利用主态传输方法来减少 PMD 影响所存在的问题时，它要从输出端反馈信号到输入端，以控制其入纤偏振控制器。反馈信号长途传递使系统的响应很慢；利用 PSP 接收方式，但这种接收方式明显有很大的功率浪费；利用双折射非线性啁啾 FBG 做补偿元件的方法容易实现可调 PMD 补偿，但这种补偿系统的稳定性较差。由此看来，利用偏振控制器加双折射光纤作为 PMD 自动补偿的系统是一种比较简单实用的补偿方法。另外，如果电驱动的光纤可变延时线的技术得以成熟（主要是响应速度），采用可变光延时线加偏振控制器的方法也不失为较好的补偿方法。如果从最近的研究趋势看，各种方法的混合补偿成为新的研究热点。

电域补偿方法受到电子瓶颈的限制，一般不会超过 10 GHz。但是电域补偿相对光域补偿来说，主要优点是性能稳定，技术相对比较成熟，价格相对较低。现在 10 Gbit/s 的传输系统的色散和偏振模色散电域补偿已经得到实现。因此，电域补偿更易于实用化，应予以充分重视。尤其对于 WDM 网络，每个波长都有一个光域 PMD 补偿器，将使系统结构变得十分复杂。电子色散补偿（EDC）采用电域均衡技术，具有价格低、体积小、易于集成的特点。

无论是光域补偿还是电域补偿，都是将两偏振分量用光或电的方法分离，取得反馈信号，由控制算法补偿装置分别对其进行补偿，使两偏振模之间的时延差变为零，然后混合输出。

9.5 OTN 技术的应用与发展趋势

9.5.1 OTN 技术发展背景与现状

1. OTN 技术背景

随着网络业务对带宽的需求越来越大，运营商和系统制造商一直在不断地考虑改进业务传送技术的问题。

数字传送网的演化也从最初的基于 T1/E1 的第一代数字传送网，经历了基于 SONET/SDH 的第二代数字传送网，发展到了目前以 OTN 为基础的第三代数字传送网。第一、二代传送网最初是为支持话音业务而专门设计的，虽然也可用来传送数据和图像业务，但是传送效率并不高。相比之下，第三代传送网技术，从设计上就支持话音、数据和图像业务，配合其他协议时可支持带宽按需分配（BOD）、可裁剪的服务质量（QoS）及光虚拟转网（OVPN）等功能。

在 20 世纪末确认了未来传输网的基本特征有：

① 高可靠性：为不同用户提供可以保证的带宽速率；

② 波长/子波长调度：SDH 时隙交换 + 点到点 DWDM → 波长/子波长调度；

③ 智能性：传送平面，网管平面、控制平面、网络规划系统；

④ 三超：超高速率、超大容量、超长距离。

光传送网面向 IP 业务、适配 IP 业务的传送需求已经成为光通信下一步发展的一个重要议题。

光传送网从多种角度和多个方面提供了解决方案，在兼容现有技术的前提下，由于 SDH 设备大量应用，为了解决数据业务的处理和传送，在 SDH 技术的基础上研发了 MSTP 设备，并已经在网络中大量应用，很好地兼容了现有技术，同时也满足了数据业务的传送功能。但是随着数据业务颗粒的增大和对处理能力更细化的要求，业务对传送网提出了两方面的需求：

一方面，传送网要提供大的管道，这时广义的 OTN 技术（在电域为 OTH，在光域为 ROADM）提供了新的解决方案，它解决了 SDH 基于 VC-12/VC4 的交叉颗粒偏小、调度较复杂、不适应大颗粒业务传送需求的问题，也部分克服了 WDM 系统故障定位困难、以点到点连接为主的组网方式、组网能力较弱、能够提供的网络生存性手段和能力较弱等缺点；

另一方面，业务对光传送网提出了更加细致的处理要求，业界也提出了分组传送网的解决方案，目前涉及的主要技术包括 T-MPLS 和 PBBTE 等。

在此要求下，1998 年国际电信联盟电信标准化部门（ITU-T）正式提出了 OTN 的概念。从其功能上看，OTN 在子网内可以以全光形式传输，而在子网的边界处采用光-电-光转换。这样，各个子网可以通过 3R 再生器连接，从而构成一个大的光网络，因此，OTN 可以看作是传送网络向全光网演化过程中的一个过渡应用。

2. OTN 技术发展现状

传送网分为城域传输网、省内传送网、省际传送网。城域传输网又划分为接入层、汇聚层和核心层。在城域网的接入层和汇聚层一般采用 SDH/MSTP/PTN 设备完成业务的接入和汇聚；核心层一般由 WDM 或光纤直趋方式将业务送到各个归属地，例如核心路由器，再经由省内干线网和省际干线网传输到各地。目前各业务网将逐步转为由 IP 网承载，IP 业务颗粒变大、局向减少、网络结构简化。为适应网络 IP 化发展，增强网络承载能力，传送网的建设由 IP over SDH over WDM 转向 IP over WDM 技术进行组网，满足 GE、2.5G、10G 等大颗粒 IP 业务传送需要。与 IP over SDH 相比，IP over WDM 省去了 SDH 层面，减少了层叠功能。节约了 SDH 设备投资和维护的相应成本，但 IP over WDM 也存在一些问题。首先，WDM 组网能力较弱，对业务的保护能力不足。城域核心层、省内干线网和省际干线业务量大，保护级别高、流向灵活，要求传送层对业务实施可靠的保护，以保证实现电信级的业务保护与恢复。在实施保护的同时，需要有较高的网络带宽利用率。传统的 WDM 主要基于光层进行故障检测和启动保护动作，所以除光波长保护、光复用段保护和光线路保护等少数方式之外，很难提供其他稳定可靠的保护手段，保护手段单一，保护能力弱。除此之外，光波长保护要占用波长资源，真正实现带宽共享比较复杂。其次，业务分配固定，业务调度不灵活。任何新业务的推出，都会造成带宽需求的迅速增加，这就要求传送网络能够实现快速的带宽提供。而传统的 WDM 网络各业务所需的通道/波长分配固定，网络拓扑和通道/波长调整困难，通道/波长必须以点对点的形式进行配置，无法动态调整，不能提供灵活的带宽。最后，网络日常维护和管理单一，无法监控所传送业务的状态，传统的 WDM 系统虽然提供了光监控信道，但仅用于对光信道的物理性能的监控，不能对所传送业务的误码检测及告警进行监控，没有提供专门用途的开销。而 SDH 采用了标准的帧结构，并使用约 5%的开销用于管理，从而使业务具有良好的性能监测，也使业务具有良好的性能监测与保护机制。

总的来说，传送网的发展要满足宽带化、分组化、扁平化和智能化的需求。

1）宽带化需求

日益增长的 VOIP、数据、IPTV/HDTV、三重播放等业务对网络容量和组播/广播能力需求迫切，特别是 DSLAM、VOD 系统部署方式的演变对城域传送网的容量和组网方式影响较大。伴随着三重播放业务的发展，IP 业务大颗粒化，对光传送网的带宽需求也与日俱增。WDM 系统呈现出长距离和大容量传输趋势。

为提高 WDM 系统容量，一方面不断增加单系统的所容纳的波道数量，目前在一根光纤上最大可同时传输 160 波，但需要的系统设计，对光缆网的要求也很严格；另一方面增加单波道速率，单波达到 40 Gbit/s 的传输速率，40 Gbit/s 接口类型较多，已规模应用。相比 10 Gbit/s 系统，40 Gbit/s 系统对光传输网性能的要求更高——OSNR 提高 4 倍、色度色散情况降低到 1/16、偏振模色散容限降低到 1/4，这就需要采用分布式 RFA，各种 RZ 编码、大有效面积光纤以及单信道色散补偿优化等方式改善 OSNR、色散和非线性影响。

2）分组化需求

全球信息量呈现出爆炸式增长的趋势，宽带数据业务早已取代了传统电信网中语音业务的主导地位。同时，采用基于 TDM 技术构建的传统电信网络，随着时间的推移，其建设成本高、设备利用率低、新业务开发速度慢、可开发业务种类少、维护成本高等问题不断出现，成为制约电信网络发展的瓶颈。IP 技术通过数年来的发展，其应用领域不再局限于传送数据信息，已被用作传送语音、数据、视频等多媒体综合业务。VOIP、IPTV、远程教育、医疗、电子商务等新鲜业务的涌现，进一步证明 IP 无处不在的时代即将到来。随着 IP 数据业务的急剧增长，一种适合 IP 业务分组特点，能够提供大容量、多业务承载能力的分组传输技术成为业界关注的焦点。在高度竞争和开放的城域网网络环境中，受不同用户和各种应用的驱动，城域网的基本特征呈现出业务类型多样化，业务流向流量的不确定性。城域网不仅是数据层面上广域网与局域网的桥接区，传送层面上骨干网与接入网的桥接区，也是底层传送网、接入网与上层各种业务网的融合区，还是传送网与数据网的交叉融合地带，因此各种背景技术在此碰撞交融。分组传送网（PTN）技术应运而生，PTN 是 IP/MPLS 和传送网技术结合的产物，是端到端面向连接的技术，在 IP 业务和底层光传输媒质之间设置了一个层面，

它针对分组业务流量的突发性和统计复用传送的要求而设计的，以分组业务为核心并支

持多业务，具有更低的总成本，同时继承了光传输的传统优势，高可靠性、高效的带宽管理机制和流量工程、便捷的 OAM 和网管、可扩展、较高的安全性。

3）扁平化需求

当前网络转型的发展的阶段，IMS 等 NGN 技术的出现，使得网络的融合出现新的形式，那就是不用网络功能层面之间的融合，最典型的就是传统的传输网络和承载网络之间的融合。随着网络的逐步发展，简化网络层次、减少功能重叠、节约投资是网络建设的主要目标，因此，IP 和光网络的技术融合和协调发展是基础传送网络演进的主流趋势。

由于业务的 IP 化，今后传送网的业务主要来源于 IP 承载网。随着业务量和业务颗粒的不断增大，特别是干线传输网，基本上都是 GE 以上颗粒，接口为 GE/10 GE、2.5 G/10 GPoS 等类型，SDH 层的汇聚功能正在逐渐削弱；随着 IP 技术的发展，特别是 IGP 收敛，TE FRR 等保护方式使其保护能力不断提高，为简化 SDH 层保护功能提供了条件；PoS 接口和 OTN 技术的出现，将大大增强路由器同步、WDM 组网和管理维护能力。当 SDH 层的汇聚、保护、同步、组网和管理作用逐渐被 IP 层和 WDM 层取代后，采用 WDM 直接承载大颗粒的 IP 业务即具备了应用条件。省去 SDH 层可以降低网络建设成本。IP over WDM 组网简化了网络结构，使得传送网垂直结构扁平化。

4）智能化需求

新型的电信业务和传统电信业务相比，具有更高的动态特性和不可预测性，因此，需要作为基础承载网的光网络提供更高的灵活性和智能化功能，以便在网络拓扑及业务分布发生变化时能快速响应，实现业务的灵活调度。另一方面，运营商在网络运维和演进方面的需求也在推动者 IP over WDM 组网模式的不断发展。在运维方面，运营商希望 WDM 有类似于 SDH 的组网、保护、带宽配置和管理维护能力，这点是传统的第一代和第二代 WDM 环网设备都无法满足的。其次，背靠背的 OTM 组网方式和 ODF 架上的手工连纤操作使得运维成本（OPEX）很高，只有大幅度降低 OPEX 才能保证运营商的利润。

9.5.2 OTN 技术标准

1. OTN 国际标准化体系结构

OTN 技术是 ITU-T 在 1998 年已经提出了，并在随后的几年内逐渐完成了 OTN 相关技术的标准化工作。OTN 技术具有增强的光层信号维护管理能力、多层的串联连接监视（TCM）功能、更强的带外前向纠错（FEC）能力等。由于 OTN 提出的时候，IEEE 尚未完成对于以太网 GE 接口的标准化，10 GE 等标准正在起草过程当中，OTN 技术并未将 GE、10 GE 等的透明传送作为当时的标准化重点，这就为 OTN 技术后续在 IP 类数据业务持续快速增长情况下的发展留下了隐患，也成为目前 OTN 标准化所要重点解决的问题。

近两年来，随着 IP 类数据业务的发展持续快速增长，在城域传送网核心层和骨干网范围内，数据业务的 GE、10 GE 和 POS 等接口对光传送网的承载需求逐渐增加，WDM 层在组网、保护和维护管理等方面功能弱化的缺陷日益明显，OTN 技术在传送网领域的迫切需求日渐凸现，曾经沉寂数年的 OTN 技术终于有机会展现其技术魅力。

经过十多年的发展，OTN 技术标准在 ITU-T 已经形成了比较完善的 OTN 相关标准体系，其中涉及传送平面和管理平面的标准。

1）体系结构

G.872 采用原子功能建模方法描述 OTN 的体系结构，并从网络角度描述 OTN 功能，内容包括光网络的分层结构、客户特征信息、客户/服务器关联、网络拓扑以及诸如光信号传输、复用、选路、监控、性能评估和网络生存性等层网络功能。

2）结构和映射

G.709 规范了 OTN 的网络节点接口，G.7041 规范了通用成帧协议，G.7042 规范了虚级联信号的自动链路容量调整方案。《光传送网（OTN）接口》（G.709）规范了在 OTN 点到点、环形和网状网结构下的 OTH 支持的操作和管理，定义了在光网络子网内和子网之间的OTN 接口，包括 OTH、支持多波长光网络的开销功能、帧结构、比特率、客户信号的映射格式等。

3）功能特性方面

G.798 规范了传输网络设备功能描述。这些功能包括光传输段终结和线路放大功能、光复用段终结功能、光通路终结功能、光通路交叉连接功能等。

4）物理接口方面

G.959.1 规范了光网络的物理接口，主要目的是在两个管理域间的边界间提供横向兼容性，规范了有可能使用 WDM 技术的 IrDI 的物理层规范。G.693 规范了局内系统的光接口，规定了标称比特率 10 Gbit/s 和 40 Gbit/s、链路距离最多 2 km 的局内系统光接口的指标，以保证横向兼容性。

5）网络性能方面

G.8251 规范了 OTN NNI 的抖动和漂移要求，G.optperf 定义了 OTN 国际通道的误码和可用度性能参数，M.24 OTN 定义了 OTN 投入业务和维护的误码性能目标和程序。

6）网络保护方面

G.808.1 规范了通用保护倒换技术要求，G.873.1 和 G.873.2 分别定义了 ODUk 线性保护技术要求和共享保护环技术要求。

7）网络管理方面

G.7710 规范了通用设备管理功能需求，适用于 SDH 和 OTN；G.871 规范了 OTN 管理信息模型和功能需求，并基于 G.7710 描述了 OTN 特有的五大管理功能（FCAPS）。

2009 年，ITU-T SG15 Q11 的中间会议确定了后续的工作重点，即分别在 OTU4 FEC 和 G.709 映射。在 OTU4 FEC 方面要完成 IrDI 和城域两种编码的对比表，所使用的评估原则（目前包括突发误码容限、编码器 + 解码器时延、编码器复杂性、解码器复杂性、净电编码增益等）需要进一步讨论，该表将只考虑使用每种编码的情况下，对于使用非公开的增强方式的特殊性能不予考虑；同时要求对每种评估原则下的数值和评价进行验证，并缩小 OTU4 FEC编码的选择范围，力争在 2009 年 10 月能够确定并提出一种建议的编码。在 G.709 映射方面，需要比较并选择一种 GMP，并写入 G.709，描述 OPU4 MSI、描述基于 2.5 Gbit/s TS 和1.25 Gbit/s TS 设备的互通性、定义 ODUflex 的客户信号和映射、增加 OPU CSF。

随着 OTN 在我国运营商网络应用需求的不断明确，2008 年开始制定了《OTN 网络总体技术要求》，并立项开始制定《OTN 网络测试方法》。

《OTN 网络总体技术要求》在 2009 年 4 月送稿审查，该标准规定了基于 ITU-T G.872 定义的 OTN 总体技术要求。其主要内容包括 OTN 网络功能结构、接口要求、复用结构、性能要求、设备类型、保护要求、DCN 实现方式、网络管理和控制平面要求等；适用于 OTN 终端复用设备和 OTN 交叉连接设备，其中 OTN 交叉设备主要包括 OTN 电交叉设备、OTN 光交叉设备以及同时具有 OTN 电交叉和光交叉功能的设备。

2. OTN 管理要求

OTN 系统的网络管理采用分层管理模式。从逻辑功能上划分，OTN 系统的网络管理主要分为网元层、网元管理层和网络管理层 3 层，各层之间是客户与服务者的关系。

网元层主要针对 OTN 物理网元，一般情况下接受网元管理层的管理。网元管理层主要面向 OTN 网元，OTN 网元管理系统（EMS）直接管理控制 OTN 设备，负责对 OTN 网络中的各种网元的管理和操作。网络管理层主要面向 OTN 网络，负责对所辖管理区域内的 OTN 网络进行管理，强调端到端的业务管理能力。

子网管理系统（SNMS）位于网络管理层。SNMS 或 EMS 可以统一在同一个物理平台上，也可以是独立的系统。SNMS 和 EMS 可以接入更高层次的 OTN 网络管理系统，实现多厂商全程全网的端到端管理。

OTN 网络管理功能、网络管理架构应符合 ITU-T G.874。网元和网元之间通过数据通信网或 ECC 通信，网管和网元之间通过数据通信网通信，其中 ECC 协议栈可以选择 OSI 或 TCP/IP，网管和网元之间的管理支持 Q3 或 Qx 协议。

OTN 网管系统的接入方式、故障处理要求、用户界面、时间标记以及系统管理功能、软件技术等方面的功能应符合 YD/T 1383—2005《波分复用（WDM）网元管理系统技术要求》中 6.1 节的要求。

OTN 网元管理系统主要规范 EMS 系统故障、性能、配置、安全和计费管理要求。OTN 系统的重要特点是告警、性能和配置管理都是分层进行的，主要分为 SDH/以太网客户层、ODUk TCM 层、ODUk PM 层、OPUk 层、OTUk 层、OCh 层、OMS 层、OTS 层等多个层级进行。

9.5.3　OTN 技术的简介

SDH 技术在相当长的一段时间内在电信网领域发挥了重要的作用，提供了稳定、可靠的基础传送网，随着 IP 承载网所需的电路带宽和颗粒度的不断增大，原本针对语音等 TDM 业务传输所设计的 SDH 网络面临很大的挑战。第一，SDH 技术基于 TDM 的内核，与波长变化、流量突发的数据业务模型不匹配；第二，复杂的封装协议和映射导致效率不高，业务指配复杂；第三，IP 业务颗粒度越来越大，而 SDH 基于 VC 的交叉灵活不够。总之在骨干层 SDH 设备对大颗粒 IP 业务承载效率低、可扩展性差，并且占用了大量的设备投资和机房面积，已经逐渐不能满足 IP 业务发展的需要，在光层上直接承载数据业务已经成为大势所趋。

同时，原有作为底层公共承载平台的 WDM 网络，能够为各种业务提供丰富的带宽资源，但是 WDM 系统目前仍然是以点到点的线性拓扑为主的，网络生存性较差，并缺乏有效的网络管理功能和灵活调度能力。

　　面向 IP 业务的下一代光传送网的主要发展趋势是：光层将由简单的点对点组网方式转向光层联网方式，以改进组网效率和灵活性；光层采用 G.709 接口，并且引入 OTN 的开销功能，提高光传送网的可管理性和互通性；电层具备 ODUk 级别的交叉连接能力，光层具备波长交叉能力，提高波长利用率和组网灵活性；光联网将从静态联网开始向智能化动态联网方向发展。OTN 能很好地解决光层的组网、管理和保护问题，代表了下一代传送网的发展方向。

　　OTN 技术由 WDM 技术演进而来，初期在 WDM 设备上增加了 OTN 接口，并引入了 ROADM（光交叉），实现了波长级别调度，起到光缆配线架作用。后来，OTN 增加了电交叉模块，引入了波长/子波长交叉连接功能，为各类速率客户信号提供复用、调度功能。OTN 兼容传统的 SDH 组网和网管能力，在加入控制层面后可以实现基于 OTN 的 ASON。OTN 技术和 SDH 技术在功能上类似，只不过 OTN 所规范的速率和格式有自己的标准，能够提供有关客户层的传送、复用、选路、管理、监控和生存性功能。图 9.16 所示是 OTN 设备节点功能模型，包括电层领域的业务映射、复用和交叉，光层领域的传送和交叉。OTN 组网灵活，可以组成点到点、环形和网状网拓扑。

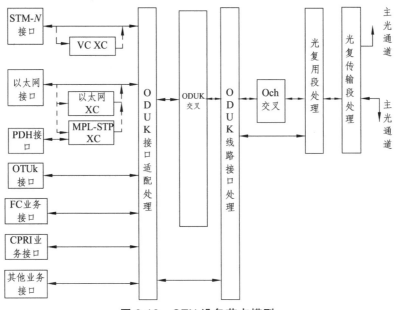

图 9.16　OTN 设备节点模型

　　与 SDH 不同的地方是，OTUk 采用固定长度的帧格结构，不随客户信号速率而变化，也不随 OTU1、OTU2、OTU3 等级而变化，即都是 4×4 048 字节，但每帧的周期不同。当客户信号速率较高时，相对缩短帧周期，加快帧频率，而每帧承载的数据信号没有增加。而 SDH STM-N 帧周期为 125 μs，不同速率信号其帧的大小不同。OTN 不需要全网同步，接收端只要根据 FAS（帧定位开销）等来确定每帧的起始位置即可；但是 SDH 为定帧频，接收端必须同发送端保持同步，才能准确接收数据。

　　根据以上所述，OTN（光传送网，Optical Transport Network），是以波分复用技术为基础、在光层组织网络的传送网，是下一代的骨干传送网。OTN 通过 ROADM 技术、OTH 技术、G.709 封装和控制平面的引入，将解决传统 WDM 网络无波长/子波长业务调度能力、组网能力弱、保护能力弱等问题。

OTN 跨越了传统的电域（数字传送）和光域（模拟传送），是管理电域和光域的统一标准。

OTN 处理的基本对象是波长级业务，它将传送网推进到真正的多波长光网络阶段。由于结合了光域和电域处理的优势，OTN 可以提供巨大的传送容量、完全透明的端到端波长/子波长连接以及电信级的保护，是传送宽带大颗粒业务的最优技术。

OTN 将是未来最主要的光传送网技术，随着 ULH（超长跨距 DWDM 技术）的发展，使得 DWDM 系统的无电中继传输距离达到几千千米。ULH 的发展与 OTM 技术的发展相结合，将可以进一步扩大 OTN 的组网级力，实现在长途干线中的 OTN 子网部署，减少 OTN 子网之间的 O/E/O 连接，提高 DWDM 系统的传输效率。

9.5.4　OTN 系统结构

中国移动 OTN 系统总体结构如图 9.17 所示，由客户层、OTN 电传送层、OTN 光传送层以及网管系统组成。

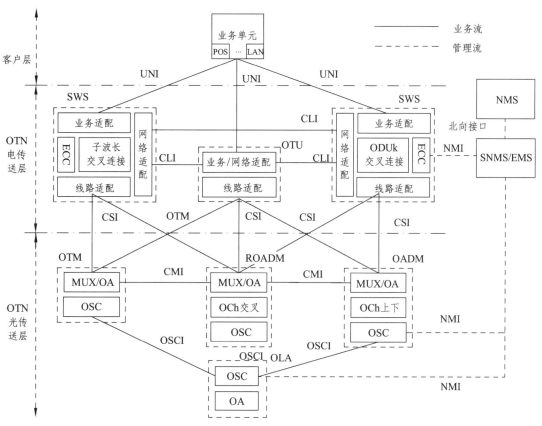

图 9.17　OTN 系统总体结构

UNI—用户网络接口；　　　　　　　　　　　　NMI—网络管理接口；
CLI—白光接口；　　　　　　　　　　　　　　CSI—单波长彩色光接口；
CMI—多波长彩色光接口；　　　　　　　　　　OSCI—光监控信道接口；
SWS—子波长交叉连接；　　　　　　　　　　　OTU—光传送单元；
MUX/OA—复用、解复用、光放大；　　　　　　OTM—光终端复用器；
OADM—光分叉复用；　　　　　　　　　　　　ROADM—可重构光分叉复用。

1）客户层

OTN 系统的客户层设备包括路由器、交换机、SDH/MSTP、PTN 等，OTN 传送网应能透明承载和传送客户层各种业务并保证客户信号定时信息的透明性。

2）OTN 电传送层

OTN 系统的电传送层包括业务适配、子波长交叉连接、线路适配、网络适配以及其他辅助处理功能。

业务适配模块包含业务接口单元和业务适配单元，主要完成对客户信号的映射、封装和适配，同时完成对通道层开销的处理，实现对客户信号的性能和告警监视功能。业务适配模块作为客户层网络和 OTN 传送网的边界，应集成在 OTN 网元设备中。

子波长交叉连接模块完成对多个适配模块的端口间的子波长信号进行交叉连接，提供灵活的组网能力和对业务的子波长级复用，可实现对业务的灵活调度和保护。子波长信号通常指以太网信号、POS 电信号，以及经过封装后的 ODUk/类 ODUk 电信号，其中基于 ODUk 电信号的子波长交叉连接功能符合 OTN 相关标准。

线路适配模块主要完成对波长或子波长信号的映射、复用、线路开销处理、线路编解码、光电变换、调制解调等功能。

网络适配模块提供域间或域内不同网元间的互联接口，主要功能与线路适配模块类似，但不处理管理开销，并只提供白光接口。

辅助功能模块主要完成网络管理、智能控制平面加载、ECC 数据通信等辅助功能。

3）OTN 光传送层

OTN 光传送层包括复用、解复用、光放大、色散补偿、OCh 交叉连接、OCh 上下传输、OSC 以及其他辅助处理功能。

OCh 交叉连接模块完成对多个适配模块的端口间的 OCh 光信号进行的交叉连接，提供灵活的组网能力和对业务的波长级复用，可实现对业务的灵活调度和保护。

OCh 上下模块完成对多个适配模块的端口间的部分 OCh 光信号进行上下传输，具备较灵活的组网和调度能力。

OSC 可传送网元间的设备管理信息及 OCh、OMS、OTS 层开销信息，是光层的维护管理专用通道。

4）网络管理系统

OTN 传送网的网络管理系统包括网元管理系统和网络管理系统。网元管理系统主要负责对网元各功能模块和业务进行管理，网络管理系统主要负责对网络范围内的网元和业务进行端到端管理。

9.5.5 OTN 技术的特点

1. 网络范畴的扩展：OTN 范畴包含了光层网络和电层网络

从电域看，OTN 保留了许多 SDH 的优点，如多业务适配、分级复用和疏导、管理监视、故障定位、保护倒换等。同时 OTN 扩展了新的能力和领域，例如提供大颗粒的 2.5 G、10 G、40 G 业务的透明传送，支持带外 FEC，支持对多层、多域网络进行级联监视等。

从光域看，OTN 将光域划分成 Och（光信道层）、OMS（光复用段层）、OTS（光传送段层）三个子层，允许在波长层面管理网络并支持光层提供的 OAM（运行、管理、维护）功能。为了管理跨多层的光网络，OTN 提供了带内和带外两层控制管理开销。

2. 多种客户信号封装和透明传输

基于 ITU-TG.709 的 OTN 帧结构可以支持多种客户信号的映射和透明传输，如 SDH、ATM、以太网等。目前对于 SDH 和 ATM 可实现标准封装和透明传送，但对于不同速率以太网的支持有所差异。ITU-TG.sup43 为 10 GE 业务实现不同程度的透明传输提供了补充建议，而对于 GE、40 GE、100 GE 以太网、专网业务光纤通道（FC）和接入网业务吉比特无源光网络（GPON）等，其到 OTN 帧中标准化的映射方式目前正在讨论之中。

3. 大颗粒的带宽复用、交叉和配置

OTN 目前定义的电层带宽颗粒为光通路数据单元（O-DUk，$k = 0$，1，2，3），即 ODUO（GE，1 000 M/S）、ODU1（2.5 Gb/s）、ODU2（10 Gb/s）和 ODU3（40 Gb/s），光层的带宽颗粒为波长，相对于 SDH 的 VC-12/VC-4 的调度颗粒，OTN 复用、交叉和配置的颗粒明显要大很多，对高带宽数据客户业务的适配和传送效率显著提升。

4. 强大的开销和维护管理能力

OTN 提供了和 SDH 类似的开销管理能力，OTN 光通路（OCh）层的 OTN 帧结构大大增强了该层的数字监视能力。另外，OTN 还提供 6 层嵌套串联连接监视（TCM）功能，这样使得 OTN 组网时，采取端到端和多个分段同时进行性能监视的方式成为可能。

5. 增强了组网和保护能力

通过 OTN 帧结构、ODUk 交叉和多维度可重构光分插复用器（ROADM）的引入，大大增强了光传送网的组网能力，改变了基于 SDHVC-12/VC-4 调度带宽和 WDM 点到点提供大容量传送带宽的现状。前向纠错（FEC）技术的采用，显著增加了光层传输的距离。另外，OTN 将提供更为灵活的基于电层和光层的业务保护功能，如基于 ODUk 层的光子网连接保护（SNCP）和共享环网保护、基于光层的光通道或复用段保护等，但目前共享环网技术尚未标准化。

6. 支持频率同步、时间同步信息的传递

相对于早期异步系统，新型 OTN 架构可以实现同步功能，通过同步以太实现频率同步，通过 IEEE 1 588V2 实现时间同步，从而为下游的业务平台提供各种同步信息。

9.5.6 OTN 关键技术

1. OTN 网络功能结构

按照 OTN 技术的从垂直方向进行网络分层，可分为光通道层（OCh）、光复用段层（OMS）和光传送段层（OST）三个层面。相邻层之间是客户/服务者关系，其功能模型如图 9.18 所示。

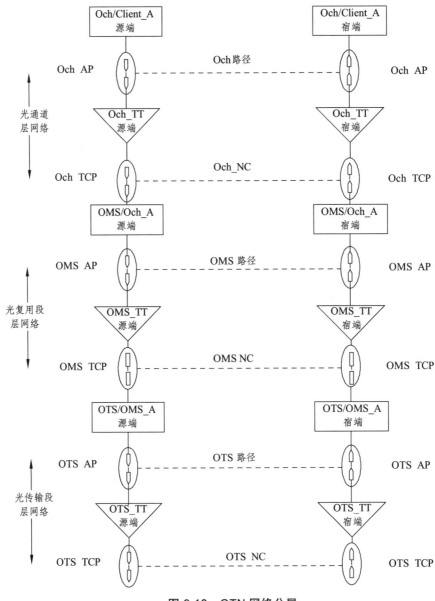

图 9.18 OTN 网络分层

OTN 网络相邻层之间的客户/服务者关系具体如下。

1）光通路/客户适配

OCh/客户适配（OCh/Client_A）过程涉及客户和服务者两个方面的处理过程，其中客户处理过程与具体的客户类型有关，双向的光通路/客户适配（Och/Client_A）功能是由源和成对的 Och/客户适配过程来实现的。

OCh/客户适配源（OCh/Client_A_So）在输入和输出接口之间进行的主要处理过程包括以下两个：

① 产生可以调制到光载频上的连续数据流。对于数字客户，适配过程包括扰码和线路编码等处理，相应适配信息就是定了比特率和编码机制的连续数据流。

② 产生和终结相应的管理和维护信息。

OCh/客户适配宿（OCh/Client_A_Sk）在输入和输出接口之间进行的主要处理过程包括以下两个：

① 从连续数据流中恢复客户信号。对于数字客户，适配过程包括时钟恢复、解码和解扰等处理。

② 产生和终结相应的管理和维护信息。

2）光复用段/光通路适配

双向的 OMS/OCh 适配（OMS/OCh_A）功能是由源和宿成对的 OMS/OCh 适配过程来实现的。

OMS/OCh 适配源（OMS/OCh_A_So）在输入和输出接口之间进行的主要处理过程包括以下两个：

① 将光通路净荷调制到光载频上，然后给光载频分配相应的功率并进行光通路复用以形成光复用段。

② 产生和终结相应的管理和维护信息。

OMS/OCh 适配宿（OMS/OCh_A_Sk）在输入和输出接口之间进行的主要处理过程包括以下两个：

① 根据光通路中心频率进行解复用并终结光载频，从中恢复光通路净荷数据。

② 产生和终结相应的管理和维护信息。

3）光传输段/光复用段适配

双向的 OTS/OMS 适配（OTS/OMS_A）功能是由源和宿成对的 OTS/OMS 适配过程来实现的。

OTS/OMS 适配源（OTS/OMS_So）在输入和输出接口之间进行的主要处理过程包括：产生和终结相应的管理和维护信息。

OTS/OMS 适配宿（OTS/OMS_Sk）在输入和输出接口之间进行的主要处理过程包括：产生和终结相应的管理和维护信息。

2. G.709

G.709 定义了 OTN 帧结构、各个层网络的开销功能，及 OTN 的映射、复用、虚级联。其地位类似于 SDH 体制的 G.707。

当 OTU 帧结构完整（OPU、ODU 和 OTU）时，ITU G.709 提供开销所支持的 OAM&P 功能。

① OTN 规定了类似于 SDH 的复杂帧结构。

② OTN 有着丰富的开销字节用于 OAM。

③ OTN 设备具备和 SDH 类似的特性，支持子速率业务的映射、复用和交叉连接、虚级联。

从客户业务适配到光通道层（OCh），信号的处理都是在电域内进行，包含业务负荷的映射复用、OTN 开销的插入，这部分信号处理处于时分复用（TDM）的范围。从光通道层（OCh）到光传输段（OTS），信号的处理是在光域内进行，包含光信号的复用、放大及光监控通道（OOS/OSC）的加入，这部分信号处理处于波分复用（WDM）的范围。

G.959.1 定义了简化功能光传送模块的物理接口，分别是单跨距单波长接口（OTM-0.1/2.5 G，OTM-0.2/10 G 和 OTM-0.3/40 G）及单跨距 16 波长接口（OTM-16r.1/2.5 G，OTM-16r.2/10 G），物理接口的标准化使得域间互通成为可能。完全功能光传送模块（OTM-*n.m*）尚没有统一的标准，因为这种接口定义在光透明域内部，一般是同一设备商所提供的网元组成的网络，而设备制造商通常有自己的物理层工程规范包括传输技术、光学参数、波长数目等指标。另外，不同设备制造商使用不同的 OSC 信息结构，及光通道传送单元（OTUk[V]），这使得不同设备制造商的设备难以在完全功能光传送模块这一层上互通。

在纯粹的波分复用传送系统中，客户业务的封装及 G.709 OTN 开销插入一般都是在波长转换盘上（Optical Translation Unit）完成的，这些过程包含从 Client 层到 OCh（r）层的处理。输入信号是以电接口或光接口接入的客户业务，输出是具有 G.709 OTUk[V]帧格式的 WDM 波长。OTUk 称为完全标准化的光通道传送单元，而 OTUkV 则是功能标准化的光通道传送单元。G.709 对 OTUk 的帧格式有明确的定义，如图 9.19 所示。

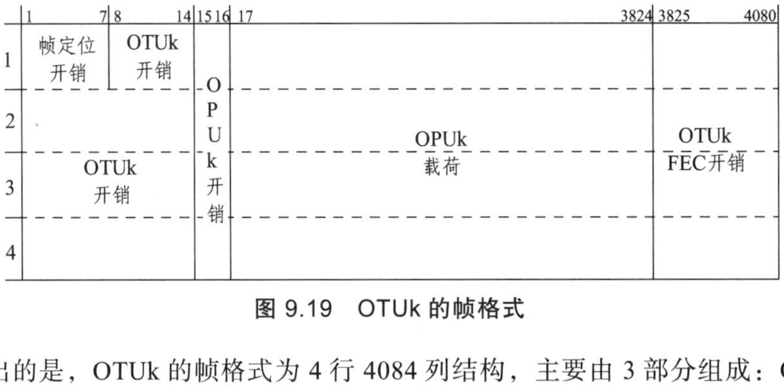

图 9.19　OTUk 的帧格式

需要指出的是，OTUk 的帧格式为 4 行 4084 列结构，主要由 3 部分组成：OTUk 开销、OTUk 净负荷、OTUk 前向纠错。图中第一行的第 1～14 列为 OTUk 开销，第 2～4 行中的第 1～14 列为 ODUk 开销，第 1～4 行中的第 15～3 824 列为 OPUk 载荷，第 1～4 行中的第 3 824～4 080 列为 OTUk 前向纠错码。对于不同速率的 G.709OTUk 信号，即 OTU1，OTU2 和 OTU3 具有相同的帧尺寸，即都是 4×408 的 STM-*N* 帧不同。SDHSTM-*N* 帧周期均为 125 μs，不同速率的信号，其帧的大小是不同的。G.709 已经定义了 OTU1，OTU2 和 OTU3 的速率，关于 OTU4 速率的制定还在进行中，尚未最终确定。

当 G.709OTN 信号经过 OTN 网络节点接口（NNI）或 OTN 用户 – 网络接口（UNI）时，OTN 的开销就应当被适当终结和再生。当 G.709OTN 信号通过 OTNUNI 时，FTFL（故障类型及故障地点）字节也要终结和再生，其余字节的处理跟信号通过 NNI 时相同。当非 G.709 OTN 信号如客户 10GbE LAN 信号通过 UNI 时，则所有的 OTN 开销及 FEC 都必须终结。

对 G.709 OTN 承载客户业务如 Ethernet、ATM 和 SDH 信号的最基本应用中，至少以下开销字节需要处理：

（1）OPUk Client Specific，用来存放速率调整控制字节或虚级联开销字节。

（2）OPUk Payload Structure Identifier（PSI），用来监测客户信号类型或负荷结构是否与预期的一致。

（3）ODUk Path Monitoring（PM），用来监测通道层的踪迹字节（TTI）、负荷误码（BIP-8）、远端误码指示（BEI）、反向缺陷指示（BDI）及判断当前信号是否是维护信号（ODUk-LCK，ODUk-OCI，ODUk-AIS）等。

（4）OTUk Section Monitoring（SM），用来监测段层的踪迹字节（TTI）、误码（BIP-8）、远端误码指示（BEI）及反向缺陷指示（BDI）等。

（5）Frame Alignment（FAS，MFAS），帧及复帧定位开销字节。

3. OTN 的维护信号（Maintenance signals）

OTN 定义了较为丰富的维护信号。维护信号是指当业务不正常时，发送部分将发送一些特殊的信号序列通知对端设备当前业务处于某种不正常状态。SDH 的 MS-AIS 就是一种维护信号。常见的维护信号有下面几种：

1）告警指示信号 AIS（Alarm Indication Signal）

告警指示信号（AIS）是一种提示信息，当上游节点遇到失效情况时将向下游节点发送 AIS 信号进行通知。AIS 信号将在网络节点的输出端口产生。网络节点的输入端口将检测 AIS，这样做可以抑止上游节点由于业务中断而造成本节点的输入端口检测到不确定的信号失效或错误状态。例如，OTU-A 和 OTU-B 相连，当 OTU-A 检测到客户侧输入业务中断时，OTU-A 的线路侧将输出具有确定信号码型的 AIS，这样 OTUB 的线路侧输入端即可检测到此 AIS，从而知道当前 OTU-A 处于业务中断状态。如果此时 OTU-A 不发送 AIS，则可能发送一些杂乱的信号，可能造成 OTU-B 处于不稳定状态，造成有时检测到失效有时检测到错误的情况。

2）前向失效指示 FDI（Forward Defect Indication）

FDI 和 AIS 的意义完全一样，不同的地方是 AIS 用在数字系统中，FDI 用在光层中。FDI 是通过光层 OTM 中的开销信号实现的。由于我们现在只关注数字层的 OTUk，所以暂时不用关注 FDI。

3）连接断路指示 OCI（Open Connection Indication）

OCI 是一种提示信息，当上游节点不希望向下游输出业务时可以向下游节点发送此信号。例如，OTU-A 和 OTU-B 相连，当 OTU-A 认为此时不需要向 OUT-B 发送业务时，可以发送 OCI 信号，通知 OTU-B 当前 OTU-A 和 OTU-B 的连接处于中断状态。OCI 产生于连接函数，当连接函数检测到某个输出端口没有任何一个输入端口对应时，则认为输出端口处于开路状态，所以在此输出端口发送 OCI。

4）锁定指示 LCK（Locked）

LCK 是一种提示信息，向下游节点发送此信息表示上游节点处于连接已建立状态（连接锁定）但没有发送任何数据。连接建立但不传送数据的情况在 OTU 单板中不会存在。这种情况是为面向连接的通用通信模型制定的。

4. OTN 同步技术

1）频率同步

OTN 支持频率同步主要有两种方式：

（1）透明传送同步时钟。

在比特同步映射和采用了 GMP 技术的映射过程中，客户信号被无损地装入 OPUk 容器中，经过 ODUk，OTUk，OCh 等过程，最后被调制到 OCC 上。BITS 为 PTN/MSTP 等接入、汇聚设备提供同步时钟参考源的情况。

（2）逐点处理传送同步时钟。

BITS 可以通过同步接口直接为 OTN 设备提供定时，OTN 设备通过网络侧接口如 OTUk、OSC 等，传送同步时钟并通过业务接口如 xGE/2Mhz/2 Mbit 等为网络设备提供定时。BITS 直接为 OTN 设备提供定时，OTN 设备提供定时分发功能。逐点处理传送同步时钟功能，在 OTN 设备上有两种实现方式：物理层同步方式和 PTP 同步方式。

OTN 设备可以从客户侧的同步以太物理层的信号中恢复出时钟频率，作为系统时钟参考源；设备支持解析、处理 ESSM 报文，支持 SSM 协议。也可以从网络侧的 OTUk 业务物理层信号中提取时钟，作为系统时钟参考源。对于 OTN 信号，SSM 信息位于 OTU 开销中的 RES 保留字节。

同步以太物理层频率性能满足 G.813，G.8262 标准要求，设备功能满足 G.781，G.8264 标准要求。

2）时间同步

OTN 设备应支持 1588V2 同步功能，1588v2 功能则是实现高精度时间同步信号的传送，满足各业务系统对时间同步的需求。

在 OTN 网络中局间传递时间同步，主要指通过设备的网络侧接口传递，可以采用 ESC 信道（带内方式），利用 G709 开销，通过 ODUk 进行封装传送 1588V2 报文；也可以采用 OSC 信道（带外方式），通过 OSC 净荷传送 1588V2 报文。

（1）ESC（带内方式）。通过 OTUk 接口开销的 RES 字节信道传输 1588V2 报文。支持 1588v2 报文的 OTN 线路接口包括 OTU1/2（e）/3（e）光口，其他接口待研究。OTUk 线路接口采用 1588v2 报文实现时间同步，采用 BMC 算法建立同步跟踪路径。

（2）OSC（带外方式）。通过 OSC 通道的净荷承载 1588V2 报文。OSC 信道通常是 1 510 nm ± 10 nm（198.5 THz ± 1.4 THz）。OSC 信息可以在 OTN 的每个节点以及光放站获得。OSC 信道也有帧结构，和 OTUk 接口类似。在帧头位置打戳，满足 1588V2 的高精度要求。

　　在 OTN 网络中局内传递时间同步，主要涉及 OTN 设备客户侧 PTP 接口，以及 1PPS + TOD 接口。

　　① 客户侧 PTP 接口，接口类型为 GE（FE），可以和 PTN/路由器等设备进行对接，接口标准具体要求应满足《中国移动 TD 无线系统高精度时间同步总体技术要求》和《中国移动高精度时间同步 1588v2 时间接口规范》要求；

　　② 采用标准的 1PPS + TOD 接口从 BITS 获取定时或者为其他网元提供定时。OTN 设备至少支持 1 路 1pps + TOD 时间输入接口和 1 路 1pps + TOD 时间输出接口，物理接口类型为 RJ45，其电气特性和线序要求以及 TOD 时间消息编码格式均应满足《中国移动高精度时间同步 1PPS + TOD 时间接口规范》要求。

5. ROADM 技术

　　ROADM 是一种类似于 SDH ADM 光层的网元，它可以在一个节点上完成光通道的上下路（Add/Drop），以及穿通光通道之间的波长级别的交叉调度。它可以通过软件远程控制网元中的 ROADM 子系统实现上下路波长的配置和调整。目前，ROADM 子系统常见的有三种技术：平面光波电路（Planar Lightwave Circuits，PLC）、波长阻断器（Wavelength Blocker，WB）、波长选择开关（Wavelength Selective Switch，WSS）。

　　三种 ROADM 子系统技术，各具特点，采用何种技术，主要视应用而定。根据对北美运营商的统计，超过 70% 的需求仍然是 2 维的应用，而只有约 10% 的 ROADM 节点，将会采用 4 维或以上的节点。因此，基于 WB/PLC 的 ROADM，可以充分利用现有的成熟技术，对网络的影响最小，易于实现从 FOADM 到 2 维 ROADM 的升级，具有极高的成本效益。而基于 WSS 的 ROADM，可以在所有方向提供波长粒度的信道，远程可重配置所有直通端口和上下端口，适宜于实现多方向的环间互联和构建 Mesh 网络。

9.5.7　OTN 网络管理系统功能结构

　　OTN 系统的网络管理采用分层管理模式。从逻辑功能上划分，OTN 系统的网络管理主要分为三层：网元层、网元管理层和网络管理层。各层之间是客户与服务者的关系，OTN 系统网络管理的分层结构如图 9.20 所示。

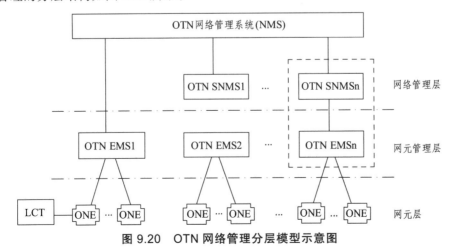

图 9.20　OTN 网络管理分层模型示意图

网元层主要针对 OTN 物理网元，一般情况下接收网元管理层的管理。网元管理层主要面向 OTN 网元，OTN 网元管理系统（EMS）直接管理控制 OTN 设备，负责对 OTN 网络中的各种网元的管理和操作。网络管理层主要面向 OTN 网络，负责对所辖管理区域内的 OTN 网络进行管理，强调端到端的业务管理能力。子网管理系统（SNMS）位于网络管理层。SNMS 或 EMS 可以统一在同一个物理平台上，也可以是独立的系统。SNMS 和 EMS 可以接入更高层次的 OTN 网络管理系统，实现多厂商全程全网的端到端管理。

9.5.8 OTN 环网保护

1. OCh SPRing 保护

OCh SPRing（光通道共享环保护）只能用于环网结构，如图 9.21 所示。其中细实线 XW 表示工作波长。细虚线 XP 表示保护波长。粗实线 YW 表示反方向工作波长。粗虚线 YP 表示反方向保护波长。

其中，XW 与 XP 可以是在同一根光纤中，也可以是在不同的光纤中，可由用户配置指定。YW 与 YP 可以是在同一根光纤中，也可以是在不同的光纤中，可由用户配置指定。

XW（XP）与 YW（YP）不在同一根光纤中。

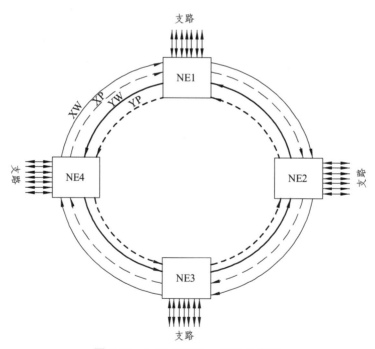

图 9.21　OCh SPRing 组网示意图

对于二纤应用场景，XW 与 YP 的波长相同，XP 与 YW 的波长相同。在不使用波长转换器件的条件下，XW/YP 与 XP/YW 的波长不同。对于四纤应用场景，XW、XP、YW、YP 的波长可以相同。

OCh SPRing 保护仅支持双向倒换。其保护倒换粒度为 Och 光通道。每个节点需要根据节点状态、被保护业务信息和网络拓扑结构，判断被保护业务是否会受到故障的影响，从而进一步确定出通道保护状态，据此状态值确定相应的保护倒换动作；OCh SPRing 保护是在业务的上路节点和下路节点直接进行双端倒换形成新的环路，不同于复用段环保护中采用故障区段两端相邻节点进行双端倒换的方式。

OCh SPRing 保护需要在保护组内相关节点进行 APS 协议交互。

OCh SPRing 保护同时支持可返回与不可返回两种操作类型，并允许用户进行配置。

OCh SPRing 保护在多点故障要求不能发生错连。

检测和触发条件：

① SF 条件，线路光信号丢失（LOS），及 OTUk 层次的 SF 条件和 ODUkP 层次的 SF 条件，详细告警如下：

LOS、OTUk_LOF、OTUk_LOM、OTUk_AIS、OTUk_TIM、ODUk_LOFLOM、ODUk_PM_AIS、ODUk_PM_LCK、ODUk_PM_OCI、ODUk_PM_TIM 等。

② SD 条件，基于监视 OTUk 层次及 ODUkP 层次的误码劣化（DEG），详细告警如下：

OTUk_DEG、ODUk_PM_DEG 等。

2. ODUk SPRing 保护

ODUk SPRing 保护只能用于环网结构，如图 9.22 所示。其中细实线 XW 表示工作 ODU；细虚线 XP 表示保护 ODU；粗实线 YW 表示反方向工作 ODU；粗虚线 YP 表示反方向保护 ODU。

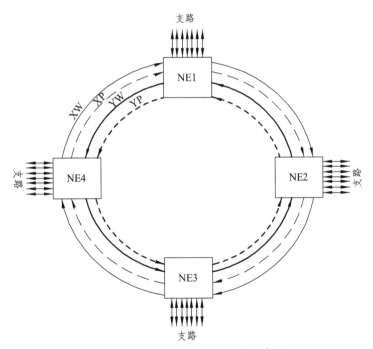

图 9.22　ODUk SPRing 组网示意图

其中 XW 与 XP 可以是在同一根光纤中，也可以是在不同的光纤中，可由用户配置指定。YW 与 YP 可以是在同一根光纤中，也可以是在不同的光纤中，可由用户配置指定。

XW（XP）与 YW（YP）不在同一根光纤中。

ODUk SPRing 保护组仅仅在环上的节点对信号质量情况进行检测作为保护倒换条件，对协议的传递也仅仅需要环上的节点进行相应处理。

ODUk SPRing 保护仅支持双向倒换，其保护倒换粒度为 ODUk。ODUk SPRing 保护仅在业务上下路节点发生保护倒换动作。

ODUk SPRing 保护需要在保护组内相关节点进行 APS 协议交互。

ODUk SPRing 保护同时支持可返回与不可返回两种操作类型，并允许用户进行配置。

ODUk SPRing 保护在多点故障要求不能发生错连。

检测和触发条件：

① SF 条件，线路光信号丢失（LOS），及 OTUk 层次的 SF 条件，详细告警如下：LOS、OTUk_LOF、OTUk_LOM、OTUk_AIS 等。

② SD 条件，基于监视 OTUk 层的误码劣化（DEG），详细告警如下：OTUk_DEG。

9.5.9 OTN 应用领域

目前基于 OTN 的智能光网络将为大颗粒宽带业务的传送提供非常理想的解决方案。传送网主要由省际干线传送网、省内干线传送网、城域（本地）传送网构成，而城域（本地）传送网可进一步分为核心层、汇聚层和接入层。相对 SDH 而言，OTN 技术的最大优势就是提供大颗粒带宽的调度与传送，因此，在不同的网络层面是否采用 OTN 技术，取决于主要调度业务带宽颗粒的大小。按照网络现状，省际干线传送网、省内干线传送网以及城域（本地）传送网的核心层调度的主要颗粒一般在 2.5 Gb/s 及以上，因此，这些层面均可优先采用优势和扩展性更好的 OTN 技术来构建。对于城域（本地）传送网的汇聚与接入层面，当主要调度颗粒达到 2.5 Gb/s 量级或者未来标准化的 ODU0 颗粒量级时，亦可优先采用 OTN 技术构建。

1）国家干线光传送网

随着网络及业务的 IP 化、新业务的开展及宽带用户的迅猛增加，国家干线上的 IP 流量剧增，带宽需求逐年成倍增长。波分国家干线承载着 PSTN/2G 长途业务、NGN/3G 长途业务、Internet 国家干线业务等。由于承载业务量巨大，波分国家干线对承载业务的保护需求十分迫切。

采用 OTN 技术后，国家干线 IP over OTN 的承载模式可实现 SNCP 保护、类似 SDH 的环网保护、MESH 网保护等多种网络保护方式，其保护能力与 SDH 相当，而且，设备复杂度及成本也大大降低。

2）省内/区域干线光传送网

省内/区域内的骨干路由器承载着各长途局间的业务（NGN/3G/IPTV/大客户专线等）。通过建设省内/区域干线 OTN 光传送网，可实现 GE/10GE、2.5G/10GPOS 大颗粒业务的安全、可靠传送；可组环网、复杂环网、MESH 网；网络可按需扩展；可实现波长/子波长业务交叉调度与疏导，提供波长/子波长大客户专线业务；还可实现对其他业务 STM-0/1/4/16/64SDH、ATM、FE、DVB、HDTV、ANY 等的传送。

3）城域/本地光传送网

在城域网核心层，OTN 光传送网可实现城域汇聚路由器、本地网 C4（区/县中心）汇聚路由器与城域核心路由器之间大颗粒宽带业务的传送。路由器上行接口主要为 GE/10GE，也可能为 2.5G/10GPOS。城域核心层的 OTN 光传送网除可实现 GE/10GE、2.5G/10G/40GPOS 等大颗粒电信业务传送外，还可接入其他宽带业务，如 STM-0/1/4/16/64SDH、ATM、FE、ESCON、FICON、FC、DVB、HDTV、ANY 等；对于以太业务可实现二层汇聚，提高以太通道的带宽利用率；可实现波长/各种子波长业务的疏导，实现波长/子波长专线业务接入；可实现带宽点播、光虚拟专网等，从而可实现带宽运营。从组网上看，还可重整复杂的城域传输网的网络结构，使传输网络的层次更加清晰。

在城域网接入层，随着宽带接入设备的下移，ADSL2 + /VDSL2 等 DSLAM 接入设备将广泛应用，并采用 GE 上行；随着集团 GE 专线用户不断增多，GE 接口数量也将大量增加。ADSL2 + 设备离用户的距离为 500～1 000 m，VDSL2 设备离用户的距离以 500 m 以内为宜。大量 GE 业务需传送到端局的 BAS 及 SR 上，采用 OTN 或 OTN + OCDMA-PON 相结合的传输方式是一种较好的选择，将大大节省因光纤直连而带来的光纤资源的快速消耗，同时可利用 OTN 实现对业务的保护，并增强城域网接入层带宽资源的可管理性及可运营能力。

9.5.10　OTN 技术发展趋势

除了在标准上日臻完善之外，近几年 OTN 技术在设备和测试仪表等方面也进展迅速。目前的主流传送设备商一般都支持一种或多种类型的 OTN 设备。另外，目前主流的传送仪表商一般都可提供支持 OTN 功能的仪表。

随着业务高速发展的强力驱动和 OTN 技术及实现的日益成熟，OTN 技术目前已局部应用于试验或商用网络。目前在美国和欧洲，比较大的网络运营商如 Verizon、德国电信等都已经建立了 G.709 OTN 网络，作为新一代的传送平台。预计在未来几年内，OTN 将迎来大规模的发展。

国外运营商对于传送网络的 OTN 接口的支持能力一般已提出明显需求，而实际的网络应用当中则以 ROADM 设备形态为主，这主要与网络管理维护成本和组网规模等因素密切相关。国内运营商对于 OTN 技术的发展和应用也颇为关注，从 2007 年开始，中国电信、原中国网通和中国移动集团等都已经开展了 OTN 技术的应用研究与测试验证，而且部分省内网络也局部部署了基于 OTN 技术的传送试验网络，组网节点有基于电层交叉的 OTN 设备，也有基于 ROADM 的 OTN 设备。

作为新型的传送网络技术，OTN 并非尽善尽美，其最典型的不足之处就是不支持 2.5 Gb/s 以下颗粒业务的映射与调度。另外，由于 OTN 标准最初制定时并没有过多考虑以太网完全透明传送的问题，导致目前通过超频方式实现 10GELAN 业务比特透传后出现了与 ODU2 速率并不一致的 O-DU2e 颗粒，40GE 也面临着同样的问题，这使得 OTN 组网时可能出现一些互通问题。目前 ITU-TSG15 的相关研究组正在积极组织讨论以解决 OTN 存在的一些缺陷，例如提出新的 ODU0 颗粒，定义高阶 ODU 和低阶 ODU，定义基于多种带宽颗粒的通用映射规程（GMP）等，以便逐渐建立兼容现有框架体系的新一代 OTN（NG-OTN）网络架构。

　　作为传送网技术发展的最佳选择，可以预计，在不久的将来，OTN 技术将会得到广泛应用，成为运营商营造优异的网络平台、拓展业务市场的首选技术。

　　光纤新型材料有石英玻璃光纤、塑料光纤、氟化物玻璃光纤、硫化物玻璃光纤、金属氧化物光纤、聚合物光纤。石英玻璃光纤适合用来作长距离、大量的通信传输；塑料光纤具有价格便宜、末端容易加工等优势；碳涂覆光纤的表面致密性好，解决了光纤的"疲劳"问题。

　　拉曼光纤放大器在光放大器领域占据重要地位，拉曼光纤放大器增益波长由泵浦光波长决定、增益频谱宽、可降低非线性效应、噪声指数较低。

　　波长锁定器有采用介质膜滤波片、法布里-波罗标准具、集成式三种形式。

　　偏振模色散（PDM）是限制高速光纤通信系统传输容量和距离的重要因素，偏振模色散补偿方式可以分为：光补偿、电补偿和光电补偿；根据控制信号的提取方式不同，偏振模色散的补偿可分为：前馈和反馈两种。

　　未来传输网的基本特征有：高可靠性、波长调度、智能性、超高速率、超大容量、超长距离。传送网分为城域传输网、省内传送网、和省际传送网；传送网的发展需满足宽带化、分组化、扁平化和智能化；OTN 是以波分复用技术为基础，其特点有网络范畴的扩展、多种客户信号封装和透明传输、大颗粒的带宽复用、交叉和配置、强大的开销和维护管理能力、增强了组网和保护能力、支持频率同步、时间同步信息的传递。OTN 系统的网络管理采用分层管理模式，从逻辑功能划分为：网元层、网元管理层和网络管理层，各层之间是客户与服务者的关系；OTN 设备节点功能模型包括电层领域的业务映射、复用和交叉，光层领域的传送和交叉；OTN 跨越了传统的电域（数字传送）和光域（模拟传送）；OTN 系统总体结构由客户层、OTN 电传送层、OTN 光传送层以及网管系统组成；OTN 技术从垂直方向进行网络分层，可分为光通道层（OCh）、光复用段层（OMS）和光传送段层（OST）；OTN 常见维护信号有：告警指示信号 AIS、前向失效指示 FDI、连接断路指示 OCI、锁定指示 locked；OTN 支持频率同步方式有：透明传送同步时钟、逐点处理传送同步时钟；ROADM 子系统有三种技术：平面光波电路、波长阻断器、波长选择开关；OTN 系统的网络管理主要分为：网元层、网元管理层和网络管理层；OTN 环网保护有：OCh SPRing 保护、ODUk SPRing 保护；OTN 技术已经应用于国家干线光传送网、省内/区域干线光传送网、城域/本地光传送网领域。

　　1. 光纤若按组成材料的不同可分为哪些类？

　　2. 什么是光纤拉曼放大器？

　　3. 按照泵浦光传播的方向来分，光纤拉曼放大器可以分为哪几种？

4. 拉曼光纤放大器的特点有哪些？

5. 波长锁定器分为哪几类？

6. 根据控制信号的提取方式不同，PMD 的补偿方式可以分为什么？

7. 画出反馈方式控制的 PMD 补偿系统框图。

8. 未来传输网的基本特征有哪些？

9. 针对语音等 TDM 业务传输所设计的 SDH 网络面临哪些问题？

10. 简述 OTN 技术的主要特点。

11. OTN 设备节点功能模型包括哪些？

12. OTN 系统总体结构由哪些部分组成？

13. OTN 技术的网络分层可分为哪几层？

14. OTN 系统的网络管理主要分为哪几层？

15. ROADM 子系统常见的有哪三种技术？

参考文献

[1] 顾畹仪，李国瑞. 光纤通信系统[M]. 北京：北京邮电大学出版社，1999.

[2] 韦乐平. 光同步数字传输网[M]. 北京：人民邮电出版社，1993.

[3] 乔桂红. 光纤通信[M]. 北京：人民邮电出版社，2007.

[4] 林达权. 光纤通信[M]. 2 版. 北京： 高等教育出版社，2008.

[5] 铁道部劳动和卫生司，铁道部运输局. 高速铁路通信综合维修岗位培训教材[M]. 北京：中国铁道出版社，2012.

[6] 铁道部劳动和卫生司，铁道部运输局. 高速铁路通信网管岗位（传输/接入）培训教材[M]. 北京：中国铁道出版社，2012.

[7] 袁建国，叶文伟. 光纤通信新技术[M]. 北京：电子工业出版社，2014.

[8] 张克宇. 通信光缆线路的维护与施工[M]. 北京：中国铁道出版社，2001.

[9] 杨同友，杨邦湘. 光纤通信技术[M]. 北京：人民邮电出版社，1995.

[10] 李允博. 光传送网（OTN）技术的原理与测试[M]. 北京：人民邮电出版社，2013.

[11] 陈东升. 光钎通信工程新技术及标准规范实用手册[M]. 北京：中国科技文化出版社，2005.

[12] 胡先志，李家红，胡佳妮. 粗波分复用技术及工程应用[M]. 北京：人民邮电出版社，2005.

[13] 杜庆波，曾庆珠，曹雪. 光纤通信技术与设备[M]. 2 版. 西安：西安电子科技大学出版社，2012.

[14] 张兴周，孟克. 现代光纤通信技术[M]. 哈尔滨：哈尔滨工程大学出版社，2003.

[15] 毛谦. 我国光纤通信技术发展的现状和前景[J]. 北京：电信科学，2006（08）.